国家重点研发计划专项"科技成果与数据资源产权交易技术"（2017YFB1401100）
课题一"科技成果知识产权育成与产权交易服务标准化研究"（2017YFB1401101）

新兴技术监测与科技成果评价

EMERGING TECHNOLOGIES MONITORING AND
S&T ACHIEVEMENTS EVALUATION

刘云　王小黎　巨龙◎著

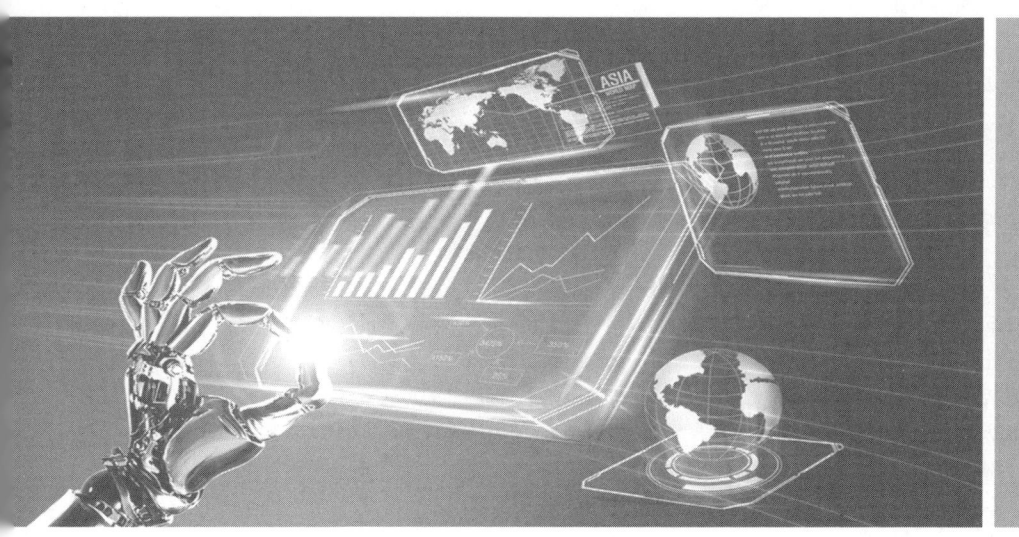

知识产权出版社
全国百佳图书出版单位
——北京——

图书在版编目（CIP）数据

新兴技术监测与科技成果评价/刘云，王小黎，巨龙著. —北京：知识产权出版社，2021.6

ISBN 978-7-5130-7463-6

Ⅰ.①新… Ⅱ.①刘… ②王… ③巨… Ⅲ.①科技成果—评价 Ⅳ.①G311

中国版本图书馆CIP数据核字（2021）第055689号

内容提要

本书面向新兴技术与新兴产业发展监测以及科技成果评价的理论方法与技术问题，构建了新兴技术领域科学技术与产业发展关联指标及监测方法模型、全创新链科技成果成熟度评价方法模型以及全创新链成果的技术经济价值评价方法模型。针对上述三个方法模型，分别进行系统软件设计与开发，形成了具有创新性和适用性的新兴技术监测与科技成果评价方法与技术体系。本书的研究成果为政府和企业把握新兴技术研发方向、推进科学—技术—产业的关联发展、促进科技成果转移转化提供了重要的方法和技术支持。

本书适合政府部门、企业、高校、科研机构相关专业人员，以及新兴技术研发与投资管理、成果转移转化专业服务机构人员阅读，也可作为高等院校、科研院所相关专业研究人员和研究生的研究与教学参考书。

责任编辑：程足芬	责任校对：王 岩
封面设计：回归线（北京）文化传媒有限公司	责任印制：刘译文

新兴技术监测与科技成果评价

刘 云 王小黎 巨 龙 著

出版发行：知识产权出版社有限责任公司	网　址：http://www.ipph.cn
社　址：北京市海淀区气象路50号院	邮　编：100081
责编电话：010-82000860转8390	责编邮箱：chengzufen@qq.com
发行电话：010-82000860转8101/8102	发行传真：010-82000893/82005070/82000270
印　刷：天津嘉恒印务有限公司	经　销：各大网上书店、新华书店及相关专业书店
开　本：720mm×1000mm　1/16	印　张：18.25
版　次：2021年6月第1版	印　次：2021年6月第1次印刷
字　数：316千字	定　价：78.00元
ISBN 978-7-5130-7463-6	

出版权专有　侵权必究

如有印装质量问题，本社负责调换。

前　言

本书主要包括四个方面：①基于新兴技术领域专利和论文两类文献的数量指标、引用、被引信息和产业发展阶段的专家判断，构建了新兴技术领域科学技术与产业发展关联指标及监测方法模型；②通过对典型领域全创新链科技成果的分类、分级和量化特征研究，以及探讨科技成果技术成熟度和技术经济价值的构成要素，构建典型领域全创新链科技成果成熟度和技术经济价值的客观定量评价模型；③基于全创新链科技成果的技术成熟度计量模型，从科技成果隐性价值和显性价值的视角出发，构建全创新链科技成果的技术经济价值评价方法模型，实现对科技成果的计量评价；④基于前述三个方法模型，分别进行系统软件设计与开发。本书的研究成果可为政府和企业把握新兴技术研发方向、推进科学—技术—产业的关联发展以及促进技术成果转移转化，提供创新和有效的方法和技术支持。

本书受国家重点研发计划专项"科技成果与数据资源产权交易技术"（2017YFB1401100）课题一"科技成果知识产权育成与产权交易服务标准化研究"（2017YFB1401101）的资助，为该课题的研究成果之一。本书在编写过程中，得到项目主持单位（南方电网科学研究院有限责任公司）王庆红、李广凯和郑金等的指导，在此一并感谢！

目　录

第一篇　基础篇

第1章　绪　论 ··· 3
  1.1　研究背景 ··· 3
  1.2　研究对象 ··· 4
  1.3　研究意义 ··· 4
  1.4　研究方法 ··· 5

第2章　基础理论与方法 ·· 7
  2.1　新兴技术与新兴技术产业 ··· 7
    2.1.1　新兴技术 ··· 7
    2.1.2　新兴产业与战略性新兴产业 ···································· 12
    2.1.3　新兴技术产业化 ·· 14
    2.1.4　新兴技术产业发展的阶段 ······································ 15
  2.2　新兴技术监测方法 ·· 19
    2.2.1　技术预测与技术预见辨析 ······································ 19
    2.2.2　基于 Delphi 法的技术预测及评价方法 ···················· 21
    2.2.3　基于科学计量的技术预测及评价方法 ···················· 24
    2.2.4　聚类分析法 ·· 41
    2.2.5　Gartner 技术成熟度曲线 ·· 43

第3章　新兴技术产业发展特征及阶段划分 ······························ 49
  3.1　新兴技术成长特征 ·· 49
    3.1.1　不确定性 ·· 49
    3.1.2　颠覆性和创造性毁灭 ··· 51

3.1.3 高度复杂性和模糊性 ………………………………………… 53
3.2 新兴技术产业化特征 …………………………………………………… 53
　　3.2.1 不确定性 ……………………………………………………… 53
　　3.2.2 高投入性 ……………………………………………………… 54
　　3.2.3 高增值性 ……………………………………………………… 55
　　3.2.4 高成长性 ……………………………………………………… 55
　　3.2.5 高政策影响性 ………………………………………………… 56
　　3.2.6 高风险性 ……………………………………………………… 56
3.3 新兴技术产业发展阶段的划分 ………………………………………… 58
　　3.3.1 研发阶段 ……………………………………………………… 59
　　3.3.2 初创阶段 ……………………………………………………… 60
　　3.3.3 成长阶段 ……………………………………………………… 61
　　3.3.4 扩张阶段 ……………………………………………………… 61
　　3.3.5 成熟阶段 ……………………………………………………… 62

第二篇　新兴技术与产业发展监测方法模型及应用

第4章　新兴技术与产业发展监测方法模型构建 ………………………… 65
4.1 新兴技术与产业发展概述 ……………………………………………… 65
　　4.1.1 问题的提出 …………………………………………………… 65
　　4.1.2 新兴技术与产业发展监测方法模型比较分析 ……………… 65
　　4.1.3 新兴技术与产业发展监测方法模型设计思路 ……………… 67
4.2 新兴技术分类体系及检索策略制定 …………………………………… 69
4.3 新兴技术与产业发展监测数据采集、加工和建库 …………………… 70
　　4.3.1 数据采集 ……………………………………………………… 70
　　4.3.2 数据加工整理 ………………………………………………… 74
　　4.3.3 数据清洗 ……………………………………………………… 75
　　4.3.4 本地数据库构建 ……………………………………………… 77
4.4 新兴技术与产业发展监测方法体系构建 ……………………………… 78
　　4.4.1 基于文献计量的预测方法 …………………………………… 79
　　4.4.2 基于专利计量的预测方法 …………………………………… 80

4.4.3 基于聚类分析的预测方法 …………………………………………… 82
4.4.4 基于德尔菲专家调查法的产业发展阶段判断方法 ………………… 83
4.5 新兴技术与产业发展监测模型构建 …………………………………………… 85
4.5.1 科学发展与产业发展阶段关联监测模型构建 ………………………… 85
4.5.2 新兴技术与产业发展阶段关联监测模型 ……………………………… 89
4.5.3 科学发展与新兴技术的聚类关联监测模型 …………………………… 91

第 5 章 新兴技术与产业发展监测系统开发 … 95
5.1 系统总体设计 ……………………………………………………………………… 95
5.1.1 功能结构设计 …………………………………………………………… 95
5.1.2 系统页面框架结构设计 ………………………………………………… 96
5.2 系统模块详细设计 ……………………………………………………………… 97
5.2.1 专家信息管理 …………………………………………………………… 97
5.2.2 新兴技术产业发展阶段专家判断 ……………………………………… 98
5.2.3 科学发展与产业发展阶段关联趋势 …………………………………… 98
5.2.4 技术发展与产业发展阶段关联趋势 …………………………………… 103
5.2.5 科学与技术发展关联聚类监测 ………………………………………… 106
5.2.6 监测报告 ………………………………………………………………… 110
5.2.7 系统简介 ………………………………………………………………… 111
5.2.8 系统管理 ………………………………………………………………… 111
5.2.9 系统登录 ………………………………………………………………… 111
5.3 数据库构建 ……………………………………………………………………… 111
5.3.1 专家信息数据表 ………………………………………………………… 111
5.3.2 技术领域分类表 ………………………………………………………… 112
5.3.3 专家判断分析数据表 …………………………………………………… 115
5.3.4 国家数据表 ……………………………………………………………… 115
5.3.5 科学热度总体数据表 …………………………………………………… 116
5.3.6 技术热度总体数据表 …………………………………………………… 116
5.3.7 国家科学热度数据表 …………………………………………………… 116
5.3.8 国家技术热度数据表 …………………………………………………… 117
5.3.9 科学影响力总体数据表 ………………………………………………… 117

- 5.3.10 技术影响力总体数据表 ··········· 117
- 5.3.11 国家科学影响力数据表 ··········· 118
- 5.3.12 国家技术影响力数据表 ··········· 118
- 5.3.13 账户表 ······················· 119
- 5.3.14 系统简介表 ··················· 119
- 5.3.15 监测报告表 ··················· 120

第6章 新兴技术与产业发展监测方法模型应用 ··········· 121

- 6.1 新兴技术分类体系及检索策略构建 ··········· 121
  - 6.1.1 文献调研与分析 ··········· 121
  - 6.1.2 专家咨询 ··········· 126
  - 6.1.3 分类体系及检索策略初步构建 ··········· 126
  - 6.1.4 专家论证 ··········· 126
  - 6.1.5 分类体系及检索策略确定 ··········· 126
- 6.2 数据处理及本地数据库构建 ··········· 130
  - 6.2.1 数据下载概况 ··········· 130
  - 6.2.2 数据字段的精选 ··········· 131
  - 6.2.3 数据清理 ··········· 132
  - 6.2.4 数据统计分析 ··········· 133
  - 6.2.5 本地数据库构建 ··········· 134
- 6.3 新兴技术产业发展阶段的专家判断 ··········· 134
- 6.4 科学发展与产业发展阶段关联监测 ··········· 135
  - 6.4.1 科学热度与产业发展阶段关联监测 ··········· 135
  - 6.4.2 科学影响力与产业发展阶段关联监测 ··········· 137
- 6.5 技术发展与产业发展阶段关联监测 ··········· 138
  - 6.5.1 技术热度与产业发展阶段关联监测 ··········· 138
  - 6.5.2 技术影响力与产业发展阶段关联监测 ··········· 140
- 6.6 科学发展与技术发展的聚类关联监测 ··········· 142
  - 6.6.1 科学热度与技术热度的聚类关联监测 ··········· 142
  - 6.6.2 科学影响力与技术影响力的聚类关联总体监测 ··········· 144
- 6.7 本章小结 ··········· 145

第三篇 科技成果技术成熟度评价方法及应用

第7章 科技成果技术成熟度评价理论方法研究 ... 149
7.1 技术成熟度方法的历史沿革 ... 149
7.1.1 技术成熟度方法在美国的发展 ... 149
7.1.2 技术成熟度评价的国内发展历程 ... 151
7.2 技术成熟度概念 ... 151
7.3 技术成熟度分级标准 ... 152
7.4 技术成熟度在科研项目评价中的组织形式 ... 153
7.5 技术成熟度的应用 ... 154
7.5.1 财政科研项目招投标上的技术成熟度评价方法 ... 154
7.5.2 科技项目目标审计中的技术成熟度 ... 154
7.5.3 美国国家制造创新网络中的技术成熟度评价 ... 155
7.5.4 其他技术成熟度相关评价 ... 156

第8章 科技成果技术熟化推演过程和模式分析 ... 158
8.1 熟化过程研究 ... 158
8.2 技术熟化模式 ... 159

第9章 全创新链研发与创新成果成熟度评价方法和模型 ... 160
9.1 覆盖全创新链条的技术成熟度评价模型 ... 160
9.1.1 技术成熟度的通用定义 ... 160
9.1.2 技术成熟度的通用级别要素 ... 161
9.1.3 技术成熟度的相关定义 ... 164
9.2 科技成果技术成熟度评价方法模型 ... 165
9.2.1 技术成熟度的要素分类与对应分值 ... 165
9.2.2 技术成熟度的评价算法 ... 173
9.2.3 技术成熟度的评价流程 ... 174
9.3 技术成熟度在不同领域的模型适用性研究 ... 176
9.3.1 按照研究类型分类的技术成熟度研究 ... 176
9.3.2 按照技术领域分类的技术成熟度研究 ... 180
9.3.3 按照交付物类型分类的技术成熟度研究 ... 180

第10章 科技成果技术成熟度评价系统应用 194

10.1 系统概述 194
  10.1.1 开发目标 194
  10.1.2 开发背景 194
  10.1.3 系统运营方案 195

10.2 科技成果技术成熟度评价概述 195
  10.2.1 评价体系 195
  10.2.2 评价流程 195
  10.2.3 评价权威性 196
  10.2.4 评价应用方向 196

10.3 数据管理 196
  10.3.1 数据坐标系 196
  10.3.2 数据来源 197
  10.3.3 数据保护 197

10.4 系统功能及实例 198
  10.4.1 系统功能概述 198
  10.4.2 用户注册 199
  10.4.3 科技成果评价 200
  10.4.4 自评价报告 209

第11章 科技成果技术成熟度方法模型的科技项目评价应用 211

11.1 试点目标 211
11.2 试点结果样例 212

第12章 科技成果技术成熟度评价总结与展望 217

12.1 采用了工作分解结构函数表技术 217
12.2 采用了质量成本进度函数表技术 219
12.3 采用了项目全面风险控制函数表技术 221
12.4 技术成果量化评价技术 223

第四篇 科技成果技术经济价值评价方法及应用

第13章 科技成果技术经济价值评价理论方法 227

13.1 国内外技术经济价值评价的方法 227

- 13.2 技术经济价值评价的主要应用方向 ……………………………… 228
- 13.3 技术成果技术经济价值构成 …………………………………… 228
  - 13.3.1 应用基础研究成果 ……………………………………… 229
  - 13.3.2 关键技术研发成果 ……………………………………… 229
  - 13.3.3 成果转化与产业化研究 ………………………………… 230

第14章 全创新链研发与创新成果与技术经济价值评价模型和方法 …… 232

- 14.1 技术经济价值评价模型 ………………………………………… 232
  - 14.1.1 成果预期投入模型 ……………………………………… 232
  - 14.1.2 技术成果投入产出效率模型 …………………………… 235
  - 14.1.3 成果收益系数模型 ……………………………………… 236
  - 14.1.4 成果与预期量模型 ……………………………………… 237
- 14.2 技术经济价值评价过程 ………………………………………… 239
  - 14.2.1 采集数据 ………………………………………………… 239
  - 14.2.2 确定技术成果在不同阶段的成本 ……………………… 240
  - 14.2.3 技术创新成熟度级别计算 ……………………………… 240
  - 14.2.4 专利产权价值度计算 …………………………………… 241
  - 14.2.5 确定技术成果产业化风险的系数 ……………………… 241
  - 14.2.6 计算不同阶段技术成果的技术经济价值 ……………… 241
  - 14.2.7 汇总形成技术经济价值分析报告 ……………………… 241
- 14.3 技术经济价值评价模型理论依据分析 ………………………… 241
  - 14.3.1 成果评价的基本理论依据 ……………………………… 242
  - 14.3.2 16类技术成果产业化交付物的理论依据 ……………… 244
  - 14.3.3 技术成果产业化十三级量表的理论依据 ……………… 244
  - 14.3.4 成果分解结构的理论依据 ……………………………… 245
  - 14.3.5 目前应用状态和成果推广形式 ………………………… 245
  - 14.3.6 预期量的算法依据 ……………………………………… 245

第15章 科技成果技术经济价值评价系统开发 ……………………… 247

- 15.1 技术经济价值评价过程管理子系统 …………………………… 247
- 15.2 技术经济价值评价标准体系管理子系统 ……………………… 248
- 15.3 指数管理子系统 ………………………………………………… 249
- 15.4 数据库管理 ……………………………………………………… 250

第 16 章 技术经济价值评价应用案例及总结 ·················· 252
 16.1 技术经济价值评价应用案例 ························ 252
 16.2 技术经济价值评价总结与展望 ······················ 253
参考文献 ·· 255
附　录 ·· 268
 附录 1　人工智能技术检索策略 ························ 268
 附录 2　3D 打印技术检索策略 ·························· 273
 附录 3　碳纳米管和石墨烯技术检索策略 ·············· 277

第一篇　基础篇

第1章 绪 论

1.1 研究背景

自 20 世纪 80 年代以来,新兴技术成为世界各国拉动经济增长的重要方式。新兴技术的发展对发达国家的经济增长做出了重要贡献。同时,我国政府也正在积极规划新兴产业的发展,明确提出新兴产业是拉动社会经济发展的重要力量,从国家层面加强了其重要地位,发布了《关于加快培育和发展战略性新兴产业的决定》(2010)和《"十三五"国家战略性新兴产业发展规划》(2016)。

当前,新兴技术项目投资已经成为一些国家高新技术产业化的驱动器。发达国家以新兴技术项目投资为背景的高科技企业在国民经济中占有重要地位。尤其是作为新兴技术发源地的美国,新兴技术项目投资相当成功,在推动高科技成果的转化、产业结构的优化等方面起了至关重要的作用。新兴技术项目投资大大加速了高科技企业的成长,培育出一批像 IBM、英特尔、微软、网景、雅虎等世界级高科技大公司(刘萍萍,2004)[1]。在美国,正是新兴技术项目投资掀起了竞争和创新的浪潮,不断为美国经济注入新的活力(朱彤,张悦盈,2007)[2]。我国也正在实施"加强技术创新,发展高科技,实现产业化"的战略,先后投资于"863"计划、星火计划、火炬计划等高科技研究和科技产业化项目,取得了明显的社会效益和经济效益(赵眸光,2010)[3]。

然而,我国新兴技术的产业化水平还远不能适应经济发展的要求,新兴技术向生产力转化的进程仍然比较缓慢,新兴技术产品产值占社会总产值的比例远低于欧美发达国家。一方面,是因为部分新兴技术确实不符合生产需要或不成熟;另一方面,是因为缺乏金融资本的支持(李世卿,2008)[4]。

因此,新兴技术的选择面临复杂挑战,必须仔细评估新兴技术发展趋势与应用场景。

Nolte（2008）[5]指出将不成熟的技术应用到产品中会对成本、进度和性能等造成风险，而在制造过程中实施这些技术会导致产量低、缺陷率高、返工和生产过程中的手工工作等问题，如致三星 Galaxy Note 7 手机爆炸的锂离子电池的内部配置，产生的召回成本损失达 5.3 亿美元（Almitra，2017）[6]。相反，相当成熟（甚至衰退）的技术可能适得其反，随着市场逐渐成熟，技术也更加成熟，它的竞争潜力也随之降低（Reinhart 等，2010）[7]。概括而言，新兴技术成熟度与其竞争潜力和风险水平之间存在负相关关系，确定最佳技术选择至关重要。Engel 等人（2012）[8]提到，技术成熟度被视为重要的风险评估指标。为此，需要对新兴技术及产业发展进行监测分析，分析新兴技术领域的科学研究与产业发展阶段的关联关系、技术发展与产业发展阶段的关联关系、科学研究与技术发展之间的关联聚类关系，把握新兴技术与产业发展的关键特征；需要对新兴技术领域产生的科技成果进行准确评价分析，实现科技成果的技术成熟度和技术经济价值评价，加速科技成果的转移转化速度，促进科技成果快速转化应用进入市场。

1.2 研究对象

新兴技术众多，人工智能、3D 打印、碳纳米管和石墨烯这三个技术领域，是当前比较典型的新兴技术，其发展方兴未艾。本研究拟从这三个技术领域开展研究设计，进而促进方法模型的推广及延伸应用，推动新兴技术与产业发展方面的研究及辅助支持企业微观决策和管理部门战略规划制定。

1.3 研究意义

1. 揭示新兴技术与产业发展的关联关系，把握新兴技术的发展趋势

针对技术成熟度评估依赖专家调查存在的一系列缺点，本研究旨在研究重点领域新兴技术与产业发展阶段之间的关系，构建新兴技术与产业发展预测方法与模型，开发新兴技术与产业发展监测软件，开展针对若干新兴技术领域的实证应用研究，为政府和企业把握新兴技术研发方向、推进研发成果的转化与产业发展提供技术支撑。

新兴技术对于各国的经济增长与技术发展具有重要的前沿意义，及时针对

特定新兴技术进行发展布局、政策规划、科研投入能使国家与企业在经济全球化的激烈竞争中更好地把握机遇，立于不败之地。竞争技术情报专业人员、政策制定者和其他决策者可以使用该新兴技术成长监测模型，为研发方向的把握、合作伙伴的选择、成果的推进转化提供重要的技术支撑。揭示新兴产业从萌芽期向成熟期快速转变的机制，对于政府科学制定扶持和引导政策具有重要意义，这为处于成长期的新兴技术成长突破并带动产业结构升级和经济增长提供了理论依据。

2. 实现科技成果技术成熟度和技术经济价值评价

在我国新兴技术的产业化水平还远不能适应经济发展要求的背景下，针对科技成果转移转化过程中科技成果评价难以实现的困境，本研究通过对典型领域全创新链科技成果的分类、分级和量化特征研究，以及探讨科技成果技术成熟度和技术经济价值的构成要素，构建典型领域全创新链科技成果成熟度和技术经济价值的客观定量评价模型；基于全创新链科技成果的技术成熟度计量模型，从科技成果隐性价值和显性价值的视角出发，构建全创新链科技成果的技术经济价值评价方法模型，实现对科技成果的计量评价，为政府、企业及科研机构加快科技成果熟化过程、促进技术成果转移转化提供参考。

1.4 研究方法

本研究在理论梳理时主要采用文献研究法与归纳演绎法；在随后的新兴技术投资项目专家评价阶段采用 Delphi（德尔菲）专家调查法；在新兴技术领域科学技术与产业发展关联监测时，使用聚类分析方法。本研究具体使用的研究方法主要归纳为以下几种：

（1）文献研究法与归纳演绎法

在制定检索策略、技术成熟度划分方法、函数模型的确定、理论综述部分用到了文献调研法和归纳演绎法。主要文献类型有国家发展规划、新兴技术专利及国内外有关文献。

（2）德尔菲专家调查法

本研究提出的新兴技术产业发展阶段的划分及具体领域技术的界定，主要运用了德尔菲专家调查法。本研究首先面向专家进行开放式的首轮调研，了解专家注重的问题及技术性环节，制定阶段的划分原则及具体标准；第二轮的专家咨询,主要是在专家的指导下,确定阶段的划分原则和标准;第三轮的专家咨询,主要是组织专家进行具体新兴技术领域的产业发展阶段界定;第四轮的专家咨询,主要是对专家群体的界定意见进行计算,最终确定每个技术领域的产业发展阶段的划分。

(3) 科学计量法

本研究提出的新兴技术与产业发展监测模型,主要应用了文献计量方法、专利计量法。科学热度、科学影响力、技术热度和技术影响力四个指标的度量,是在论文和专利的数量及被引频次的基础上,综合监测新兴技术与产业发展的关联关系。

(4) 聚类分析法

本研究根据新兴技术领域科学论文与专利技术在年度上的关联特征,将科学论文与专利技术进行聚类关联分析,并根据关联特征的二维坐标的分布,划分聚类区间。

(5) 技术成熟度评价方法及分级理论

本研究在科技成果的评价过程中,运用技术成熟度评价方法,确定技术成熟度评价的要素分类、评价算法及评价流程;将 NASA 技术成熟度的九级标准拓展为十三级,从全创新链的视角开展科技成果成熟度评价及技术经济评价。

第 2 章　基础理论与方法

2.1　新兴技术与新兴技术产业

2.1.1　新兴技术

1. 新兴技术概念

新兴技术的英文为"Emerging Technology",即新近出现的技术。进一步来理解,新兴技术应当是正在逐步为人们所了解,但尚未成熟的技术(银路等,2005;秦可德,2014)[9][10]。

美国宾州大学沃顿商学院的 Geroge S. Day 和 Paul J. H. Schoemaker 是研究新兴技术较早的学者。他们于 2000 年出版了《沃顿论新兴技术管理》,该书集成了沃顿商学院对新兴技术的研究成果,是研究新兴技术的重要文献(孙婷婷,2014)[11]。这本书给出了新兴技术管理的首要问题,这些问题包括怎样评估新兴技术、怎样设计和管理联盟、参与新兴技术的战略、为全新的市场开发产品、设计组织以在新兴技术中竞争以及怎样管理知识产权和怎样评价建立在新兴技术基础上的行业(卢文光,2008)[12]。

沃顿商学院的研究认为,新兴技术是建立在科学基础上的革新,这些技术有潜力去创造一个新行业或改造一个老行业,包括产生于激进革新的间断性技术以及通过集中多个过去的独立研究成果而形成的更具创新性的技术。每一项新兴技术都能够提供丰富的市场机会,从而刺激风险投资。在此基础上,沃顿商学院的研究给出了新兴技术的三个特点:①知识基础在扩展;②其在现有市场中的应用在经历着革新;③新市场正在形成和发展(乔治·戴,保罗·休梅克,2002)[13]。

有的学者从特定的角度出发,指出"对投资者来说,新兴技术是指能通过成本—效益较好的方式提供解决困难问题方法的技术,这种方法相对而言又是未被发觉的。这种技术是根本性的、深奥的、非传统性的、渐进性的。并且，新兴技术自身是无法取胜的，它必须通过带动整个行业取得成功"（陈瑜，丁堃，2018）[14]。

新兴技术是指"未被产业化的，但在一年内能被产业化的技术或者是现在已经被应用但将会发生明显变化的技术，如高温超导、航天飞机等"（吴东，张徽燕，2005）[15]。新兴技术是指那些新近出现或正在发展的、对经济结构或行业发展产生重要影响的高技术，并指出新兴技术必须同时具备几个要素：①该技术正在形成或发展之中，是刚刚出现的技术；②能对经济结构或行业发展产生重要影响；③是高技术而不是传统技术。新兴技术是建立在信息技术、生物技术和其他学科基础上，具有潜在产业前景，其发展、需求和管理具有高度不确定性，正在涌现并可能导致产业、企业、竞争以及管理思维、业务流程、组织结构、经营模式产生巨大变革的技术（李仕明等，2005）[16]。

从不同角度来看，新兴技术具有不同的内涵。

（1）产生的时间

从产生的时间角度理解，新兴技术是指新近出现的技术。因为是新近出现的，所以人们对新兴技术的认识和理解还需要经过一个过程，对新兴技术的接受和采用也还需要反复验证（卢文光，2008）[12]。例如，圆珠笔技术产生于20世纪初，到20世纪40年代，以"飞梭太空笔"公司为代表的圆珠笔生产公司才开始大规模生产，在肯尼迪总统建议下，"飞梭太空笔"公司协助起草了美国邮政用圆珠笔技术参数，并成为多国使用标准。这说明人们认识、理解并采用新兴技术需要一定的时间（王吉武，2008）[17]。

（2）技术本身的成熟

从技术本身的成熟角度看，新兴技术是指正在发展的技术，所以相对来说新兴技术还未完全成熟。互联网无线接入技术是一项正在发展的技术，市场前景很好，但跨地区漫游技术还未成熟，因此也在一定程度上限制了它的广泛使用（王吉武，2008）[17]。

（3）技术本身的演化

从技术本身的演化角度看，像其他技术一样新兴技术也需要经过"科学研究揭示一种技术的可能性—研究与学习—技术商品化进入主要市场"的阶段。所不同的是，新兴技术的演化在研究与学习阶段对管理提出的挑战最大，在威廉·汉米尔顿教授创立的模型中,在新兴技术演化的"技术发展"阶段,人们付出的努力程度是最大的,而到了技术商品化阶段,努力程度明显下降(卢文光,2008)[12]。

(4) 对产业的影响

从对产业的影响角度看,新兴技术是指将对产业或经济结构产生重要影响的技术。因为它将会产生重要的影响,所以新兴技术的广泛采用将会创造一个新行业或改变一个老行业(王吉武,2008)[17]。例如,现代医疗技术是建立在人体解剖学和实验统计规律基础上的,医生是由一般推知个体,必须经过临床观察、检查,患者没有明显症状很难做出有针对性的方案。而基于信息的医疗技术将会改变目前医生诊断患者的做法,而是在有明显症状之前就可以为就诊者做出个性化的医治方案,从而带来一场医疗革命(王吉武,2008)[17]。

(5) 对管理方法的影响

从对管理方法的影响角度看,新兴技术是指需要全新管理思想的技术,同时也是对传统的"资本雇佣劳动"提出挑战的技术。因为是对管理具有挑战性的技术,所以传统的雇员制度、激励约束制度都将失去效力,取而代之的将是更多地体现个性化和人性化的制度。

2. 新兴技术与高技术、新技术、高新技术

新兴技术与传统技术、高技术、新技术、高新技术是不能等同的。传统技术的技术水平、市场和管理都已很成熟,如造纸业、制造业高技术是以科学知识为基础,技术的科技含量较高,属于知识密集型技术,如机器人、生物芯片、光计算机以及用于军事、航天的高科技技术等新技术是指在某个行业内新近发展起来的、具有较高使用价值或一定实用价值的技术(卢文光,2008)[12]。新技术不仅是建立在传统技术或老技术基础上的概念,有的新技术有可能是高技术,有的高技术也可以是新技术,圆珠笔取代钢笔是新技术不是高技术。高新技术是产生在我国的一个概念,高技术加上新技术就是高新技术,高新技术产业主要有电子信息、制造业信息化、生物工程、新材料、核工业技术、航空航天、精密仪器(沈灏等,2017)[18]。

新技术是指对生产产品和提供服务有新影响的技术,新技术突出技术的时间属性,"新"处于"S曲线"的始端,突出这种技术是过去没有的,是"新"的优势。新技术还存在范围上的区别,如企业新技术、行业新技术、地

区新技术、国家新技术、国际新技术。同时，新技术也可以划分为改良性新技术、改进性新技术、全新新技术等。与新技术对应的是旧技术，从时间序列看，新技术比新兴技术成熟，新兴技术比新技术更加靠前[17]。

高技术是在美国等西方国家普遍使用的概念，与普通的技术概念相比，高技术突出体现了在这些技术中人类智能的高度集中，尤指科技前沿领域的技术（赵洪江等，2005）[19]。高技术是从技术的内容属性的角度，强调其中所包含的较大比例的人类智能。鉴于研发在这些技术领域发展中的重要作用，世界经合组织以研究开发经费占销售额的比例来区分和界定高、中、低技术[12]。1994年世界经合组织对其10个成员国22个产业部门的研究开发经费占销售额的比例进行了研究，凡是超过7.1%的产业都被称为高技术产业，超过2.7%的产业被定义为中技术产业，2.7%以下的产业为低技术产业。目前国际上公认的高技术有生物工程技术、电子信息技术和新材料技术等[12]。

高新技术是从技术的内容和时间属性的角度，强调其对国民经济的推动作用和技术产生发展的先进性。高新技术是20世纪80年代末在我国产生的一个概念，狭义的高新技术在我国国民经济中所占比例还很小，短时间内其发展还不能对国民经济产生重大推动作用[19]。作为一个尚未完成工业化进程的发展中国家，大量传统技术领域内的先进适用技术，还将对经济增长产生主要贡献[17]。为了在理论和实践中，对推动我国经济增长有较大贡献的"新型"技术群体有一个比较明确的定义，在我国产生了高新技术这一概念。这一概念由于"863"计划、火炬计划（高新技术产业化计划）、高新技术产品和高新技术企业认定等工作的开展，逐渐为社会所广泛接受[19]。

而新兴技术是指知识在扩展、在现有市场中的应用正经历着革新、新市场正在发展或形成的技术。因此新兴技术的变革与其说是一项重大科学突破的成果，不如说是技术的应用领域发生了转变。新兴技术的科技含量不一定高，其"新"主要着眼于应用领域而言（赵洪江等，2005）[19]。

3. 新兴技术与破坏性创新、突破性创新的关系

破坏性创新（Disruptive Innovation）的概念最早是由著名的经济学大师、荷兰人熊彼特在1912年提出的。他把创新视为不断地从内部革新经济结构，即不断破坏旧的，不断创造新的结构。他还认为创新就是企业家对生产要素的新组合，即"建立一种新的生产函数"，其目的是获取潜在的利润。创新就是让过去

的固定资产设备和资本投资过时、无效或者贬值,通过创新产生大量新的资本(利润)来弥补这些贬值和无效(陈守龙,刘元才,2007)[20]。

近百年后,克里斯坦森(Christensen)再次清晰地提出破坏性创新,并弥补和改进了熊彼特的创新理论。他认为,破坏就是找到一种新路径,而这个破坏并不等同于便宜、不够好。唯有在和过去成功的事业模式、产品比较时,才可以说破坏就是便宜、不够好;破坏并不是突破的意思,突破的含义是在原有的基础上进行创新,因此突破性的技术通常是维持型的技术。而破坏就是找到一种新的生产函数和模式。低级市场的破坏性创新通常是指事业模式与产品的创新;新市场的破坏性创新,指的则是在简易性与价格负担上的创新(白胜,2018)[21]。

按照创新的连续性,可以将技术创新分为渐进性创新(Progressive Innovation)与突破性创新(Breakthrough Innovation)两种。渐进性创新指对现有技术的非质变性的改革与改进,是基于现存市场上主流顾客的需要而进行的线性、连续的过程。突破性创新是相对于渐进性创新来说的,国内外研究者对突破性创新的定义多种多样。比较有代表性的主要有 Anderson & Tushamn (1990)[22]的观点,他们将突破性创新定义为含有显著的技术进步,旧的技术不论是在规模的增长还是效率或设计上都无法与突破性创新带来的新技术竞争;Herbig 认为突破性创新是指高级别的创新,以建立新产业、产品或新市场(Hanges,1995)[23];Kaplan (1999)[24] 认为突破性创新使旧的技术过时,并引致出现、改变或消失整个产业或市场;Henderson & Clark 认为不论是内生还是外生的,突破性创新经过一段时间会放大、转变并改变一个企业的科技进程,开辟全新的市场与产品应用(Samad,2012)[25];O'Connor 等 (2010)[26] 认为突破性创新可以被定义为产生一项新技术,进而奠定一个新市场的基础;Helge 指出突破性创新是一个新的类型、种类或某类技术装置,系统地或有步骤地解决,表现为如果以前存在某种技术,相对于以前的技术是不连续的(Godoe,2000)[27]。

从新兴技术的本质上看,它是一种突破性创新,但是,单纯的技术突破性创新还不是新兴技术的特性,它是一种同时满足技术突破性和市场突破性两个方面特性的技术创新(王吉武,2008)[17]。所以,新兴技术应该是突破性创新的一个子集,如图 2.1 所示。

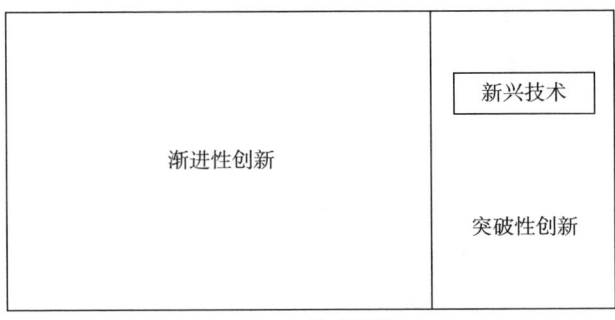

图 2.1　新兴技术与突破性创新的关系

相比而言，新兴技术创新既可能是渐进性创新，也可能是突破性创新，所以它们的含义比新兴技术广泛，新兴技术是高新技术的科学、技术和产业特性最集中体现的部分。由于同时具有技术突破性和市场突破性两个方面的特性，所以新兴技术比一般的技术有更大的不确定性和复杂性[17]。

按照市场不确定性与技术不确定性这两个因素，我们将创新分为渐进性创新、突破性市场创新、突破性技术创新与完全突破性创新四类[17]。

新兴技术的发展往往遵循这样的过程：技术创新产生了一项新技术渐进性创新或突破性创新，经过技术的沉默期后，该技术创新可能引起爆发的市场，演化为新兴技术。但是该技术创新也可能由于得不到顾客的认可而停滞，变为早熟技术（蔡爽，2009）[28]。当技术的应用领域发生了改变后产生突破性市场创新，技术在新领域内蓬勃发展，继续向新兴技术演化也有可能与其他技术融合，产生一个新的突破性创新，新的创新在原有的应用领域产生突破性技术创新或在全新的应用领域产生完全突破性创新获得发展，成长为新兴技术[17]。

但是现有的技术在其领域内已经获得了很好的发展，新技术如果不能在某些性能指标上超越它们，取得应用方面的相对优势，就不会为市场所接受。事实上在整个成长过程中，渐进性创新一直对技术的完善、发展起作用[28]。

2.1.2　新兴产业与战略性新兴产业

1. 新兴产业

（1）新兴产业的概念

新兴产业是随着新的科研成果和新兴技术诞生并应用而出现的新的经济部

门或行业。通常新兴产业的标准、业务流程还有待开发，先驱企业往往获得先发优势（陆雄文，2013）[29]。

新兴产业是新兴技术产业化形成的产业。新兴技术一开始属于一种知识形态，在发展过程中其成果逐步产业化，最后形成一种产业。比如生物工程技术在20世纪五六十年代或者在更早的时候，它只是一项技术，后来逐渐发展成为生物工程产业，让这些成果服务于社会。在美国，生物工程产业被誉为一个非常有前景的新兴产业。同样，IT产业，由于数字技术的发展，也被认为是一个新的朝阳行业（袁中华，2011）[30]。

（2）新兴产业的产业特点[30]

第一，没有显性需求。在产业处于朦胧当中，或者是在超前的五年时间当中，没有可精确描述的需求。

第二，没有定型的设备、技术、产品以及服务。以太阳能行业为例，20世纪90年代初，生产核心部件，以及服务、技术、产品、市场、模式一概都是空白，后来才逐渐地提升。

第三，没有参照。汽车、冰箱、彩电、计算机等产业，都有国外的大规模的引进。太阳能这个产业，国外是没有的，国内也没有参照，所以在这种情况下，靠的完全是系统创新。

第四，没有政策。国家只要有产业，就有产业政策，包括贷款、科技投入、扶持等各方面都有产业政策，而新兴产业则要忍耐相当长一段时间的寂寞。

第五，没有成熟的上游产业链。上游产业链甚至比下游产业链的技术、水平、保障、体系更强，比如飞机发动机，上下游产业链是在一个水平线上，但是太阳能没有。

2. 战略性新兴产业

（1）战略性新兴产业的概念

战略性新兴产业是指建立在重大前沿科技突破基础上，代表未来科技和产业发展新方向，体现当今世界知识经济、循环经济、低碳经济发展潮流，尚处于成长初期，未来发展潜力巨大，对经济社会具有全局带动和重大引领作用的产业（卜文娟，2019）[31]。

战略性新兴产业是以重大技术突破和重大发展需求为基础，对经济社会全局和长远发展具有重大引领带动作用，知识技术密集、物质资源消耗少、成长潜力大、综合效益好的产业，包括：新一代信息技术产业、高端装备制造产业、新材料产业、生物产业、新能源汽车产业、新能源产业、节能环保产业、数字创意产业、相关服务业等九大领域（国家统计局，2018）[32]。

（2）发展战略性新兴产业的选择视角

战略性新兴产业是新兴科技和新兴产业的一个深度结合，从而推动新一轮的产业革命，最终形成战略性支柱产业（周正平，2013）[33]。区域在发展战略性新兴产业时，主要的选择视角包括以下三个方面。

① 从产业内容看，"七大产业"一直是国家产业发展的重点目标和主要方向，在产业结构调整中发挥重要作用，选择发展战略性新兴产业与国家或区域明确的发展高新技术产业战略具有传承和深化的关系（王月，2011）[34]。

② 从战略地位看，强调以国际视野和战略思维来选择和发展。国际金融危机给世界经济带来了巨大影响，各国都在寻找下一轮经济增长的动力，开始大力关注对国民经济发展和国家安全具有重大影响力的战略性新兴产业的培育。例如，美国十分强调新能源、干细胞、航天航空、宽带网络的技术开发和产业发展；日本把重点放在商业航天市场、信息技术应用、新型汽车、低碳产业、医疗与护理、新能源（太阳能）等新兴行业；英国为了应对经济衰退，启动了一项批量生产电动车、混合燃料车的"绿色振兴计划"；德国政府批准了总额为5亿欧元的电动汽车研发计划预算；韩国制定《新增长动力规划及发展战略》，将绿色技术、尖端产业融合、高附加值服务三大领域共17项新兴产业确定为新增长动力[34]。

③ 从选择依据看，最重要的有三条：一是产品要有稳定并有发展前景的市场需求；二是要有良好的经济技术效益；三是要能带动一批产业的兴起（张萍，2010）[35]。

2.1.3 新兴技术产业化

新兴技术产业是一个动态的、有阶段性和地域性的概念，随着经济的发展和科学技术水平的提高而发生替代升级，并同特定地区的经济和技术发展水平相联系。新兴技术产业同时也是相对于传统产业而存在的一个概念，是指把新兴技术应用于生产领域，开发生产出科技含量高、功能优异和高附加值新产品的产业[10]。

新兴技术的产业化是指新兴技术的充分转化。科技成果的转化分为有限转化与充分转化。新兴技术成果的有限转化是指新兴技术成果只转化成单一产品，未形成产业规模，或者是某项新兴技术的某一方面或某些方面转化成现实产品，而未形成与新兴技术系统性相关的现实产品；新兴技术成果的充分转化是指新兴技术成果在劳动者、劳动资料、劳动对象领域全方位与产品生产相结合的转化过程，在这一过程中，新兴技术成果的生产能力因素得以全面体现。新兴技术成果只有充分转化才能形成新兴产业，才能形成规模经济，才能对经济发展起根本性的推动作用[12]。本研究所指的新兴技术产业化就是新兴技术的充分转化。

新兴技术产业化是一个连续、复杂、长期的过程，而且影响因素众多，既有技术本身的因素，如市场因素，还包括政策、环境、资源和人文社会等因素。其中最主要的因素有：社会发展高新技术产业的需求、高新技术发展水平、人力资源、资金、管理水平、政府行为、市场机制、宏观经济、法律环境等[12]。这些因素在产业化过程系统中可以大致分为两类：一类影响因素是系统的组成要素，如资金、人力资源、市场、技术水平和技术创新等，其影响稳定、作用持久；另一类影响因素是系统的环境因素，如政策、相关产业及其支撑、宏观管理因素、宏观经济形势、软环境等，它们最突出的特点是不稳定。这些因素之间相互影响、相互作用，推动或阻碍着新兴技术的产业化进程，在某种意义上将影响和改变，甚至塑造新兴技术的产业化进程[12]。

新兴技术产业化是指高科技成果向生产力转移的过程，即新兴技术通过研究开发和市场交换不断扩散，成功地进入市场形成生产力并辐射为产业群。新兴技术产业化表现为，一是在高科技基础上进行创新产品生产并通过技术扩散或产品衍生，形成新产业；二是通过新兴技术成果对传统产业进行技术改造，引进传统产业的调整和重组，使传统产业向高级化方向发展[12]。

2.1.4 新兴技术产业发展的阶段

产业生命周期是每个产业都要经历的一个由成长到衰退的演变过程，是指从产业出现到完全退出社会经济活动所经历的时间，一般分为初创阶段、成长阶段、扩张阶段、成熟阶段和衰退阶段五个阶段（张校花，2014）[36]。

新兴技术产业发展是一个连续、复杂、长期的过程，要想对这一过程的规律性进行研究，就必须将其割裂开，分成不同的阶段加以辨识和分析（黄承星，2016）[37]。各国学者根据各自研究的需要，将新兴技术产业发展的过程划分成不同的阶段。

1. 两阶段论

国内有学者将新兴技术产业发展过程划分为商品化和产业化两个阶段。其中商品化阶段是指通过科学研究和技术开发，使新兴技术成果具有实用性和商品性，成为新兴技术商品的过程。它包括基础研究、应用研究、开发研究、生产、营销、消费六项职能活动，以及与之相应的各职能间的五项转化内容，这五项转化内容可以划分为从研究成果到产品包括技术开发、中试、生产准备和试生产三个环节，以及从产品到商品两个大的转化过程（刘诗白，1997）[38]。新兴技术产业发展是指通过生产开发和经营管理，使新兴技术商品实现规模生产，从而形成新兴技术产业的过程。它包括企业生产、产业扩大和产业渗透三个环节。企业生产是指新兴技术产品在单个企业生产，形成一定的生产规模并获得相应的规模经济效益。产业扩大是指新兴技术产品的生产从一个企业扩大到多个企业，从而形成某一新兴技术产业。产业渗透是指新兴技术产品或工艺渗透到其他产业，实现大面积推广应用（陈书燕，2017）[39]。

2. 三阶段论

我国学者睦振南和王贞萍在进行科研成果转化评估研究时将三个阶段分别命名为实验室阶段、产品化阶段和商品化阶段，并通过图 2.2 将各阶段之间的关系和各阶段产生的结果表示出来（睦振南，王贞萍，1998）[40]。

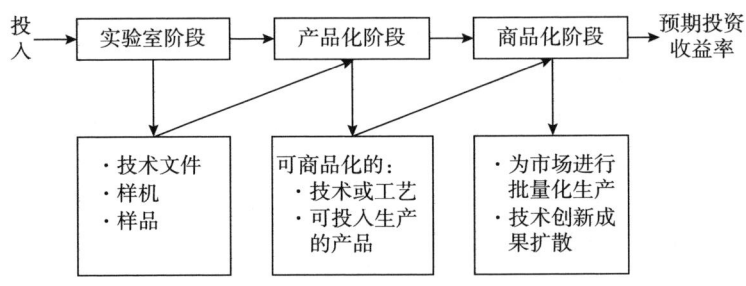

图 2.2 科研成果转化过程

部分学者结合我国新兴技术产业发展的特点，将新兴技术产业发展过程分解为技术转移、技术再创新和技术扩散三个阶段（陈通，田红波，2002）[41]，如图 2.3 所示。

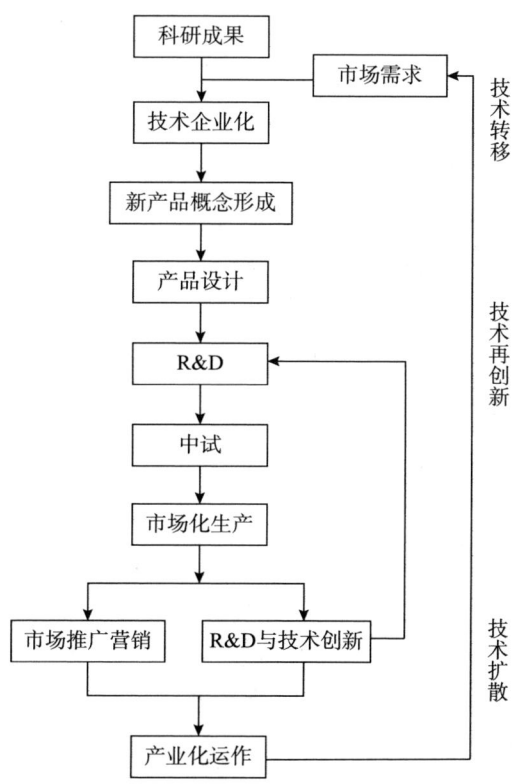

图 2.3　新兴技术产业发展过程[41]

从图 2.3 中可以看到，新兴技术的企业化包括技术与企业家的结合和技术与企业 R&D 的结合两个方面，产生出新产品的概念。在此基础上，技术进一步与企业的 R&D 结合，由企业研制出产品，为新兴技术找到适宜的物质载体，完成新兴技术产业发展的物化过程。新兴技术的企业化过程是技术的转移过程，是技术社会化过程的第一步，其主体由科学家变为企业家和企业的 R&D 人员，由科研机构转移至企业技术融入了新产品概念。新兴技术的市场化是指在一定的市场环境和制度下，以市场为导向进行市场化生产，是新兴技术的再创新。在这一过程中，技术与市场紧密地联系在一起。企业与市场的结合也是技术与市场的结合。新兴技术的产业化深化是实现技术价值的最后阶段，是科技、社会、企业、政策、市场等各方面的资源整合的过程，要求在企业化和市场化的基础上，生产资源、市场资源和社会资源以科技资源为核心重新配置。产业化运作的过程是技术向社会扩散的过程[28]。

虽然以上各位学者对新兴技术产业发展三个阶段的命名各有不同，但其实质和内涵却是基本一致的[17]。

3. 四阶段论

有学者指出新兴技术产业发展是一个纵向发展过程，从最初的构想开始到形成产业一般要经过四个阶段，即理论研究及试验、雏形开发与中试、试点生产与进入市场和产业化规模化生产阶段[17]。

① 理论研究及试验。即从理论创新或生产实践问题出发，提出新成果并通过大量试验形成发明创造或专利技术。

② 产品雏形开发与中试。实验室的技术和成果变成商品必须经过不同适应环境、工艺条件的大量中试，且要考虑实际生产过程要求。这一阶段的中试结果几乎决定了产品的商业化发展前途。

③ 试点生产与进入市场。中试效果良好并认定有较好市场前景的产品可考虑新建、改建或扩建生产线，并以企业的形式进军市场，初步形成试点生产能力。另外，着手制定市场需求预测、建立销售网络方面的准备工作。

④ 产业化规模化生产。这个阶段包括完善的市场营销网络建设和包装、运输、生产过程管理的体系化、品牌的建立等（邓叶，2008）[42]。

4. 五阶段论

有学者在进行产业投资评估研究时，将新兴技术产业发展过程划分成五个阶段[12]。

① 概念阶段。此时新兴技术产业发展的对象仅仅是技术产品的构想，尚未形成产品原型。

② 初始阶段。此时已经完成产品的原型设计和产业化项目的经营计划，但产品尚未上市。

③ 成长阶段。此时初期产品已完成上市，有一定的市场基础，已经达到盈亏平衡点或有盈利，有稳定的营销渠道，达到计划中的目标，但有待进一步开发更具竞争力的产品，并进行较大规模的市场营销来扩大市场占有率。

④ 扩张阶段。此时新兴技术产业的产品已经有相当高的市场占有率，获得一定程度的投资回报，产品线已经具备相当大的规模，处于行业中较为重要的位置。

⑤ 成熟阶段。此时新兴技术产业的经营状况达到顶峰，技术也进入其成

熟期。

根据本研究的研究对象和内容的特点,本研究将新兴技术产业发展过程简单地划分为五个阶段,即研发、初创、成长、扩张和成熟阶段。并将研究的重点放在产品原型已经形成后的市场化阶段,即中试阶段到规模化生产阶段。

2.2 新兴技术监测方法

2.2.1 技术预测与技术预见辨析

1. 技术预测与技术预见的概念

技术预测是在特定时间和特定水准下发展并预测一项技术的完成情形(黄鲁成等,2013;Garde,Patel,1985)[43][44],是对技术创新、科技改良以及可能的科技发明进行描述和预测。还有学者认为,技术预测是对适用技术、工艺及相关方法的未来特性的把握。Miles(2010)[45]认为,就一般意义而言,技术预测是对技术变化(特别是发明、创新和采用)的效应、特性、潜在方向和变化速度的系统性、有目的的理解和展望。陈劲等[46]认为,技术预测是一种系统方法,是组织通过对技术现有状态和固有趋势的解析,选择合适的方法论组合,以对技术将来可能的发展情况作出估计。

2. 技术预测与技术预见的比较分析

表 2.1 对技术预测与技术预见作了深入的比较分析。

表 2.1 技术预测与技术预见的比较分析

比较内容	技术预见	技术预测
研究基础	以专家的主观推测为预见基础的定性分析,如德尔菲法、情景分析和头脑风暴等(鲍志彦,2012)[47]	基于技术的历史数据的定量分析
研究成果周期	长周期预见 20~30 年,中期预见 5~15 年,短期预见 3~5 年(黄鲁成等,2013)[43]	与技术预见相比,周期较短
实施主体	以政府部门为主,包括大企业	企业或研发机构
运用范围	大领域整体扫描,国家层面的宏观预见,大专题的行业技术中观预见等;从科学、技术、经济和社会的大系统考虑	强调技术对社会和经济的单方面作用,停留在趋势展望的层次上

续表

比较内容	技术预见	技术预测
作用对象	一般为技术群	一般为单项技术
研究内容	国家层面：为国家科技政策明确未来科技发展趋势，确定优先发展技术领域 区域或行业层面：找出具有较高科学价值和社会经济潜力的技术领域，确定区域或行业的科技发展战略[47]	未来可能出现的新技术，该技术何时能达到何种性能水平；技术发展阶段性及方向、技术路径与轨道的判断；技术前沿分析；新技术产业化潜力判断；技术热点与空白点分析（功效矩阵）；技术提升途径分析（重点创新方向）；技术竞争对手分析等；新技术与概念性产品扫描；选择针对探索性预测中出现的技术而设计的相应措施[43]
研究目的	更积极地对未来进行塑造，挑选符合技术、经济、社会利益最大化要求的技术[47]	重点在于展望技术自身发展
最终产出结果	前沿学科领域（主题清单）：主要技术领域清单；次级技术领域优先性；主要技术领域的领先国家；本国在重要技术领域的地位；本国达到领先水平的时间；驱动技术发展的主要因素及对策建议；技术发展的主要障碍及对策建议；实现领先水平的措施[43]	围绕"研究内容"的"技术未来分析报告"

20 世纪 80 年代，Irvine 和 Martin（1984）[48]提出"预见"的概念，将其定义为以潜在的长期未来发展为视角而组织的一系列研究和创新计划及重点项目。他们通过结合包括德尔菲法在内的分析方法，形成了"技术预见"的研究体系。欧盟委员会认为，技术预见具有系统性、多方参与性、未来情报分享性和中长期性特点。技术预见要确定在不同的时间阶段上人们所期待的技术发展状态。从一般意义上讲，技术预见具有四个特点：跨学科性、利益相关者参与、问题导向和解决方案导向（Rasmussen，Andersen，2009）[49]。还有学者认为，技术预见是对科学、技术、经济、环境和社会的远期未来进行有步骤的探索，用于选定可能产生最大经济与社会效益的战略研究领域和通用新技术（Mcaleer 等，2007）[50]。

从研究目的的角度来说，技术预测旨在提升技术竞争力，用于技术规划的初期，预测内容是包括技术发展方向和发展速度等在内的技术趋势，旨在加强技术选择的准确性，提升技术管理能力。技术预见倡导的基本理念是，在对科学、技术、经济和社会未来一段时间进行"整体化预测"的基础上，"系统化选择"具有战略意义的研究领域、关键技术和通用技术，利用"最优化配置"手段最终实现经济与社会利益最大化，近年来多应用于国家政策手段的选择（黄鲁成等，2013；Chan，Daim，2012）[43][51]。总地来说，上述两者所要解决的问题都是经济与社会发展中出现的技术问题和科学问题。从实现方法来看，两者都可灵活运用定量和定性的方法；从实现意义来讲，两者都能对执行者或决策者提供技术发展规划的建议。然而，两者在实现过程中存在较大差别[43]。

3. 技术预测与技术监测辨析

技术预测是指在掌握现有信息的基础上，依照一定的方法和规律对未来的技术进行测算，以预先了解事情发展的过程与结果（侯玉民，2014）[52]。技术监测是科学学、科技管理以及信息科学等多学科交叉形成的新方向，其目标是：监测技术发展状态，把握技术机会趋势、降低风险、提高效率（刘宁宁等，2007）[53]。从狭义上来讲，技术监测是技术预测的信息基础；从广义上来讲，技术监测的含义范围要大于技术预测（Takn，2010）[54]。

因此，本研究在后续阐述中，对于技术预测，会更多地以技术监测来表述。

2.2.2 基于 Delphi 法的技术预测及评价方法

Delphi（德尔菲）法最早由兰德公司（RAND）的 Dekey 和 Helmer 提出，目前在技术预测及评价等方面已经得到非常广泛的应用（Dalkey，Helmer，1963）[55]。

1. 德尔菲法概述

德尔菲法是以专家作为索取信息的对象，依靠专家的知识和经验，由专家通过调查研究对问题作出判断、评估和预测的一种方法，是一种非见面形式的专家意见收集方法和"一种高效的、通过群体交流与沟通来解决复杂问题的方法"（Lund，2020）[56]。

1946 年美国兰德公司首次应用这种方法，主要是为了避免集团讨论存在的屈从于权威或盲目服从多数的缺陷。1964年，兰德公司的戈登（T. Gordon）和海默尔（O. helmer）发表了《长远预测研究报告》，首次将德尔菲法用于技术预见中，此后便迅速地应用于美国和其他国家（曲钟阳，2013）[57]。"主要是由调查者拟定调查表，按照既定程序，以函件的方式分别向专家组成员征询调查，专家组成员又以匿名的方式交流意见，经过两轮的征询和反馈，专家组成员的意见将会逐步趋于收敛，最后获得具有很高准确率的集体判断结果"，其实质是利用专家的主观判断，通过信息沟通与循环反馈，使预测意见趋于一致，以期得到高准确率的集体判断结果[57]。

2. 德尔菲法的实施过程

德尔菲法的实施过程一般分为组建技术预测小组、选择专家、设计问卷、实施调查、反馈汇总等步骤（曲钟阳，2013）[57]，如图2.4所示。

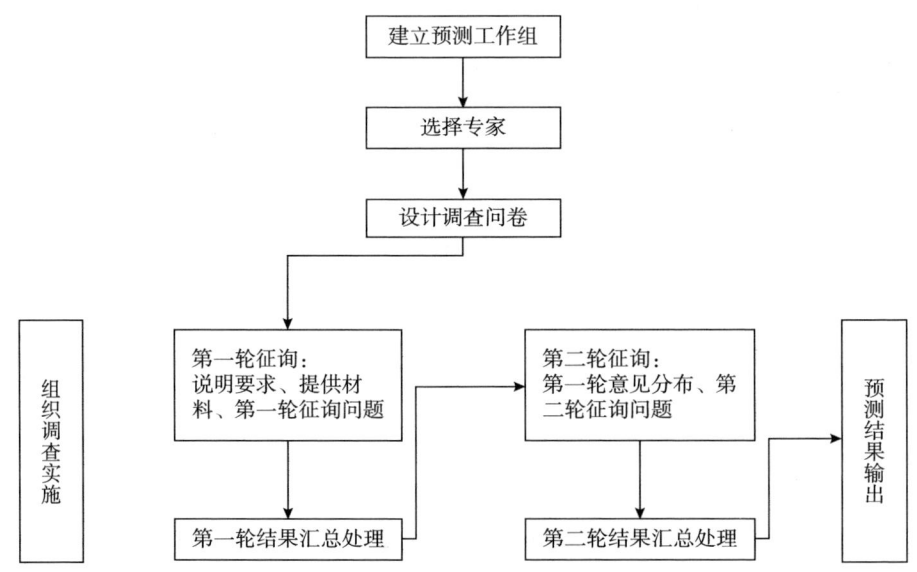

图2.4　德尔菲法实施流程

（1）组建技术预测小组

技术预测小组的组建是使用德尔菲法调查的第一个步骤。预测小组负责整个技术活动过程，包括拟订项目评估、技术预测主题；选择专家；制定、发放、回收咨询专家的评估、预测调查问卷；最终依据专家反馈的意见及结果进行一系列的整理、统计、分析等工作。

（2）选择专家

专家是德尔菲法的核心要素，可以说专家的选择是德尔菲法预测成败的关键所在。一般而言，对所选择的专家有两个要求，即专业性和敬业性。一方面选择与调查主题相关的各个分支学科中的权威专家，以保证调查的权威性和评价的不偏不倚；另一方面选择的专家需要自始至终，并保证各轮调查的及时反馈。

专家选择的基本原则必须突出广泛性、权威性和代表性，兼顾相关专业领域和地域分布。从专家数量规模看，参与调查的专家人数对调查结果的精确性起决定作用。人数太少，意见容易趋于统一，没有参考价值，人数太多，难以组织和进行结果处理。预测精度与参加人数呈一定的函数关系，当参加专家数量为15人左右时，预测精度达到最高，进一步增加专家人数不会对预测精度产生太大的影响。考虑到有些专家可能中途退出，一般选择20~50人为宜。评估专家权威的认定可以参考最近几年内在该领域核心期刊上发表的论文数量和研究项目资助情况，选择专家时可以让这些权威专家每人继续推荐其他评估专家，获得多人同时推荐的专家也可以被选择。从专家知识结构的合理性看，不仅要选择技术领域的专家，还需要选择一定比例的来自政府、企业、高校、研究机构等方面的专家。在选择专家的过程中，不能一味选择承担各种技术领导职务的专家，因为如果他们没有足够的时间填写调查表，其参考价值甚至不如一般专家认真填写的意义大。

（3）设计问卷

调查问卷的设计是德尔菲法一个关键的步骤。问卷中首先要有相应的背景介绍材料，以说明本次技术预测与评价的目的、意义和方法；其次应对德尔菲法过程作简要介绍，以及专家在本研究中所起的关键作用，让专家对采用德尔菲调查法流程的调查问卷有一个初步的认识；最后根据研究主题设计出具体要征询的问题，以及具体的填表说明，最好有一个简短、准确和观点明确的范例供专家参考。为了最大限度地提高德尔菲问卷调查的质量，设计的问题必须清晰简练；形式要简单、明确，让专家容易理解和判断；数量不宜过多、过于繁杂。另外，问卷的设计除了必须用文字表述外，还应尽量用数字或符号表述，这样可以节省答卷专家的时间（Braxton，2019）[58]。

德尔菲调查问卷设计必须坚持"全面、简洁、准确、客观、可行、一致"原则。"全面"指问卷问题设计之前要有完整的政策分析框架并且紧扣未来技术,从整体上考虑调查问卷中的问题以及问题之间的逻辑性,通常要包括技术课题的重要程度、领先国家、开发水平、制约因素/合作对象等问题。"简洁"指问卷问题设计应该在满足调查需要的情况下选择尽可能少的问题,就是采用尽可能少的问题收集到能够满足调查需要的信息,如日本和英国的调查问卷通常不超过10个问题。"准确"指问卷问题设计必须用词明确,避免专家判断时产生歧义,确保调查质量。"客观"指问卷问题设计必须保持中性,避免专家受主观偏好的影响,确保调查客观。"可行"指问卷问题设计必须保证能够描述被调查问题并且易于统计。"一致"指问卷设计要注意技术课题的一致性,选择处于同一层次的技术问题(穆荣平等,2006)[43]。

(4)实施调查

问卷一般需要经过两轮甚至更多周期的调查才能实现。首轮问卷一般包括专家信、背景资料、问卷等内容。此阶段问卷含有一些开放性问题,以便专家能自由表达观点和补足。第一轮问卷回收后,由评估小组对专家填写后寄回的问卷进行汇总、整理和分析[57]。"结果应包括最大值、最小值、中位数、四分位数和四分位数间距。"(王成云,苗小川,1996)[60]

根据第一轮调查的结果有针对性地进行第二轮调查。将第一轮问卷的专家判断意见归纳综合、统计汇总,同第二轮问卷一同寄给第一轮征询的专家组,同时将结果涉及的有关统计术语(中位数、四分位数间距)向专家作必要的解释说明;并征询每一位专家组成员在看完第一轮小组的平衡结果之后是否有异议。如果专家的预测结果与其他专家出入较大,而专家仍要坚持自己原来的预测,要请他给出理由[57]。

逐轮收集意见并向专家提供反馈信息是德尔菲法的主要环节,包括新的预测结果及部分专家不同意第一轮问卷结果的意见。整理第二轮调查材料并对前两轮调查结果进行综合分析,决定是否需要做第三轮问卷调查以获得进一步一致的预测,如果绝大多数预测已经判断一致,则无须再做下一轮调查。若预测的结果分歧很大,则有必要做第四轮甚至第五轮问卷调查,以获得较一致的预测。最后,对调查的结果组织高层次专家进行审核论证,并形成预见结果[57]。

2.2.3 基于科学计量的技术预测及评价方法

基于科学计量的新兴技术预测及评价方法的客观分析过程是:使用现阶段可获取的公开数据——专利、文献等,采用专利计量分析、文献计量分析等方法及相关分析工具，探索特定技术领域内的技术发展现状和未来发展趋势，并利用可视化工具将技术预测（预见）的结果予以直观展示[43]。

由于数据来源不同，因此上述两种方法（即专利计量分析和文献计量分析）在使用过程中具有差异性。具体来说：文献计量分析旨在通过对科技论文文献数据进行挖掘、组织和分析，以文献的主题、作者和机构等为研究对象，通过绘制概念地图、采用聚类分析和因素分析、引证和共被引分析等方法，帮助研究人员把握技术发展的"隐藏模式"；专利计量分析旨在对包括专利权人、发明人、权利要求、摘要、法律状态等在内的文本信息进行处理，以探索技术领域的发展现状、预测技术未来发展态势（徐建国，2016）[61]。

表2.2列出了技术预测（预见）过程中专利、文献和网络信息数据的来源、常用分析工具及其在技术创新过程中的主要研究成果[43]。

表 2.2 基于科学计量的新兴技术预测与评价方法

客观分析方法	数据来源	分析工具		研究结果
专利计量分析法	中国国家知识产权局（SIPO）	Aureka、Ucinet、Pajek、Netdraw 等	TDA、VP、Goldfire Innovator、研制数据处理与分析软件	新兴技术领域清单；新兴技术领域的领先国家；新兴技术领域产业化潜力报告；新兴技术未来市场分析报告；新兴技术发展趋势预测报告；新兴技术空白点报告
	德温特专利数据库（DII）			
	美国专利数据库（USPTO）			
	欧洲专利数据库（EPO）			
	世界知识产权组织（WIPO）			
文献计量分析法	Web of Science	Citespace、Bibexcel、SPSS 等		
	工程索引（EI）			
	中国知网（CNKI）			

2.2.3.1 文献计量分析法

文献计量分析是以文献体系和文献计量特征为研究对象，采用数学、统计学等计量方法，研究文献的分布结构、数量关系、变化规律，进而解释与评估过去、现在，并预测（见）事物的某些结构、特征和规律的一门科学。这一方法可以用来分析技术的过去并把握它的未来趋势，有助于研究者从大量的文献数据资料中发现技术的"潜在模式"，从而对新兴技术开展预测和评价（赵盼，2011）[62]。

1. 文献计量分析法概述

基于科技文献的文献计量学方法已经有 60 多年的历史，现代文献计量学由 Derek Price 于 1963 年在《Little Science，Big Science》一书中提出（Derek，1963）[63]，经过多年的发展，文献计量学方法已经成为系统分析研究中的一种重要的定量分析方法。文献计量学通过计算文献、专利或者引证信息来衡量科学技术发展情况（Kajikawa，Takeda，2009）[64]，挖掘基础科研实力与技术水平，实时显示科学研究能力。当前，文献计量学方法被认为是经济的、温和的、简单的，能够应用于个人难以处理的海量数据挖掘的科学方法（Abramo 等，2009）[65]。

通常，文献计量学方法会与统计分析、文献分析、引证分析或词频分析等数据挖掘方法进行结合（ChiHsiang，2011）[66]。文献计量学基于一个最简单的理论，即被引证或者采用的次数越多，它可能存在的影响力或者其重要性就越大，而文献计量学的应用跨越从国家政策制定到具体领域应用等诸多方面。例如，通过挖掘特定领域的相应信息为管理者 R&D 项目选择、新产品设计或者市场方案制定的决策提供支撑（张嵬，2016）[67]。虽然大多数文献计量学的分析选择了海量数据，但是选择特定领域的实证分析对于理解复杂流程具有特别的效果。Bellis 针对文献计量学的相关数据与分析方法进行了相对完整的总结与评述（Bellis，2009）[68]。

文献计量学是指利用数学和统计学的方法对一切文献载体和特征指标进行定量研究，计量对象一般有：文献数量（期刊论文、专利、引文等）、作者数量、词汇数量等（Meyer 等，2010）[69]。在一些数量变化趋势方面，学术界已经得到了统一的认可。如当 EI 论文每年的增长量越来越多，而 SCI 论文的增速逐渐下降时，说明技术的相关研究逐渐由基础研究转向工程研究，人们开始将技术应用到产品中，技术逐步走向成熟。再比如当会议论文相对于期刊论文的比例下降时，说明学者对该技术的关注和讨论热度正在降低，技术也趋于成熟（Waltman 等，2010）[70]。

一些学者对各领域论文和专利申请数量的曲线图进行了对比分析，发现了一些共性的规律：在前期属于基础理论累积，学术论文发表的数量呈快速上升趋势；当技术逐渐应用到产品中，更多的是研发试验，该领域的专利申请量也出现快速增长；当外观设计专利的申请量逐步上升，而发明专利逐渐减少，此时该技术及其相关产品进入成熟期。

文献计量学方法本身存在缺乏引文数据库资源、依赖数据的准确性等不足。本书通过对检索式的不断完善，以及智慧芽和 Web of Science 数据库的选取，保证了论文和专利数据的全面性和词条的完整性。

2. 主要预测与评价方法

（1）引文分析

引文分析是利用各种数学及统计学的方法以及比较、归纳、抽象、概括等逻辑方法（郭卫东，2007）[71]，对科学期刊、论文、著作等各种分析对象的引用与被引用现象进行分析，以揭示其数量特征和内在规律，达到预测、评价科学发展趋势目的的文献计量分析方法（邱均平，2007）[72]。

关于文献计量学的研究认为，文献间的"引用和被引用"的关系反映了一种知识流动和传播的现象。自从 Garfield 创立了引文索引以来，引文分析就开始展现出其特有的生命力。它综合了集合论、图论、聚类分析、多元统计以及多种数理方法，通过深入分析文献间互相引用的关系，在反映科学研究的前沿领域和发展态势、评价研究团队和个人的科研绩效、揭示学科特点和结构等方面都发挥着重要作用。通常在基础研究－基础应用研究阶段，通过运用科学引文分析的方法找到国内外科学家最近几年的关注点，分析这些关注点之间的内在联系，从而识别目前快速发展的前沿领域、热点研究领域，结合本国国情可以找到未来需要重点关注的新兴技术，从而为技术预见和国家关键技术选择服务（Morman，1980）[73]。

随着分析对象的不同，引文测度（Citation Measure）也有所不同。例如，对科学期刊进行分析常用的测度指标主要有 5 种，即引文率、影响因子、自引证率、自被引率和当年指标；在对专业或学科结构进行研究时，除用引文率外，还可用引文耦合等测度指标进行分析。引文是由测度指标来衡量的。可以根据不同的需要而规定出可从不同角度进行引文测度的各种指标。但这些指标都是由一篇篇科学论文之间的引用关系建立起来的，或者说是由引文率演变而来的。因此，引文率是各种引用分析中最基本的测度指标（贺颖，2008）[74]。

（2）共引分析

共引（Co－citation），又称共被引或同引。所谓共引是指两篇（或多篇）论文（参考文献）被别的论文同时引用时，则称这两篇（或多篇）论文（参考文献）有共引关系，并且以引证它们的论文的数量为强度。

所谓共引分析，是指以具有一定学科代表性的文献为分析对象，统计两两分析对象之间的共引强度,并以此作为分析对象之间相关程度的反映,来分析对象之间错综复杂的关系,以及它们所代表的学科专业的结构和特点。

文献的共引是一类最基本的共引关系。它主要体现了同被引的参考文献之间的结构关系,从而反映学科之间的某些联系。通过对文献的共引相关群的分析,可进行文献学方面的理论研究,比如研究学科之间的相互关系、联系特征和发展变化状况及趋势等,从而为新兴技术、前沿领域的预测和评价提供帮助。

(3) 科学词频分析

词频分析法是利用能够揭示或表达文献核心内容的关键词或主题词在某一研究领域文献中出现的频次高低来确定该领域研究热点和发展动向,预测和评价新兴技术的文献计量方法。由于一篇文献的关键词或主题词是文章核心内容的浓缩和提炼,因此,如果某一关键词或主题词在其所在领域的文献中反复出现,则可反映出该关键词或主题词所表征的研究主题是该领域的研究热点。

词频分析法是文献计量学的传统分析方法之一,其所依据的基本理论为齐普夫定律。在文献中,不同词汇的使用和出现频率是有一定规律的。1935年,齐普夫以大量统计数据对词频分布规律进行了系统研究。齐普夫在前人研究的基础上,又收集了大量统计材料,并进行了系统的分析,发现在任何一篇文章中,词的出现频率都服从如下规律:如果把一篇较长的文章(约5000字)中每个词出现的频次统计起来,按照高频词在前、低频词在后的递减顺序排列,并用自然数给这些词编上等级序号,即频次最高的词等级为1,频次次之的等级为2……频次最小的词等级为D。若用f表示频次,r表示等级序号,则有:

$$f \cdot r = C$$

式中C为常数,这里的常数并不是绝对不变的恒量,而是围绕一个中心数值上下波动。上式与齐普夫以前验证过的定量形式是一致的,称为齐普夫定律(或称齐普夫第一定律)(冯志伟,1983)[75]。

在对论文的标题进行词频分析时,需首先借助词频分析软件将论文标题中使用的单词按照出现的频次由高到低进行降序排列,然后将一些没有特殊意义的单词从词频列表中删除,如一些虚词、形容词、连词、介词等,同时也应删除那些在科学研究中被普遍应用的、没有代表性的单词,如研究(study)、分析(analysis)等。随后,将词根相同的单词以及含义相似的单词归并同类项,作为一个词汇处理,如将science、sciences、scientific都作为"科学"进行统计，将 world 和 international 都作为"世界"进行统计等。

(4) 多元统计分析

对于萃取出的关键词或主题词进行多元统计分析也是进行新兴技术预测与评价的一种文献计量方法。"维度降低技术"是多元统计分析的一个特征。多元统计分析包括因子分析（主成分分析）、多维尺度分析和聚类分析等。这些方法大多基于对主题词共现关系、文本引证关系或其他关联关系的挖掘与分析，即基于主题词或文本关联矩阵实现降维，从而达到通过关键因子替代非关键因子的最终目的。

其中聚类分析以挖掘模式、点或实体集合中的潜在聚合为目的（Anil, 2010）[76]。与之类似，文本聚类关注文本数据的统计学属性以及主题词间的语义关联，其相关算法寻求计算文本间的相似度并通过把大规模的子项聚合到少量的关键因子来降低维度（Zhang 等, 2014）[77]。词频-逆文档频次分析作为主题词赋权的重要方法被广泛地用于文本聚类的数据预处理阶段（Wu 等, 2008）[78]。

(5) 科学知识图谱分析

科学知识图谱是显示知识发展进程与结构关系的一系列图形，以科学知识为研究对象（王金鹏, 2011）[79]。它用可视化技术描述知识资源及其载体，挖掘、分析、构建、绘制和显示知识及它们之间的相互联系（刘则渊, 2007）[80]，由于它以科学知识为计量研究对象，所以属于科学计量学的范畴。

知识图谱把应用数学、图形学、信息可视化技术、信息科学等学科的理论方法与计量学的引文分析、共现分析等方法结合，用可视化的图谱形象地展示学科的核心结构、发展历史、前沿领域以及整体知识架构，揭示知识领域的动态发展规律（秦长江，侯汉清, 2009）[81]。科学知识图谱的理论方法众多，引文分析、同被引分析、词频分析、共词分析、聚类分析、社会网络分析、多元统计分析等都为其提供了方法论指导。根据所用方法与技术的不同，科学知识图谱可以分为不同的类型，包括：传统科学计量图谱、三维构型图谱、多维尺度图谱、社会网络分析图谱、自组织映射图谱、寻径网络图谱等（陈悦等, 2008）[82]。

科学知识图谱具有很强的预见性和前瞻性，在技术预见中可以发挥重要作用：应用于识别学科研究前沿，分析学科进展及发展趋势；确定研究的热点课题、技术方法、学科分布和应用领域；考察特定领域内科学研究主题的变迁，预测技术发展趋势，实现技术跟踪的可视化；分析学科或领域内不同研究者的相互关系，以及学科或领域之间的交互关系；测度当前研究的影响，提供突发技术的早期预警，对技术发展的优先性进行排序；分析学科或领域内的核心作者群，分析某国或某机构的科研水平与地位。

3. 方法的应用

新兴技术是智力密集型的知识产品，与传统技术相比，其研发具有高度不确定性和创造性毁灭的特征，这些体现在市场、技术和管理等方面。其中，新兴技术的不确定性包括其学科基础的不清晰性、技术功能的不稳定性、技术发展方向的不确定性、新兴技术产业化是否能够成功等含义。另外，科学技术发展是不同力量作用的结果，包括科学技术自身进化的动力、市场需求的驱动力和人文社会的塑造力等（卢文光，黄鲁成，2011）[83]。由于科技文献中有对技术的科学基础的全面而深入的研究，它们能够充分反映技术的知识基础，因此我们提出以科技文献数据为基础，采用主客观相结合的方法，通过文献计量分析和专家判断来预测新兴技术产业化的前景。基于文献计量学的新兴技术产业化前景分析框架如图2.5所示。

图2.5所示框架包括两个步骤：首先，通过文献计量分析对新兴技术的发展阶段及其技术成熟度进行判断；其次，对已进入成熟期的技术进行产业化环境分析，并结合专家意见，形成新兴技术产业化前景的分析报告。

2.2.3.2 专利计量分析法

专利信息是技术发展趋势研究的重要工具，这是因为专利数据作为技术信息最有效的载体往往蕴含着许多重要的技术和经济信息，且内容翔实准确、时效性强，这对新兴技术的预测和评价具有重要的价值（郝煊超，2013）[84]。专利分析法的核心是通过统计学方法使专利信息转化为具有总揽全局及预测功能的竞争情报。

1. 专利计量分析法概述

通过专利计量分析，可以确定技术领域的核心专利、关键专利权人或发明人；可以洞察新兴技术的发展状况，辨识技术活动的重点并判断行业的竞争态势（魏晨等，2019）[85]；还可以预测未来新兴技术的发展走势，遴选关键技术。通过专利计量以遴选出一批产业界的技术专家，将专利计量的结果提供给专家，可有效避免参考点效应和证实性偏差（张冬梅，曾忠禄，2010）[86]，还有助于提高专家的技术预见能力。而且，专利计量是预测新兴技术短期发展趋势最准确的方法，与德尔菲法进行长期预测具有时间范围上的互补性。

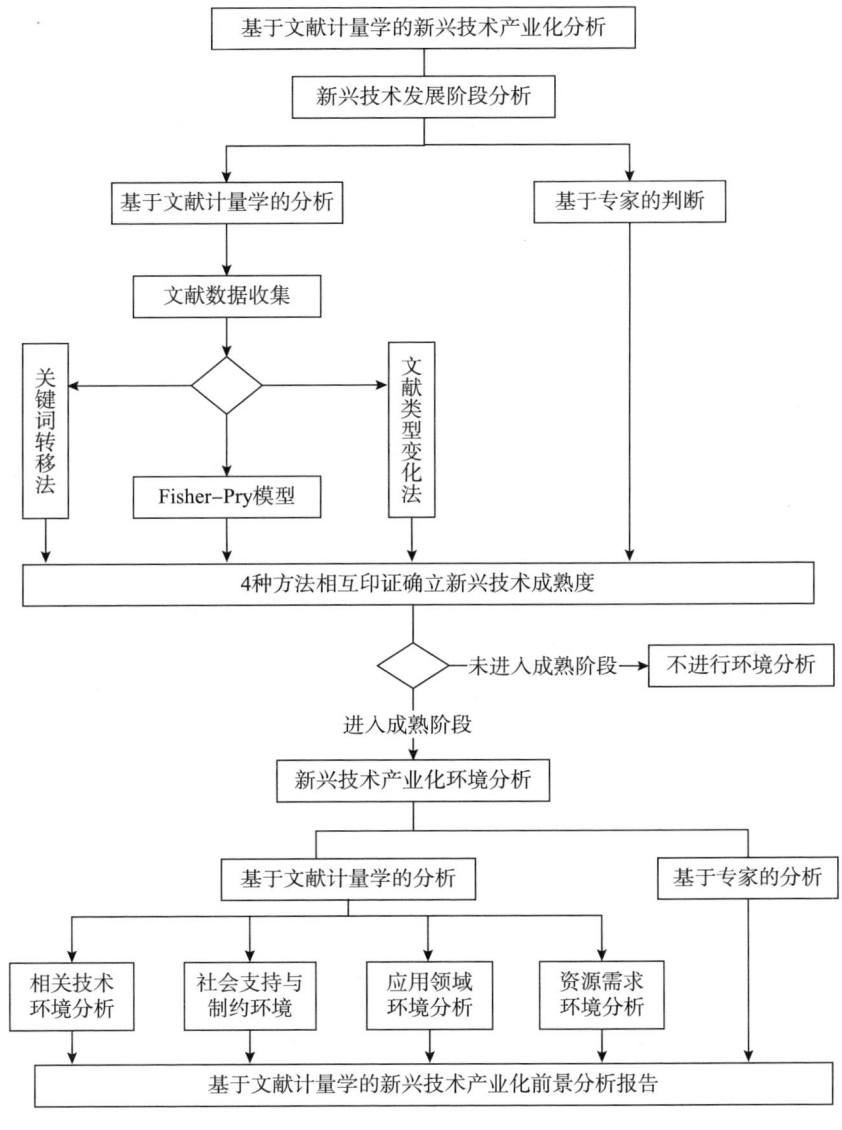

图 2.5　基于文献计量学的新兴技术产业化前景分析框架

一般来说，在新兴技术的应用研究-开发试验阶段，运用专利分析法能够找到快速发展的新兴技术领域,实现技术预测与评价的目标,同时预见未来有希望的关键产业(王伟,2008)[87]。日本、韩国、美国、我国台湾地区等都曾开展过大规模的产业技术专利分析(栾春娟,2009)[88],为预测和评价新兴技术、制定技术发展战略和产业升级规划提供重要决策支持。

专利的发明等级在一定程度上受专利间的引用关系影响,有学者根据这一关系判定专利等级,再推出与该技术相关的技术成熟度阶段(Karvonen, Kässi, 2013)[89],如技术从萌芽期到成长期的转化,专利的引用关系会有明显的数量增长。但由于专利引用是一个长期的过程(王明明,张泓雨,2015)[90],最新发明的专利的被引次数往往不能真实反映其质量等级,在本书的研究中忽略了近几年的数据,从而避免受这一因素的干扰。

有学者指出,专利引文在一定程度上表征了该技术的影响力(旷景明,兰小筠,2014)[91]。Chang P L 等通过实证研究指出,专利拥有高被引频次不仅代表更高的市场价值和创新程度,而且经常作为同类技术其他专利的基础和铺垫,成为该领域的核心专利(Chang 等,2009)[92]。专利引证活动分为前向引证和后向引证。前向引证是指该专利被之后申请的专利引用,后向引证是指该专利在形成过程中对之前专利的引用。有学者研究指出,专利前向引证和后向引证的数量状态都是技术价值的显示器,其中前向引证的数量有更大的研究价值(娄永美,2011)[93]。同理,论文的前向引证和后向引证的数量也是科学影响力的显示器。因此,本书选择专利和论文的引文数量和被引用数量作为每篇文章的权重指标。具体计量方式在下文详细阐述。

2. 主要预测与评价方法

专利分析法可分为定量分析和定性分析:定量分析主要是对专利文献的外表特征,如专利数量、专利引文数量等进行分析,进而预测技术发展趋势;定性分析主要是通过对专利内容等进行分析来获得技术的动向发展信息。专利分析的主要指标有(张燕舞,兰小筠,2003)[94]:专利年度分布、专利被引频次、技术影响因子、即时影响因子、技术生命周期、技术强度、同族专利数量、专利实施率等。通常进行专利分析时,研究人员都会采用定量和定性相结合的方法。

(1)专利数量分析

专利数是最基本、应用最广泛的专利分析指标,与分类号或其他领域界定方式结合,可以衡量该新兴技术创新的总体规模和水平。根据所选专利状态的不同,该指标包括申请专利数和授权专利数两种计量方式。其中,按申请专利数计量,时效性更强,适于反映新兴技术的研发活动。而授权专利因通过层层审查,发明质量能得到保障,作为技术创新成果的代表更为适宜。除了对已有专利数量的分类汇总等描述统计外,不少学者对专利申请量、授权量等的变化规律进行推断统计研究,从而预测新兴技术的发展趋势(黎江,2008)[95]。

(2)专利引文分析

专利引文分析,就是利用各种数学及统计学的方法和比较、归纳、抽象、概括等逻辑方法,采用计算机数据处理技术,将专利对其他专利、科学期刊、论文、著作、会议记录等各种分析对象的引用现象进行分析研究,以便揭示其数量特征和内在规律,达到评价、预测科学和技术发展趋势以及两者之间关系的目的[87]。

科学学的研究反复表明,科学知识具有明显的累积性、继承性;任何新的学科或新的技术,都是在原有学科或技术的基础上分化、衍生出来的,都是对原有学科或技术的发展。也就是说,科学技术的发展是连续的(侯海燕,2006)[96]。同时,由于科学的统一性原则,现有的各个学科之间都是彼此联系、相互交叉、相互渗透的。因此,任何一项科学研究,都必须在前人基础上进行。专利文献可以看作技术发展的记录,其后面所附的参考文献,则是技术继承和发展的标志。Campbell(1983)[97]研究了利用专利技术的发展趋势进行技术预测的方法,指出专利引用向决策者提供了非常有用的预测工具。这一预测工具对于研发规划、竞争分析、识别热点研究领域和新兴技术、技术的成熟度、技术消亡分析,是非常有帮助的。

(3)同族专利分析

以同族专利为研究工具,通过分析同族专利在国家和区域的分布状况,可以预测新兴技术未来可能的市场分布,同时,通过这种方式,还可以在国家层面了解竞争状况,以及从一个侧面反映出该技术在国际上的竞争力(马婷婷等,2014)[98]。

同族专利是拥有一个或多个共同优先权专利的一系列不同国家的专利组成的专利簇。由此可见,同族专利反映了同一项发明在不同国家的申请情况。由于专利的申请和维护都是需要支付一定费用的,尤其是在国外申请专利,一般比较昂贵,因此,专利发明机构鉴于成本的考虑,只会根据需要选择是否在多个国家进行专利申请。通常认为,只有当发明机构将某个国家或地区作为目标市场的时候，才会花费成本在该国家申请专利保护，建立技术壁垒。由此可见，对同族专利进行分析，可以从一定程度上预测技术的未来市场分布情况。另外，用同族专利还可以衡量出专利发明机构的技术实力以及技术的商业化趋势。因为通常有价值且值得投资的发明，才会吸引专利发明机构申请海外专利（钱越等，2016）[99]。

（4）专利共词分析

共词分析法以词频分析为基础，是一种被广泛应用的动态、自生成、客观的内容分析方法。到了 20 世纪 90 年代中后期，共词分析法已基本走向成熟，并被广泛应用于多个领域，产生了大量的应用成果，在人工智能、科学计量学、信息科学和信息系统、信息检索等领域均得到了很好的应用。共词分析法通过分析同一文本主体中主题词的共现来揭示技术之间的关系，具有很好的适用性，其基本原理为针对一组词（关键词、主题词等）两两统计它们在同一项专利中出现的次数，并以此为基础对这些词进行聚类分析，生成共词簇，进而反映出相应专利集所代表学科的研究热点和变化趋势（王红，2011）[100]。文献调研发现，共词分析法现已成为国内外学者基于专利文献来预测新技术、识别新兴技术或描绘技术演进路径的一种常用方法（李阳，2013）[101]。

究其原因，是由于专利文献中蕴含的某一项技术主题通常由一系列紧密联系的词汇组成，依据不同类别词汇的共现频次可以间接描述它们在内容层面的关联关系，进而识别、预测和评价潜在有价值的新兴技术。其判断依据为：只有当某一类别的词汇簇随着时间其出现频率逐渐上升并且与其他类别词汇簇的共现频率也呈显著增长趋势时，该类词汇簇所表征的技术才能被认为是潜在有价值的技术机会，而共词分析正是达到上述研究目的的一种典型方法[101]。

与单纯的词频统计、排序，进而揭示研究热点的词频分析法相比，共词分析法不仅寻求高频词汇，而且更加注重词间关系，从而能够更好地反映概念间的关联关系，这与文献的共被引分析有异曲同工之处。但共词分析法在表现手段上更为简洁，更能直接描绘出当前的领域主题结构（宋爽，2007）[102]，透视领域重点技术，横向和纵向分析不同技术的发展过程、特点以及技术间的关系，从而反映某技术发展水平及其演进路径的动态和静态结构。

3. 方法的应用

（1）基于技术生命周期的技术发展趋势预测

企业通常依据技术生命周期阶段来确定对新兴技术的产业化投资。由于专利数据包含大量信息，包括技术的原理、技术的商业化潜力以及在进入产品生命周期前即可确定的技术生命周期阶段，因此通常情况下以专利申请数据作为判断技术生命周期的基础[43]。另外，考虑到数据的时效性、易得性以及与技术发展趋势关联的紧密性，本节以专利数据、会议论文和期刊论文作为判断技术发展趋势的数据基础。

为了将专利申请情况与科技论文中的知识积累情况结合讨论，本节给出了一个多视角的技术发展趋势预测研究框架，如图2.6所示。

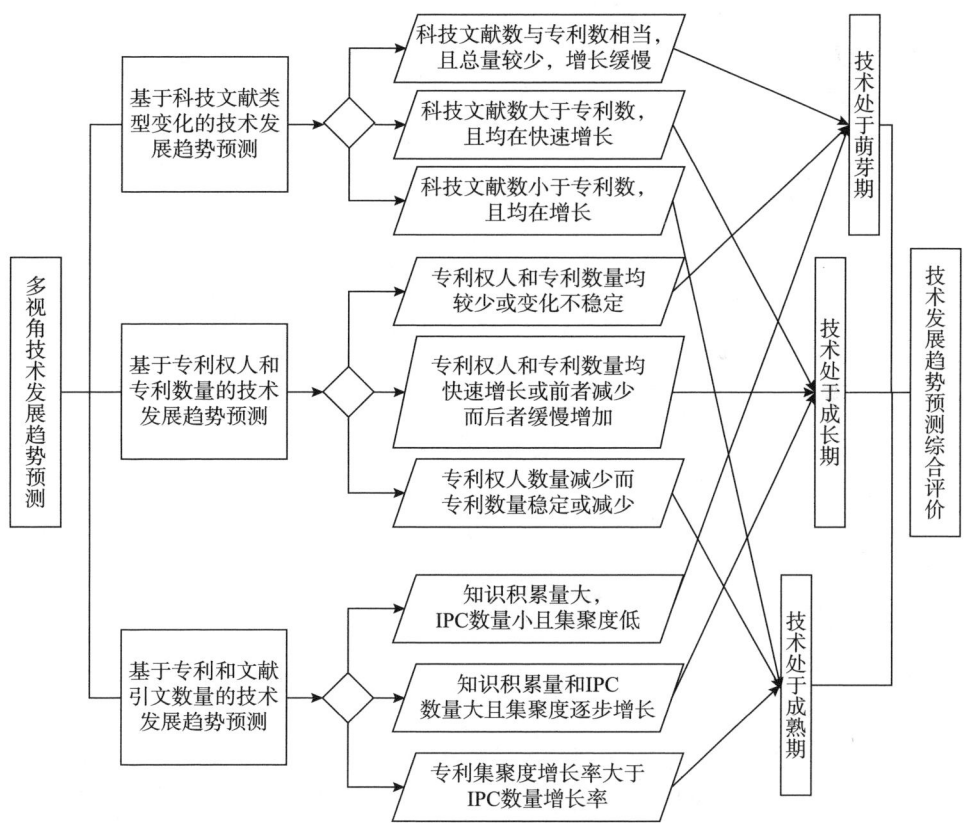

图2.6 多视角的技术发展趋势预测研究框架

（2）技术空白点预测

当新兴技术的发展路线逐渐清晰并且新兴技术逐渐进入成熟阶段后，一些原有的核心技术往往需要进行必要的突破和跃迁，从而满足市场主导企业可继续凭借改进的技术拥有市场主动权，或使技术追赶者可通过拥有先进技术来提升市场份额。这一过程需要企业通过技术预测识别领域内的技术空白点——它们可能是研究者尚未注意的新领域，也可能是研发难度较大利用现有技术难以突破的技术难点[28]。基于技术未来的发展方向，技术机会有两种形式：一是某技术领域中新技术的出现，如纳米技术、基因组技术的出现；二是对现有技术的发展、改进和创新，如纳米芯片技术和转基因技术的发展等（历妍，2011）[103]。

黄鲁成等在前人研究的基础上，提出了以文本挖掘和主成分分析为核心的技术空白点预测方法，其研究框架如图2.7所示。

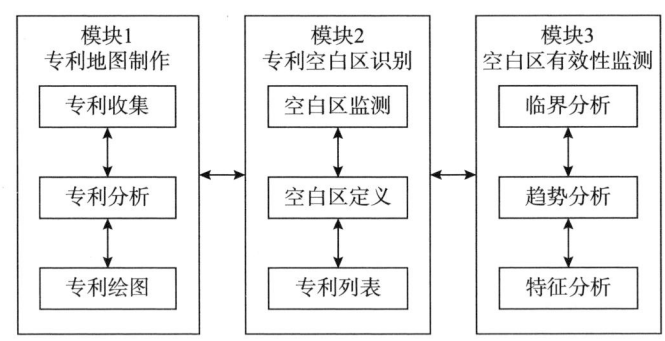

图2.7 技术空白点预测研究框架

利用数据挖掘方法绘制专利地图并分析，可以全面关注目标技术的发展方向，挖掘出新技术的创新点以及该技术领域的发展潜力，进而通过深入研究、分析空白区的相邻专利集，就能够更有效地识别研发新技术的最佳时机（Lee等，2017）[104]。

（3）技术市场分析

与广义的市场分析的定义不同，这里的技术市场分析主要是基于专利的一种市场分布预测分析，用以辅助技术机会的识别研究。技术市场分析主要使用的方法工具是建立本地申请国家（地区）和同族专利申请国家（地区）的交叉矩阵，如表2.3所示。本地申请国家（地区）指的是专利发明机构所属国家（地区）；同族专利申请国家（地区）指的则是该专利提出申请的专利授权机构所属的国家（地区）[98]。

表 2.3 本地申请国家（地区）和同族专利申请国家（地区）的交叉矩阵

同族专利申请国家（地区） \ 本地申请国家（地区）	国家 A	国家 B	国家 C	……
国家 A	●	○	○	○
国家 B	◎			
国家 C	◎			
……	◎			

在表 2.3 中，以国家 A 为例，标有"●"的单元格显示国家 A 的本地机构在本国申请专利数量；标有"◎"的单元格显示国家 A 的本地机构在海外申请专利的数量，这些数量可以作为衡量国家 A 在海外该技术的实力以及预测该技术潜在海外市场的依据；标有"○"的单元格显示的是其他国家的研究机构和企业在国家 A 申请专利的情况，这些数据可以帮助国家 A 定位关于该技术的主要竞争国家，为战略部署提供衡量依据[98]。

另外，根据这个矩阵，我们还可以进一步分析单元格中包含的专利的情况，尤其是本地机构在海外申请专利的内容。因为这些专利往往包含了最有技术价值或战略价值的核心技术，同时也是最可能实现商业化的技术。分析这些专利内容，可以进一步帮助我们预测和评价新兴技术[98]。

2.2.3.3 科学计量法的特性分析

1. 科学计量法的优点

（1）有利于更科学地选择新兴技术

新兴技术的选择通常以专家会议的形式获得初稿，经过讨论、筛选、审定、协调后，确定参加调查的领域和技术名单。从根本上讲，这是专家意见的产物，带有浓厚的主观色彩，且可能因为对技术领域认识得不够全面而导致项目方向偏差甚至失败（袁志彬，任中保，2006）[105]。

通过利用现有的文献数据库和多种科学计量类方法，能识别出多学科中引用率最高的文献，确定技术预测的时间范围、研究前沿和快速增长的研究领域，发现学科发展趋势，使技术预测人员能更好地把握主流研究领域，避免出现重大偏差。美国科技信息研究所（ISI）就曾利用共引分析（Co-citation）

进行科学前沿可视化研究，定期以热点问题、研究前沿等形式对分析结果进行跟踪报道（马楠，官建成，2006）[106]。在确定技术预测的新兴技术的领域和范围，选择具体技术课题时，将科学计量类方法应用其中，可以在预测开始前保证选题的精度和新度，从源头上保证预测和评价的正确方向。

（2）有利于扩展技术预测的范围

德尔菲法可以较有效地预测应用性技术，但很难对"颠覆性技术"进行预测和评价。而对颠覆性技术的研究，更应成为技术预测的重点（王伟军，王金鹏，2010）[107]。

在对颠覆性技术的预测研究中，可以利用内容分析、词频分析、专利分析和文本挖掘等方法，分析文献中的"突变短语"（Burst Terms），并挖掘潜藏的有价值信息。利用科学计量方法参与对颠覆性技术的预测，作用较为明显。

（3）相比德尔菲法成本较低，且时效性较高

专利和期刊文献都需要进行专门、严格的评审，文献的内容翔实、准确，格式规范、统一，分类系统、全面。而关于专利数据库和期刊文献数据库的检索和查阅均较为便利。科学计量法相比德尔菲法预测成本较低，并且非常适合小规模研究和即时性研究。此外，基于科学计量的新兴技术预测及评价具有稳定性和可重复性，易于验证。一般而言，就研发技术撰写论文或获得专利权要大大先于相关产品或工艺推向市场的时间。预测尤其是短期预测的效果对数据的时效性极其敏感。这也是科学计量法成为技术环境信号监测、预警基本手段的原因。

（4）可以更客观地遴选进行德尔菲调查的专家

挑选专家是德尔菲法成败的关键所在，需要考虑专家的数量、知识水平与知识结构，选择专家的条件和方法等问题。各国遴选专家的普遍做法是，首先由组织者选择知名专家组成核心专家团，然后由核心专家团推荐该领域的其他专家。这种方法的实质是"同行评议"，虽然简便易行，但极易产生调查样本的选择性偏差（唐家龙，2008）[108]。偏差产生的根源在于同行评议本身具有局限性：评价标准难以把握；学科交叉问题难以解决；主观随意性和局限性强；年轻学者很难脱颖而出[74]。

然而，利用引文分析、专利分析以及聚类分析等科学计量方法可以避免上述选择性偏差。首先，利用引文分析和频次统计，寻找被引率高、发文量

（专利申请/发明量）多的关键专家，借助影响因子（Impact Factor）从数量指标上进行初步选择。其次，通过聚类分析，从研究专长上对专家进行分类，选择知识结构互补的专家，组建高质、全面的专家队伍。通过上述方法和步骤来遴选专家，组建专家队伍，较之"自我评估"或同行评议更客观、公平、合理、高效。

（5）有利于提高德尔菲调查专家的预测与评价能力

如上文所述，德尔菲法存在的重要问题之一是参与预测的技术专家预见能力普遍比较薄弱（袁志彬，2004）[109]。分析其原因可以发现：一方面，专家进行技术预测时存在认知偏差，即缺乏信息所致的"有限理性"；另一方面，技术发展具有高度的不确定性，因而难以准确预测。克服德尔菲法技术缺陷的有效方法是在技术预测前给专家提供尽可能多的信息，弥补缺乏信息所致的有限理性的不足。可行的做法是通过参考科学计量分析的结果，设计调查问卷，进而实施德尔菲调查。在此过程中，科学计量为技术预测的技术调查分析、前沿技术领域和关键技术群的遴选提供了丰富的信息和基础数据[79]。将各阶段的研究结果提供给专家，可以提高专家的预见能力，保证预见活动的准确性（Zhang等，2014）[110]。

2. 科学计量法的缺点

（1）不同文献的研究价值不一致

首先，不同国家、不同行业、不同技术领域存在专利申请倾向差异。不同国家的审批制度以及分类法也存在差异。同样地，不同期刊对于论文的评审标准也不一样。其次，专利测度的是发明而非创新，不是每一个专利都具有商业创新价值，专利的质量参差不齐。此外，还存在申请干扰性专利，即申请时故意混淆类别的情况。这些都造成不同论文和专利的研究价值不同，在进行技术预测时，需要就文献价值进行进一步分析并区别对待，加大了技术预测的难度[95]。

（2）技术预测所依据的信息具有片面性

科学计量法需利用期刊和专利文献进行大量复杂的分析，但并非全部的技术信息都能够从期刊和专利文献中获得，仅以文献为基础，会影响考虑问题的全面性。首先，在某些研究领域科学家趋向于选择其他形式发表其研究成果，或者一些不便公开的成果不予发表。在这些领域，论文和引文数不能有效地说明研究活动的情况。同样地，有时企业会对其新技术选择不申请专利而作为商业秘密加以保护,尤其是方法类发明。有些专利则不公布,如国防专利和保密专利。其次,进行预测分析时,数据样本采集得不全面(如检索策略不准确、文献语言不统一等问题)也会影响最终的预测结果。最后,技术创新活动包括基础研究、应用研究、试验发展和商业化等多个阶段,技术的发展趋势和价值也受到多重因素的制约,除了期刊和专利文献,还应该考虑到市场、产业以及科技政策等其他因素[87]。

(3) 缺乏专业性背景知识支撑

这个问题是现阶段所有信息分析研究所共有但同时也是最核心的部分。目前统一的看法是在这个过程中,一定要有相关领域背景知识作支撑,而不能仅依据所取得的结果"依葫芦画瓢"进行解释,否则就会导致结果在专业深度方面不足。因此,分析人员在加强自身背景知识的同时,还需要同领域专家进行及时有效的沟通与交流。由于实践是检验技术价值高低的唯一标准,因此在判别技术价值高低、应用前景及其实现难度的过程中,一定要引入领域专家们的智慧,依靠其多年的工作经验方能得出最终答案。一般来说,对于任何一项技术通过定量分析得出的预测与评价结果往往只是一个量化判别依据而非最终结果,在更多时候只能充当通向成功大门的"敲门砖"角色,发挥引导性的作用,而专家们的智慧或多年累积的实践经验才是判别技术机会价值高低的最佳标准,因此一定要重视专家咨询结果[101]。

2.2.3.4 德尔菲法与科学计量法的比较分析

基于德尔菲法的技术预见方法有其独特的优点,它可以实现具有一定参考价值的预见结果,这也是目前众多国家青睐它的原因。但是这种方法也有许多不完善的地方,不能确保技术预见结果完全准确[101]。

新兴技术的预测与评价方法从最初单一地运用某种理论方法、对理论方法的改进,到如今多种方法的综合运用,可以说有了很大的发展,但改进的空间仍很大。两种方法中,德尔菲法及其改进方法在选择过程中的应用仍旧最多;科学计量法相比出现的时间较晚,但由于通过对文献及专利成果的分析能够更好地了解技术发展的趋势和技术发展的全景图,科学计量法的应用也渐渐地成为新兴技术选择的热点。德尔菲法与科学计量法比较如表2.4所示。

表 2.4 德尔菲法与科学计量法比较

方法	德尔菲法	科学计量法
假设前提	假设多次重复问卷调查，不仅可以获得趋于一致的专家意见，而且可以使得到的预见更加有效	一定时期内发表的研究成果，在统计上系统体现了科学技术发展状况、特点和趋势
方法简介	设计调查问卷，多次发送给专家，并告知上次调查结果，使不同专家的意见趋于一致。然后对专家的回答进行统计处理，最后得到一个定量的预测结果	通过对科学技术活动的代表产物——论文进行计量分析，遴选前沿研究领域、研究项目和技术目标
特点	匿名性、反馈性、收敛性、定性评估定量化	客观性、量化性、系统性、直观性、可视化
方法分类	偏主观、定性	客观、定量
优点	简便易行，科学实用，操作上比较客观，有利于科技决策民主化和社会化	客观地掌握快速发展的前沿研究领域，强化了技术预见的客观性和前瞻性
缺点	设计调查问卷、回收问卷、选择专家、专家的主观意识和思维局限的影响都较大。调查周期长，工作量大，成本高	需利用文献进行大量复杂的分析，仅以科技论文为基础，影响看待问题的全面性
主要使用情境	预见未来 10～30 年技术发展的概率，基于国家层面，为政府制定规划服务	为制定未来重点技术领域和学科领域方向提供客观的科学依据。可以两年进行一次，追踪科学活动发展动态
使用对象	主要用于调查技术应用方面，也同时包含科学（基础研究）和社会影响的一些问题	基础科学领域

从新兴技术选择方法的发展过程来看，它正在向着准确性、时效性、自动化和利益最大化方向不断地发展，如何更加准确快速地预测与评价新兴技术仍将是其发展的大方向，同时越来越多的研究者正通过研发一些软件来完成方法的某个步骤甚至整个过程，技术预测与评价的自动化也将成为今后研究的热点（吕晨等，2012）[111]。

2.2.4 聚类分析法

1. 聚类与聚类分析概念

将物理或抽象对象的集合分成由类似的对象组成的多个类的过程被称为聚

类。由聚类所生成的簇是一组数据对象的集合，这些对象与同一个簇中的对象彼此相似，与其他簇中的对象相异。"物以类聚，人以群分"，在自然科学和社会科学中，存在着大量的分类问题（黄夏楠，2018）[112]。

聚类分析（Cluster Analysis）又称群分析，是根据"物以类聚"的道理，对样品或指标进行分类的一种多元统计分析方法，它们讨论的对象是大量的样品，要求能合理地按各自的特性来进行合理的分类，没有任何模式可供参考或依循，即是在没有先验知识的情况下进行的。聚类分析起源于分类学，在古老的分类学中，人们主要依靠经验和专业知识来实现分类，很少利用数学工具进行定量的分类（孟宪伟，2014）[113]。随着人类科学技术的发展，对分类的要求越来越高，以致有时仅凭经验和专业知识难以确切地进行分类，于是人们逐渐把数学工具引入了分类学中，形成了数值分类学，之后又将多元分析的技术引入数值分类学形成了聚类分析（程晨，2012）[114]。

聚类分析被应用于很多方面，在商业领域，聚类分析被用来发现不同的客户群，并且通过购买模式刻画不同的客户群的特征；在生物领域，聚类分析被用来对动植物分类和对基因进行分类，获取对种群固有结构的认识；在保险行业，聚类分析通过一个高的平均消费来鉴定汽车保险单持有者的分组，同时根据住宅类型、价值、地理位置来鉴定一个城市的房产分组；在因特网应用领域，聚类分析被用来在网上进行文档归类来修复信息（刘珊，2015）[115]。

2. 聚类分析法的分类思想

我们所研究的样品（网点）或指标（变量）之间存在程度不同的相似性（亲疏关系——以样品间距离衡量），根据一批样品的多个观测指标，具体找出一些能够度量样品或指标之间相似程度的统计量，以这些统计量作为划分类型的依据；把一些相似程度较大的样品（或指标）聚合为一类，把另外一些彼此之间相似程度较大的样品（或指标）又聚合为另一类，直到把所有的样品（或指标）聚合完毕，这就是分类的基本思想（张新云，2010）[116]。

在聚类分析中，通常研究人员将根据分类对象的不同分为 Q 型聚类分析和 R 型聚类分析两大类。R 型聚类分析是对变量进行分类处理，Q 型聚类分析是对样本进行分类处理。

R 型聚类分析的主要作用是：不但可以了解个别变量之间的关系的亲疏程度，而且可以了解各个变量组合之间的亲疏程度；根据变量的分类结果以及它们之间的关系，可以选择主要变量进行回归分析或 Q 型聚类分析[116]。

Q 型聚类分析的优点是：可以综合利用多个变量的信息对样本进行分类；分类结果是直观的，聚类谱系图非常清楚地表现其数值分类结果；聚类分析所得到的结果比传统分类方法更细致、全面、合理（孙星，2009）[117]。

2.2.5 Gartner 技术成熟度曲线

2.2.5.1 技术成熟度曲线起源

技术成熟度曲线（The Hype Cycle）又称技术循环曲线，或者直接叫作炒作周期，是指新技术、新概念在媒体上的曝光度随时间的变化曲线（Gartner，2017）[118]；是企业用来评估新科技的可见度，利用时间轴与市面上的可见度（媒体曝光度）决定要不要采用新科技的一种工具（苗咏，2015）[119]。

从 1995 年开始，Gartner 公司依其专业分析预测与推论各种新科技的成熟演变速度及要达到成熟所需的时间，分成 5 个阶段，如图 2.8 所示。

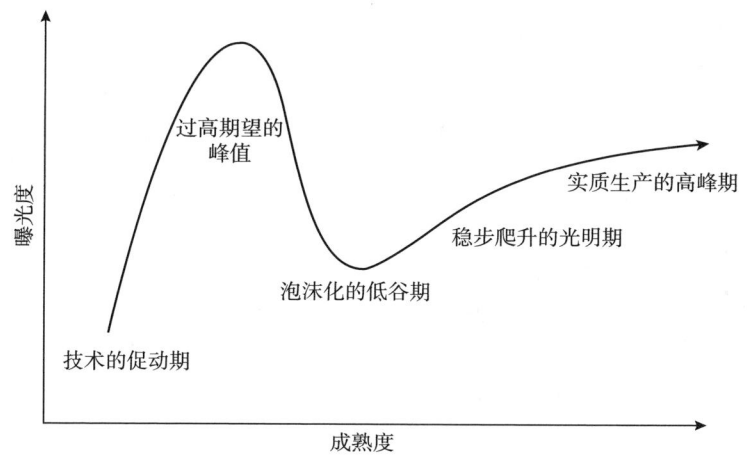

图 2.8 常规的技术成熟度曲线

（1）技术的促动期（Technology Trigger）

在此阶段，随着媒体的大肆报道，非理性地渲染，产品的知名度迅速提升。然而随着这个科技的缺点、问题、限制的出现，失败的案例大于成功的案例。例如：.com 公司在 1998—2000 年的非理性疯狂飙升期（孟海华，2017）[120]。

（2）过高期望的峰值（Peak of Inflated Expectations）

早期公众的过分关注演绎出了一系列成功的故事——当然同时也有众多失

败的例子。对于失败，有些企业采取了补救措施，而大部分企业却无动于衷[120]。

（3）泡沫化的低谷期（Trough of Disillusionment）

在历经前面阶段存活下来的科技经过多方扎实有重点的试验，而对此科技的适用范围及限制是客观的并且实际的了解，成功并能存活的经营模式逐渐成长[120]。

（4）稳步爬升的光明期（Slope of Enlightenment）

在此阶段，有一新科技的诞生，在市面上受到主要媒体与业界的高度关注。例如：1996 年的 Internet 和 Web[120]。

（5）实质生产的高峰期（Plateau of Productivity）

在此阶段，新科技产生的利益与潜力被市场实际接受，实质支援此经营模式的工具、方法论经过数代的演进，进入非常成熟的阶段[120]。

Gartner 公司依靠其专业的国际化团队和积淀已久的市场分析能力，对一系列新兴技术的成熟度以及发展历程进行了判定和预测，并且将媒体曝光度（技术关注度、技术预期）和时间作为横纵坐标绘制出 Hype Cycle 新兴技术成熟度曲线，如图 2.9 所示；其新兴技术成熟度曲线年度报告每年都会对当前市场中的一些新兴技术的成熟度和未来走势、应用建议等给出详细分析（陈骞，2014）[121]。

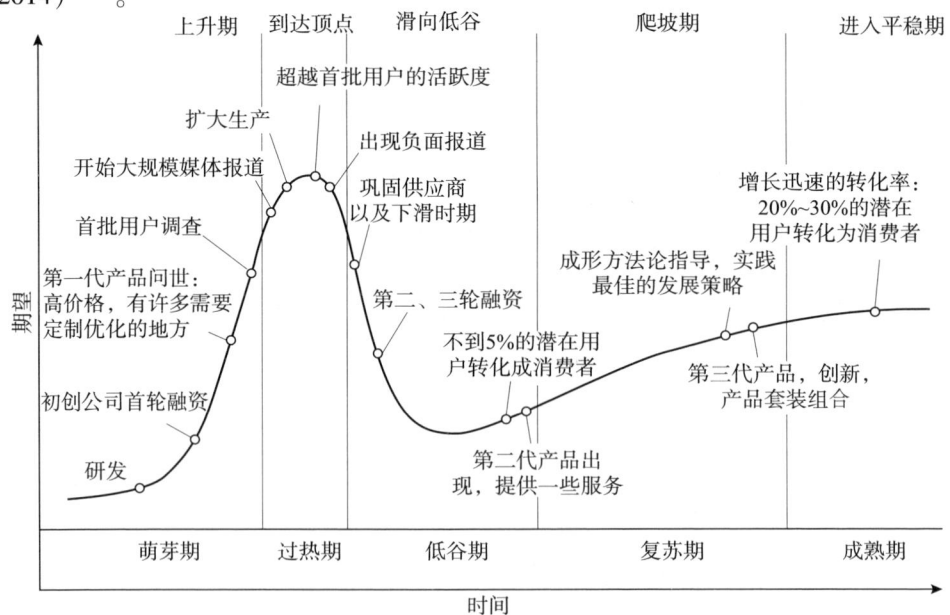

图 2.9　新兴技术成熟度曲线走势及评价指标[120]

Hype Cycle 曲线在企业发展的战略部署的各个阶段都发挥着很大的作用，如用于新兴技术发掘、前沿领域探索、未来发展规划、行业现状分析等方面（Kim 等，2012）[122]。图 2.10 展示了 2017 年 Gartner 新兴技术成熟度曲线[118]。

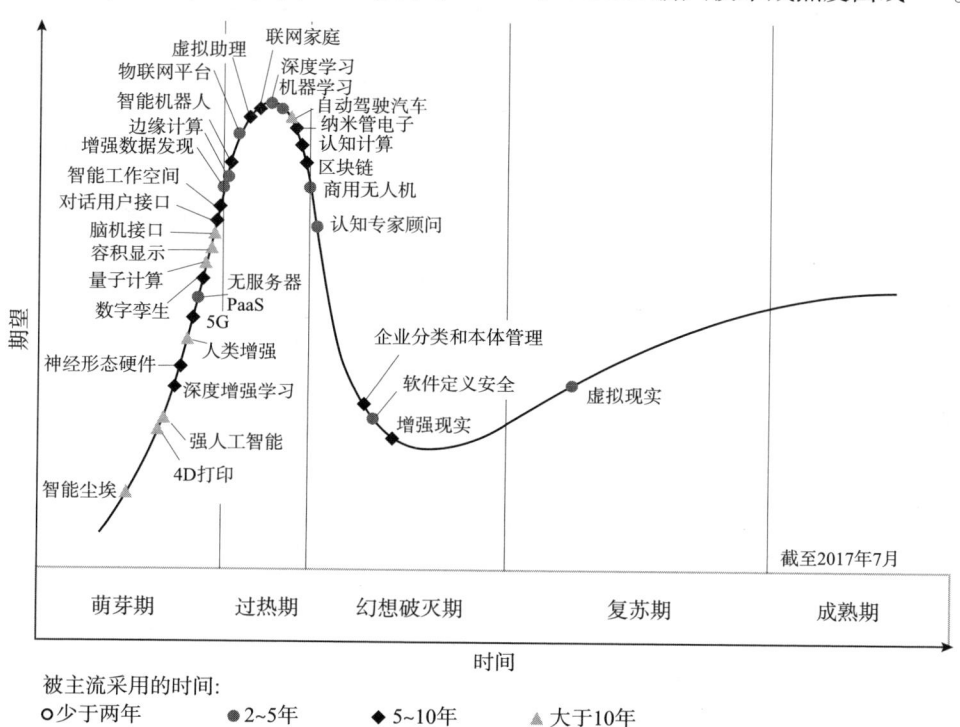

图 2.10　2017 年 Gartner 新兴技术成熟度曲线[118]

Gartner 公司每年发布的 Hype Cycle 曲线所选取的技术都是近几年具有商业潜在价值、很大的影响力或者处于大范围炒作讨论中的新兴技术，它们是从 2000 余项技术中选取，再通过一致性评价（consensus assessment）来确定某技术在曲线图上的具体位置阶段（田倩飞，2016）[123]。Gartner 技术成熟度曲线的经验和理论证明是技术生命周期分析领域非常相关的开放性问题。在 Gartner 公司每年发布的新兴技术成熟度曲线报告中并没有媒体曝光度等相关的数据信息，国内外一些学者对此开展的相关研究在后文有详细介绍。另外，新兴技术成熟度曲线报告还包括一个介绍，用于突出关键趋势（技术能力进步、供应商市场变化等），所有在曲线图内出现的技术或趋势都会有更多的细节报告，包括定义、商业影响评价、采用建议、样品供应商、可应用地区等（孟海华，2018）[124]。

表 2.5 详细介绍了五大成熟度阶段的定义（田倩飞等，2017）[125]。

表 2.5　Gartner 新兴技术成熟度的五大阶段介绍

阶段	阶段特征
萌芽期（技术诞生的触发期）	一个潜在的技术突破开始崭露头角。早期的概念验证和媒体的报道引发了公众的极大兴趣。通常在这个阶段，市场上还没有可用的产品，并且技术在商业上的可行性还未经证实
过热期（期望膨胀的峰值期）	早期宣传及公众的过分关注演绎出一系列成功的故事，当然同时也有部分失败的例子。对于失败，一些企业已采取补救措施，而大部分企业却无动于衷
幻想破灭期（泡沫破裂的幻灭期）	实验和实践的失败逐渐增加，人们的兴趣也逐渐减弱。部分技术生产商得以重组或者宣告破产。幸存的生产商只有通过改进产品使早期的采用者满意，才能继续获得投资
复苏期（稳步爬升的复苏期）	早期采用者积累下来的经验和实践开始获得回报。多个企业已经明显从该技术中获益，这些实例也逐渐广为人知。少数生产商开始推出第二代和第三代产品。更多的企业开始采用该技术或投资开展试点项目；保守型企业仍持谨慎态度
成熟期（实质生产的成熟期）	技术的主流应用开始形成。评估生产商生存能力的标准与指标更加明确。该技术广泛的市场适用性和针对性初步显现

2.2.5.2　新兴技术成熟度曲线的原理解析

在 Gartner 公司副总裁兼研究员 Jackie Fenn 所著的《精准创新》一书中提到，炒作曲线模型建立的基础是 S 形曲线和钟形曲线。技术创新活动受人的本性和技术创新的内在规律双重影响，钟形曲线描述了炒作影响和人对技术创新的期望变化规律，技术创新自身成熟度的发展表现为 S 形曲线，两者拟合即形成 Hype Cycle 曲线（Fenn，Raskino，2008）[126]，如图 2.11 所示。人们关于新兴技术的关注热度与技术本身的发展情况存在区别，因而造成人们在期望达到顶峰时出现失望。故而也有学者称所谓的 Hype Cycle 实际是 Hype - disappointment Cycle（冯婷，2017）[127]。本书也是在这一理论想法的基础上对钟形曲线和 S 形曲线进行了重新设定和拟合。

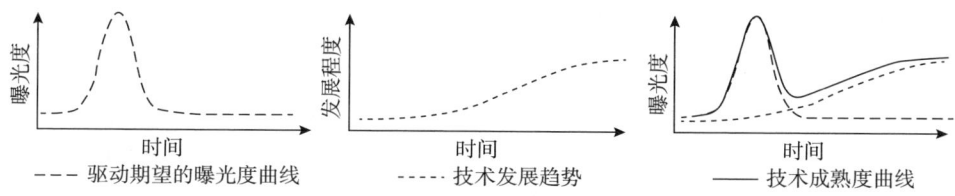

图 2.11　Hype Cycle 与钟形曲线和 S 形曲线的关系

注：根据实际情况，"时间"横轴选择年、月、日等，"程度"纵轴选择以实际的计量标准为刻度单位。

在对炒作曲线的原理及应用的研究中，不同的研究人员给出了不同的评价，一类是赞同的、乐观的，Bresciani 指出 Hype Cycle 是对大量的全方位的信息进行浓缩后生成的，它的表达形式是清晰直观的，可以在 IT 公司做出管理投资等决策时使用，但是正是因为包含了大量的信息，所以对新兴技术成熟度曲线进行深度挖掘的过程需要很长的时间（Bresciani，Eppler，2008）[128]。另一类则是否定的、消极的，指出 Hype Cycle 提出的技术成熟度缺少理论基础，用此原理进行未来发展的预测和当前所处状态的判定是非常不客观的（田倩飞，张志强，2018）[129]。同时，对该曲线在走势上的判定存在方法学上的问题，它是由代表人们对技术创新的期望的钟形曲线和代表技术本身发展状态的 S 形曲线相加得到，它们的度量方式不同，除非两个变量间存在数学联系，否则直接相加是不符合逻辑的（Steinert，Leifer，2010）[130]。

笔者认为，Hype Cycle 将人的本性和技术创新的内在规律融为一体，不仅对于企业的管理团队具有指导意义，而且为学者的研究提供了新的思路，只是限于评估方式不明确，且不能定量表示，故没有在更大范围内推广，但是它的研究原理具有很重要的方法学价值。

2.2.5.3　新兴技术成熟度曲线的数据类型

Gartner 公司指出，新兴技术成熟度曲线作为一种决策工具，是定性的，且需要本领域专家参与判断（严立忠，2018）[131]。在对某一组技术所处的曲线位置进行评估和对未来发展给出预测的过程中，会同时使用多种评价方法（鲍旭华等，2018）[132]。在衡量市场对技术创新价值的期望时，高德纳咨询公司在不同领域应用了多种评估方法。在经济金融领域，人们对某技术的创新价值的期望利用该领域的股价变动和投资情况进行定量的衡量；在其他领域，更多地利用新闻报道的特点、感情基调以及数量衡量对某技术的期望值（Ahn，2014）[133]。

对于 Gartner 公司提出的 Hype Cycle 曲线，许多国外学者对其度量指标进行了多种探索和假设，其评估方式也分为定性方法和定量方法。根据目前查到的相关文献，对不同研究人员使用的数据类型进行了归纳总结，如表 2.6 所示。

表 2.6 Hype Cycle 的数据类型

数据类型	被评估技术	评估者
New York Times《纽约时报》的新闻报道	Voice over IP（Vo IP）、Gene Therapy、High Temperature Superconductivity	Van Lente，等（2013）[134]
Pubmed 数据库的论文	射线肿瘤学	Bortfeld，（2018）[135]
Google 新闻、专利	混合动力汽车	Jun，Seung–Pyo（2011）[136]
German Daily Newspaper《德国日报》的新闻报道	燃料电池	Konrad，等（2018）[137]
Pubmed 数据库的论文	功能性神经成像	Rachul，Christen 等[138]
Google 搜索量	Tidal Power、Integrated Gasification Combined Cycle（IGCC）、Photovoltaic Generation	Steinert，等（2010）[130]
德国新闻	燃料电池	Ruef，Annette 等[139]
Lexis Nexis、Electronic Engineering Times 和 New York Times	DVD	Jarvenpaa，等（2008）[140]

综合分析相关研究后得出，技术成熟度曲线能够准确地衡量人们对技术创新的期望值，是曲线绘制的核心前提。相关学者的研究中，定性方法包括内容分析法和专家调查法等；定量方法主要为文献计量、网络计量、专利计量等（李晓君等，2017）[141]，如表 2.6 中列出的一些主流搜索引擎的查询流量、论文和专利的增量或累积量、相关报道的数量等。

技术成熟度曲线的评价方式很大程度上依靠专家的判断，且并没有公开完成某一领域某一组技术的 Hype Cycle 评估和预测所使用的具体评价方法，而这些缺点可以通过方法的标准化（统一方法以确保可重复性）、可操作化（获得可测量信息）得到解决。相应地，本研究拟选用可重复、可计量的专利和论文相关数据的某些指标，构建新兴技术成长监测模型。

第3章　新兴技术产业发展特征及阶段划分

3.1　新兴技术成长特征

与以往的渐进式技术变革不同，生物工程技术、信息网络技术和材料技术等新兴技术正急剧地改变着行业竞争规则。深刻把握新兴技术的发展规律及特征，是国家宏观管理、新兴技术企业微观和新兴技术产业资本关注的重点方向之一。本书将从新兴技术的不确定性、颠覆性和创造性毁灭、高度复杂性和模糊性三个方面对新兴技术的特征进行分析。

3.1.1　不确定性

1. 市场的不确定性

一些新兴技术具有爆发性市场，而另一些新兴技术则可能不被市场所接受。在新兴技术环境中，需求会由于技术的快速进步而迅速变化，这种不确定性使得满足需求成为一个变动目标。在新兴技术的研发过程中甚至研发完成之后，它的市场都会具有高度的不确定性[28]。在碳纳米管材料中，最有可能代替硅的有两种，即碳纳米管和石墨烯。在石墨烯的发现者获得诺贝尔奖之前，碳纳米管一直被认为是最有可能代替硅的半导体材料，而如今，石墨烯在全球范围内广受关注，似乎有代替碳纳米管之势。那么，石墨烯和碳纳米管，究竟谁能堪当大任呢？将来谁主导未来还有很大的不确定性。一项特定新兴技术满足需求的能力和程度是非常不明确的[17]。

2. 技术的不确定性

新兴技术从科学研究到进入市场包括三个典型的阶段：科学研究推动或爆发、技术执行、产业化[17]。技术的不确定性包含了以下几个方面的含义：

（1）新兴技术研发是否成功不确定

新兴技术的研发不仅涉及本学科领域科学研究的理论支撑，而且还需要相关配套学科的科学和技术的支持，加之新兴技术涉及的都是科学技术的最新成就，这就更加大了研发是否成功的不确定性[17]。

（2）新兴技术研发成功的时间不确定

在新兴技术的研发过程中，完成的时间受到多种因素的影响和制约，也存在着高度的不确定性。新兴技术研发成功的时间除了受到相关科学技术发展的影响和制约之外，还受到企业内部的组织管理、技术能力、创新动力、研究积累、组织学习等因素的制约。研发成功的时间不同，面临的市场和管理环境将各异，可能竞争对手已经在技术和市场上领先了，也可能市场的需求已经发生了变化，或者出现了新的需求替代品等，这些要么需要更新的技术，要么要求对新兴技术的需求特征组合进行重新定义[17]。

（3）新兴技术的产业化能否成功不确定

新兴技术产业化能否成功，不仅涉及资金和市场问题，更重要的是还涉及补充性资产的获得、供给和保护问题。如果缺乏补充性资产，即便新兴技术在技术上研发成功了，也会在产业化的道路上面临巨大障碍。此外，保持时间领先，加强法律保护和事实上的保密等，都会对新兴技术产业化是否成功产生重要影响[28]。

与传统技术表现得相对稳健的发展轨迹不同，新兴技术的发展对环境的不确定性因素表现得更加敏感。原因在于，首先，新兴技术对知识的依赖度相对增大，各类知识的融合或集中往往就可能触发新的技术思路诞生，研发前景不确定性增加；其次，技术在实验室可能是持续的进化，但是很小的外部技术改进就可能使技术产生"突变"，企业对竞争对手的技术信息的掌握及技术的发展预测面临挑战；最后，企业必须关注新兴技术的第三个特征，新兴技术对未来市场的影响难以评估（谢荷锋，李冬生，2014）[142]。

3. 管理的不确定性

面对高度不确定性和变化，管理人员或用户表现出什么样的偏好？企业怎样平衡约束和灵活性？参与新兴技术的企业怎样决定是否下大"赌注"发展他们的刚萌芽的技术？如何获得新技术？是参与联盟还是仅仅积极地等着瞧？怎样超前管理投资期权？实物期权是如何起作用的？对管理者来说，这些问题都是新的挑战。由于新兴技术存在高度的市场和技术的不确定性以及复杂性，因此，管理新兴技术需要完全不同的思路、技巧和方法[28]。简单地讲，在新兴技术的投资评价、战略规划、市场拓展、组织结构设计、学习方法等方面，都会对传统的管理提出严峻的挑战，相当大一部分传统管理的思路和方法在新兴技术管理中将不再适用，需要建立全新的管理思路和管理方法[17]。

3.1.2 颠覆性和创造性毁灭

1. 颠覆性

"颠覆性技术"（Disruptive Technology），也被称为"破坏性技术"，由管理学大师哈佛大学教授克莱顿·克里斯坦森（Clayton M. Christensen）首次提出。此后，这一概念被广泛应用，从商业领域扩展到国防、军事、工程应用、航空等各个领域，多个单位、不同专家根据各自的业务需求，从不同角度解释颠覆性技术的特征内涵。至今，学术界对颠覆性技术也未形成统一的认识和理解。准确认识不同领域颠覆性技术的概念，对于识别、预测评估和理解颠覆性技术发展的政策环境需求都有重大意义，也是颠覆性技术战略研究的重要组成部分（王志勇等，2015）[143]。

国内外相关颠覆性技术概念的观点汇总如下：

① 克莱顿·克里斯坦森认为，颠覆性技术是以意想不到的方式取代现有主流技术的技术，它们往往从低端或边缘市场切入，以简单、方便、便宜为初始阶段特征，随着性能与功能的不断改进与完善，最终取代已有技术，开辟出新市场，形成新的价值体系（Christensen，1997）[144]。

② 美国国防高级研究计划局（DARPA）认为，颠覆性技术是"可改变游戏规则"的新技术，通过原始概念创新，引领武器装备发展，确保美国技术优势，提出要致力于开发新的能力，开展以前无法开展的工作，花同样的钱获得10倍性能，或者花更少的钱获得同等能力（魏俊峰，2015）[145]。

③ 2011—2012年，美国国家科学研究委员会（NRC）连续两次发布了颠覆性技术预测报告（*The President Forecasting of Disruptive Technology*）。报告根据颠覆方式的不同，将颠覆性技术分为六类：使能技术（Enablers Technology），使一种或多种新技术、工艺或应用成为可能的技术，如集成电路、晶体管、基因剪切和蜂窝技术；催化技术（Catalysts Technology），即改变一种或多种技术的技术发展速度和技术进步速率的技术，如云计算和分子生物学、DNA聚合酶链反应（PCR）技术的DNA序列扩增；变换技术（Morphers Technology），即与其他技术相结合时可以创造一种或多种新技术的技术，如无线技术和微处理器；增强性技术（Enhancers Technology），即能改进现有技术，使效益可以跨越临界点的技术，如燃料电池、锂离子电池、纳米技术和隐形技术等现有技术；替代性技术（Superseders Technology），即淘汰现有技术的技术，用更优越（更好、更快、更廉价或有更多功能）的技术替代，如喷气发动机、液晶显示器和数字媒体压缩技术；突破性技术（Breakthroughs Technology），即能改变对人们固有认识和理解的发现或技术，或者使似乎不可能（如果不是不可能）的事情成为可能的技术，如量子计算和聚变能。

④ 中国工程院重大咨询项目"工程科技颠覆性技术战略研究"综合研究认为，当前"颠覆性技术/创新"概念已从商业模式的概念发展到技术领域的概念，扩大到国防、军事、工程应用等领域。在国防军事领域，颠覆性技术就是导致彻底的能力变革和军事格局变革的技术；在科学技术领域，颠覆性技术是改变现有科学或工程概念、挑战传统科学范式并可能改变游戏规则的技术（刘安蓉等，2018）[146]。作为国家战略研究对象的颠覆性技术，重点指对经济社会发展和国家战略安全具有全局性、根本性、革命性重大影响的、无法仅由市场自由决定、需要由国家战略引领进行发展的战略新技术。

2. 创造性毁灭

创造性毁灭是由经济学家熊彼特提出的。熊彼特认为，通过创造性毁灭的过程，旧的和过时了的方法和产品会被更好的代替，通过对旧的方法和产品的毁灭迎来创造新的方法和产品。简单地说，创造性毁灭就是新的事物不惜把旧的毁掉，如此创造出新的事物来。新兴技术不是传统技术，它们可以创立一个新行业或者改变一个老行业，常常通过吸收新的或不同的科学基础对技术发展的原有轨迹产生巨大破坏，创造的不仅仅是新的技术形态，还毁灭性地创造了新的企业竞争规则、组织形式、市场、管理思维方式甚至产业形态等，对企业来说，原有的能力已很难适应新兴技术的要求，需要发展新的能力。当新兴技术的出现创造性地影响或毁灭了相关旧的行业时，一些技术创新如纳米技术或者基因技术在某些方面对人类所有行业都有潜在的影响。我们可以很容易地看到很多改变整个行业的例子：互联网影响邮电行业、机器人技术将永远影响汽车制造业，大大提高了协调性和质量；蜂窝电话丢掉了电话绳，带给人们真正的移动；人类基因图在分子结构上打开一片天，打破了传统医学研究模式；数字技术改变了摄影、音乐、电视和电影等。新兴技术对产业革命的本质影响就是创造性毁灭[17]。

新兴技术一旦面向市场，对市场或行业竞争格局的冲击极可能是破坏性的，传统的竞争优势资源对企业市场地位的保证作用在新兴技术行业中显得十分脆弱。新兴技术环境下的企业必须将其竞争策略定位于对新兴技术发展规律的确切理解上，并强烈关注对新兴技术资源投资的意义[28]。

3.1.3 高度复杂性和模糊性

复杂性和模糊性一直与科学研究相伴而生。与老技术不同的是，新兴技术具有高度复杂性和模糊性。很多知识领域是新兴技术发展的科学基础，有的新兴技术是一些边缘技术与某些老行业的融合，有的是以前完全不相干的几个学科交叉结合在一起创造出的新技术，如计算机技术与生物技术融合会产生生物计算机技术。几种新兴技术组合在一起会形成新兴产业形态，如网络技术和其他各种软件技术结合形成了信息技术，这些都决定了新兴技术的高度复杂性。而且从新兴技术演化的"S"形曲线来看，今后向什么方向演进科学家无法预知，其技术演化规律并不清楚，技术发展态势也不明朗，具有高度的模糊性。这种特征不仅体现在新兴技术发展上，还体现在其市场、管理的复杂性和模糊性方面。同稳定的市场不同，处于新兴技术市场中的企业必须应对新的竞争规则或市场的变化，管理者必须面对复杂的新兴技术进行决策，他们要用带有复杂性的思维来决策[28]。

3.2 新兴技术产业化特征

新兴技术在带来高回报的同时也伴随着高风险，所以其投资成为当前研究的热点，新兴技术更新换代快，产品开发周期短，项目投资时间一般有限（黄生权，李玲芝，2017）[147]，因此，深入探讨新兴技术产业化特征会为投资决策提供一定的参考。本节将从不确定性、高投入性、高增值性等六个方面对新兴技术产业化的特征进行分析。

3.2.1 不确定性

在新兴技术产业中，企业的生产技术还不成熟，还有待继续创新与完善。同时，企业的生产和经营也还没有形成一套完整的方法和规模。哪种产品结构最佳，哪种生产技术最有效率等，都还没有明确的结论。此外，不同的新兴行业在环境结构上也存在着不同的差别。企业技术的不确定性，导致战略的不确定性。在新兴行业中，各企业在技术和战略上处于探索阶段，表现为新兴行业时期的多变性，从而导致战略选择也是多种多样的，各企业的产品或市场定位、营销、服务方式都表现出这一点。从具体的经营活动来看，新兴技术产业生产规模小，但生产成本高。随着生产规模的扩大、经验的积累、生产组织的趋于合理以及规模经济的形成，成本会逐渐下降。同时，企业缺乏制定发展战略所必需的信息，不了解竞争对手的数目，竞争对手的分布状况，其优势和劣势状态，购买者的需求规模和偏好，以及市场成长的速度和将实现的市场规模等，在相当长一段时间里，新兴技术产业参与者只能在探索中寻求适当的战略与成功的机会（李媛，2013）[148]。

3.2.2 高投入性

新兴技术投资巨大，一般用于研究开发高新科技产品的经费占总销售额的10%～30%。例如，微软公司当初在开发 Windows 2000 操作系统时投资数额高达 10 亿美元（刘飞，2012）[149]。

新兴技术的高投入性，主要表现在以下几个方面（杨素娟，2006）[150]：

（1）技术融合需要高投入

一方面新兴技术研究与科学研究融合为一体，相互促进；另一方面，技术之间融合协调趋势加强。例如，计算机和通信技术的结合形成了信息技术基础。

（2）攻克新兴技术难关需要高投入

新兴技术一般是指带有突破性和科技前沿性的领域，它是新兴技术领域中的高层次技术，与一般传统的常用技术相比，它的技术难度要高得多。

（3）新兴技术测试、生产和推广等需要高投入

科研成果转化成商品，需要先投资进行研究与开发以及试生产。而新兴技术科研成果要推向市场，则需要更多的研究与开发经费，一般平均为其他产品的 10～20 倍。

（4）人才及资源积聚需要高投入

新兴技术产业是高智力、高知识的具体体现，在技术研发过程中不仅需要学科上的横向联系、紧密结合，更需要人才上的共同合作、共同创造。新技术的研发需要有大量资金支持，所以新兴技术产业具有高投入性。而在研发成功

后,作为投资者,不仅需要有足够的资金购买技术,还需要有添置厂房、购买设备、招募管理人员和技术人员等用于建立企业的资金。

资金可以说是新兴技术企业得以正常运行的铺路石。正因为这样,也才有把新兴技术企业称为"吞金企业"的说法。所以,对新兴技术产业投资需要大量资金铺垫,具有高投入性。

3.2.3 高增值性

与传统工业企业相比,成功的新兴技术企业所获得的利润要高得多,主要因为新兴技术产品的高附加值。

"有投入就会有收获"。但是,这句话用于形容对新兴技术产业的投资并不贴切,而改为"正确的投资才会获得预期的回报"来形容应该更为恰当。因为,很多企业尽管也投入了大量的资金,但是由于没有抓住准确的投资机会,到头来是"竹篮打水",甚至连"竹篮"也掉入"井中",一无所获。而对于那些项目选择正确,时机把握准确的投资者来说,新兴技术产业投资却又能充分体现"投资的风险与回报成正比关系"的论断。对新兴技术产业投资所具有的高风险、高投入性,也正是这些投资者在企业成功后获得回报的源泉,因此,新兴技术产业投资具有高回报性。例如,亚马逊(Amazon)网上书店创建时,仅投入1万美元,而在3年后上市时竟变为1.3亿美元。所以,尽管新兴技术产业具有高风险性、高投入性的特点,但是它的高回报性也吸引着那些有精明头脑、敏锐目光以及资金雄厚的投资者勇敢地向新兴技术产业投资[150]。

3.2.4 高成长性

新兴技术产业具有高成长性的特点,同时对国民经济的发展具有重大的影响作用。新兴技术产业的高成长性主要表现在:风险投资、高科技人才快速而大量地聚集,新兴技术成果及产品不断涌现,产业的盈利性预期不断高涨,如5G技术、人工智能技术等产业。其中的风险投资受到大力追捧,推动产业的基础设施建设,整体社会看好产业远景发展,也带动产业发展所需要的高科技人才培养及进入。显然,风险投资对一个产业的聚焦,肯定不是心血来潮,而是基于科学的数据分析之后作出的判断。新兴技术产业的高成长性另外一个核心特征是产业新兴技术和产品的不断涌现,满足市场快速发展的需要,进而形成资金—人才—产品—市场的良性循环。

3.2.5 高政策影响性

新兴技术产业形成与发展的路径主要有三种模式：一是市场自发的新兴技术产业形成的发展路径，具体有新技术的产业化、原有产业分支的分化和满足新的潜在需求的供给力量逐步形成并产业化；二是政府培育的新兴技术产业形成的发展路径；三是市场选择与政府扶持共同作用的新兴技术产业形成的发展路径。对于新兴技术产业形成与发展而言，纯粹的市场自发模式或纯粹的政府培育模式在现实经济中都是比较少见的，通常是新兴技术产业在市场与政府政策共同投注的环境中形成发展（牛立超，2011）[151]。

从历史角度看，市场选择和政府扶持的共同作用构成了新兴技术产业形成和发展的最佳模式，融合两方面的合力才有可能推动新兴技术产业成长为先导产业，比如美国在20世纪90年代信息产业的崛起，一方面源自70~80年代日本和欧洲产品进口的强大压力，推动了其国内对传统产业的技术改造和服务升级，并由此衍生出对信息技术的巨大需求；另一方面来自美国政府在全球化竞争压力下，对信息产业的政策扶持和有效引导。又例如日本20世纪80年代后的高技术发展，一方面来自贸易摩擦带来的国际压力；另一方面来自政府一系列的产业政策支持[151]。

总体上，发达国家或地区的新兴技术产业发展带有更多的市场驱动特征，后进国家或地区的新兴技术产业发展则需要更多的政府扶持，尤其是在国内技术创新能力和核心技术掌握相对欠缺的条件下，政府的政策倾斜和资金投入构成了新兴技术产业形成和发展的必备条件[151]。

3.2.6 高风险性

在新兴技术产业中，许多顾客都是第一次购买者，在这种情况下，市场营销的中心活动是诱导初始购买行为，避免顾客在产品的技术和功能等方面上与竞争对手的产品发生混淆。同时，还有许多潜在顾客对新兴技术持观望等待的态度，认为第二代或第三代产品将迅速取代现有的产品。他们等待产品的成熟与技术和设计方面趋向标准化。因此，新兴技术产业的发展具有一定的风险性[148][151]。

技术产业化过程中常见的风险主要包括以下几种：技术上成功的不确定性、技术前景的不确定性、技术效果的不确定性、技术寿命的不确定性、市场风险难以确定市场容量、难以确定市场接受时间、市场价格因素的影响、市场战略因素的影响、资金风险、管理风险、环境风险等。技术产业化过程中的风险主要由投资者、借贷者或者研究开发者承担，可能是个人，也可能是某个组织。由其承担的可能是风险主体的损失，也可能是一种不理想的状态[17]。因此，不同的风险承担主体，其对于风险的评价所采用的方法也有区别。对于投资者或者研究开发者而言，他们较多地采用可行性论证的方式；而对于借贷者来说，则采用诸如风险清单法、威胁分析法等风险分析法。其中，项目可行性论证包括的主要内容有：外部投资环境，如政策性环境、金融性环境、工业性环境；项目生产要素，如技术要素、原材料供应、项目市场、项目管理；投资收益分析，如项目投资成本、经营性收益、资本性收益。而借贷者重视的是一定时期内转化过程中出现悲观情况的可能性，侧重于采用风险分析法[28]。

目前，世界各国为了寻求"后危机时代"的全面复苏，都在积极发展新兴技术产业，从找到带动社会发展的突破口到推动经济新一轮发展的动力。但是，发展新兴技术产业既是机遇也是挑战。如何在对外开放中防范风险，促进新兴技术产业的发展，确保新兴技术产业安全，既要防止新兴技术产业两头在外受制于人，又要开拓创新，寻求具有广阔的市场前景和资源消耗低，带动系数大，就业机会多，综合效益好的产业特征，并促进产学研结合，促进科技与经济结合，促进创新驱动与产业发展结合，是政府和企业必须高度关注的重要问题[148]。笔者认为，新兴技术产业发展，至少有如下四大风险需要高度关注：

① 技术风险。新兴技术产业一般都是高科技、高风险产业，最大的风险可能是技术风险。如果不能认识和把握其核心技术，尤其是技术如被国外垄断，那么我们就不可能占领制高点，形成核心竞争力，发展新兴技术产业就可能会变成一句空话（杜安杰，2013）[152]。

② 市场风险。新兴技术产业和传统产业的一个很大不同，可能是其产业生命周期有较大不同，其产业成长和衰退是突发性的，而不是缓慢的过程。如果新兴技术产业率先成长起来，市场占有率会迅速提高，市场机会大于风险；如果新兴技术产业起步晚，又不能后发制人，那么它很可能衰退下去，则市场风险大于机会[151]。

③ 产业风险。新兴技术产业一般带动系数较大、产业链比较长。所以，战略性新兴产业发展要考虑联动开发，形成产业链和产业集群。如单兵突进，容易遭遇两大问题：一是被其他新兴技术产业内企业扼杀；二是上下游产业价

值缩水，难以引领经济可持续发展[151]。

④ 政策风险。政策风险主要体现在三个方面：一是盲目发展，不考虑新兴技术产业的生命周期和特征，形成中央和地方重复建设，不仅浪费资源，也容易造成过度竞争；二是政策的短期行为，只考虑早出成效，不考虑新兴技术产业前期研发和开拓的艰巨性和长期性；三是新兴技术产业的法律和政策保护严重滞后，没有企业去做开拓性研究，都想"搭便车"，不能开发和形成核心技术，从而难以形成自己的核心产品、核心品牌和核心竞争力[151]。

投资的根本出发点是取得经济效益。高新技术产业涉及面广，投资利润高，投资者纷纷涉足对高新技术产业的投资。但是，由于产业自身的特点以及投资的典型特征，一旦决定投资，无论是创业阶段还是经营阶段都会笼罩着极大的风险，会有许多意料不到的事情发生，一些不利的情况不仅会对投资构成极大的威胁，甚至还会影响投入成本的回收[150,151]。

3.3 新兴技术产业发展阶段的划分

技术的成长过程并非匀速线性的，而是分阶段的。本书综合分析新兴技术成长及产业发展的特征，结合产品生命周期理论、创新程度 S 曲线、技术成熟度曲线等关于新兴技术（产品）发展阶段的划分方法和原则，形成对新兴技术产业发展阶段的初步认识，在此基础上借助专家咨询、文献比较等途径和手段，最终确定将新兴技术产业发展划分为五个阶段：研发、初创、成长、扩张和成熟如图 3.1 所示。

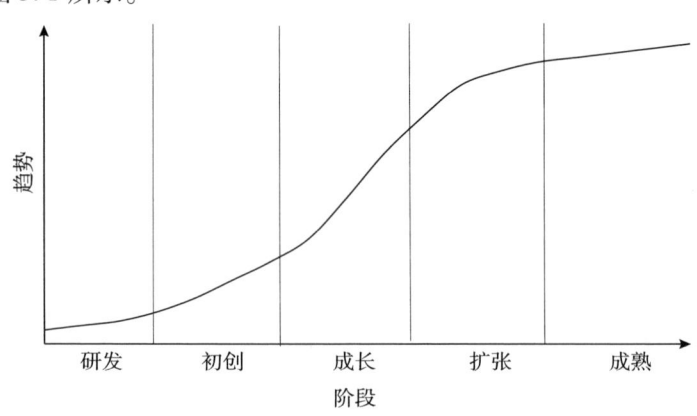

图 3.1　新兴技术领域的产业发展阶段

3.3.1 研发阶段

1. 研发的内涵界定

研发（Research & Development，简称 R&D）即研究开发、研究与开发、研究发展，是指各种研究机构、企业或个人为获得科学技术（不包括人文、社会科学）新知识，创造性地运用科学技术新知识，或实质性地改进技术、产品和服务而持续进行的具有明确目标的系统活动，包括系统及设备的测试、安装、维护、维修等一系列的系统活动。一般指产品、科技的研究和开发（叶青，2017）[153]。

2. 研发分类

1963 年，经济合作与发展组织（OECD）出版《弗拉斯卡蒂手册》（*Frascati Manual*），提出将 R&D 活动分为三类，即基础研究、应用研究和试验发展，简称三分法。关于 R&D 的三分法后被 OECD、联合国教科文组织（UNESCO）、欧盟（EU）和各区域组织采用，成为世界范围内遵循的标准（张先恩等，2017）[154]。基于本书研究的对象是新兴技术，分析新兴技术的成长及产业发展特征，研究关注点不在于认识自然现象、揭示自然规律，获取新知识、新原理、新方法的前沿基础科学研究（前沿基础研究），也不包括所有类型的应用研究及试验发展，而是重点关注新兴技术的研发。因此，本书将新兴技术的研发分为三类：应用基础研究、关键技术研发、成果转化及新产品开发。

（1）应用基础研究

应用基础研究是指那些方向已经比较明确、利用其成果可在较短时期内取得工业技术突破的基础性研究，应用研究中的理论性研究工作也称为"应用基础研究"。

OECD 将 R&D 活动划分为三种类型：基础研究、应用研究和试验发展。在此基础上，中国科学研究院将应用研究细分为两类，即应用基础研究和应用（技术）研究，并将应用基础研究定义为针对具体实际目的或目标，主要为获得应用原理性新知识的独创性研究（刘影，2012）[155]。

（2）关键技术研发

关键技术是指在一个系统或者一个环节或一项技术领域中起到重要作用且

不可或缺的环节或技术，可以是技术点，也可以是对某个领域起至关重要作用的知识（于玲玲，2016）[156]。

关键技术研发是为解决某个技术领域或系统中关系整体技术研发进程的关键性环节或技术的研发。研发人员或研发机构根据技术领域或技术系统的研发进程、不可逾越的关键性环节或技术的需求，通过一定的材料和技术路线，采用适当的方法和手段，创新性地提出在解决某一技术领域、环节或系统中的问题时起关键作用的新技术。关键技术研发流程按其逻辑性可以划分为五个阶段，即概念、计划、开发、测试、发布阶段。而关键技术研发流程改进也是个持续的过程，需要不断地改进。

（3）成果转化及新产品开发

科技成果转化是指为提高生产力水平而对科学研究与技术开发所产生的具有实用价值的科技成果所进行的后续试验、开发、应用、推广直至形成新产品、新工艺、新材料，发展新产业等活动。科技成果转化包含关键技术中试、孵化等环节[157]。

新产品开发是指从研究选择适应市场需要的产品开始到产品设计、工艺制造设计，直到投入正常生产的一系列决策过程。从广义而言，新产品开发既包括新产品的研制也包括原有的老产品的改进与换代。新产品开发是企业研究与开发的重点内容，也是企业生存和发展的战略核心之一（叶海芳，2017）[158]。

企业开发新产品，把有限的人、财、物有效地分配在急需的开发项目上，使新产品开发取得最佳效果，关键在于准确地确定新产品开发方向（张光灿，2006）[159]。

新产品开发是一项极其复杂的工作，从根据用户需要提出设想到正式生产的产品投放市场为止，需要经历许多阶段，涉及面广、科学性强、持续时间长，因此必须按照一定的程序开展工作，这些程序之间互相促进、互相制约，才能使产品开发工作协调、顺利地进行。产品开发的程序是指从提出产品构思到正式投入生产的整个过程。由于行业的差别和产品生产技术的不同特点，特别是选择产品开发方式的不同，新产品开发所经历的阶段和具体内容并不完全一样（李卫东，2014）[160]。

3.3.2 初创阶段

新兴技术的初创，往往表现为企业对于技术产品的初步研制成形、起步投向市场。新兴技术往往都有资金短缺、人才匮乏（通常只有创始人及为数不多的核心研发人员）、业务开拓吃力、市场不明朗（通常只有初期产品或产品迭代慢）等问题。

此阶段的新兴技术，由于刚刚脱离实验室，对于现实世界的应用场景往往考虑不周全，而导致新兴技术产品扩张缓慢。如早期的语言识别技术，在将人的语音转化为文字和指令的时候，显示出令人惊叹的准确率，但是使用者将这项技术应用于办公室或工厂等场景中时，就需要面对背景噪声和日常用语的难题。

在新兴技术的初创期，顾客对新兴技术产品还不了解，只有少数追求新奇的顾客可能购买，销售量很低。为了扩展销路，需要大量的促销费用，对产品进行宣传。在这一阶段，由于技术方面的原因，产品不能大批量生产，因而成本高，销售额增长缓慢，企业不但得不到利润，反而可能亏损，此时产品也有待进一步完善（张鹏，2013）[161]。

总体而言，在新兴技术的初创阶段，新产品上市、销售缓慢；由于引进产品的费用太高，初期通常利润偏低或为负数，但此时没有或只有极少的竞争者（张黎帆，2003）[162]。

3.3.3 成长阶段

在新兴技术的成长阶段，顾客对新兴技术产品已经熟悉，大量的新顾客开始购买，市场逐步扩大。此时，产品大批量生产，生产成本相对降低，企业的销售额迅速上升，利润也迅速增长。竞争者看到有利可图，将纷纷进入市场参与竞争，使同类产品供给量增加，价格随之下降，企业利润增长速度仍然处在上升通道。

总体而言，在新兴技术的成长阶段，产品经过一段时间的销售和推广，已有相当高的知名度，销售快速增长，利润也显著增加。企业生产规模小、批量小，对社会影响力、推动力小，但由于市场及利润增长较快，容易吸引更多的竞争者（姚景超，2005）[163]。

3.3.4 扩张阶段

在新兴技术的扩张阶段，竞争者看到有利可图，纷纷进入市场参与竞争，逐渐形成企业群，及至形成完整的创新产业链，企业群经营规模大、批量大，对社会影响力、推动力日趋显著。此阶段，新兴技术同类产品供给量增加，价格随之下降，企业利润增长速度逐步减慢，最后达到生命周期利润的最高点（凌宇，2014）[164]。

总体而言，在新兴技术的扩张阶段，逐步形成企业群及产业链，产业发展特征明显，市场成长趋势减缓，产品已被大多数潜在购买者接受，利润处在上升空间。此时市场竞争激烈，公司为保持产品地位需投入大量的营销费用（黛安，约翰，2006）[165]。

3.3.5　成熟阶段

在新兴技术的成熟阶段，市场需求趋向饱和，潜在的顾客已经很少，销售额增长缓慢直至下降，标志着产品进入成熟期。在这一阶段，竞争逐渐加剧、产品售价降低、促销费用增加、企业利润下降（张璐璐，2012）[166]。

总体而言，在新兴技术的成熟阶段，市场成长趋于饱和，少数大厂商主导了整个行业的市场，产品已被大多数潜在购买者接受，利润在达到顶点后逐渐走下坡路。此时市场竞争激烈，企业为保持产品地位需投入大量的营销费用（黄佳美，2009）[167]。

第二篇 新兴技术与产业发展监测方法模型及应用

第4章 新兴技术与产业发展监测方法模型构建

4.1 新兴技术与产业发展概述

4.1.1 问题的提出

新兴技术的发展一直是国家或企业在科技、经济决策上的一个重要环节[111]。众多专家学者及风险投资公司,希望通过对新兴技术进行预测及评价,挖掘和发现其成长的特征,结合专家学者对新兴技术产业发展阶段的判断,从而促进企业选择正确、合适的新兴技术,准确把握新兴技术产业发展阶段,从而占领产业高端市场以及驱动产业创新。基于持续性研究,专家学者发现了一些问题:近年来决策者选择适合自己国家或企业的新兴技术已经变得越来越困难;对于新兴技术产业发展阶段的把握不精准,而出现过早或过晚进行政策规划及投资决策;对于科学前沿研究与技术发展的关联特征把握不准,而导致科学研究与技术发展的研发要素投入得不均衡或出现偏差。因此,采取更加合适、准确、简便的方法来预测与评价新兴技术与产业发展显得尤为重要。

为解决上述问题,我们需要构建新兴技术与产业发展监测方法模型,来揭示新兴技术的科学研究与产业发展阶段之间的关联关系;新兴技术的技术发展与产业发展阶段之间的关联关系;新兴技术的科学研究与技术发展之间的关联关系。

4.1.2 新兴技术与产业发展监测方法模型比较分析

如何运用科学合理的技术预测与评价方法来揭示上述三类关系,是本书要解决的关键核心问题。许多学者对揭示技术成长的趋势和规律提出了积极的分析和理解。对于新兴技术的科学发展与技术发展特征及趋势的监测分析,目前研究人员一般会用两种不同的方法来进行。一种是通过问卷调查的数据进行分析；另一种是通过科学计量方法，比如文献计量分析、专利分析、引用分析和技术路线图等。前一种方法需要进行大量的调查，比较耗费时间和金钱，但分析结果的准确性及专业性可以得到保证；而科学计量方法能够给研究者和决策者提供清晰的技术发展全景图，并能使其快速地了解到关键技术。

社会需要是新兴技术产业发展的根本动力，但不是新兴技术产业发展的直接动力和内在动力。新兴技术产业发展的规律是由新兴技术的成长特征和新兴技术产业的内部矛盾决定的，同时它还受到许多外来因素的影响和制约，如国家政策法规、基础设施条件等。技术成长的生命周期和 S 形曲线模式是新兴技术成长模式之一（高利丹，2011）[168]，可以用来说明技术水平在时间序列上纵向发展的规律性。Gartner 公司提出的 Hype Cycle 曲线有效地拟合了生命周期曲线和 S 形曲线，利用媒体曝光度指标，在表征新兴技术发展与产业发展关系方面，得到了国内外学者和专家的广泛认可。

基于以上分析，本书通过对当前主要的技术预测与评价相关理论进行了文献调研，并咨询了相关专家，对前述提到的技术预测与评价方法的优点与不足进行了分析总结，如表 4.1 所示。

表 4.1　新兴技术与产业发展监测方法模型的比较

方法	优点	不足
技术就绪度	判断标准清晰明了；给出的结果准确、具有权威性；技术所处的开发状态直观	需要在技术概念、技术原型验证、系统演示与生产、后续工程化环节等一系列阶段进行评估，导致时间和成本投入奇高，且得出的结论较为滞后
文献计量学	论文数据易于获取，方法简便，能很好地反映技术的学术研究水平	论文的发表受多方外部因素影响，分析相对片面，更多地反映技术的学术研究水平，不能很好地反映技术的发展和应用水平
专利计量学	充分利用专利之间的引用关系，可以看到产品技术随时间的发展规律（赖朝安，徐翠璐，2017）[169]	并不是所有专利数据都含有引文信息，并且新兴技术及新专利引文记录相对较少，使用范围受限
技术成熟度曲线	综合考虑了人的本性和技术创新的内在规律对技术发展的双重影响	缺少理论基础和实践验证的支持，且很大程度上依靠专家的判断

通过表4.1的比较分析，可得出以下结论：

① 在揭示新兴技术的科学研究与技术发展的特征趋势方面，表4.1列示的方法均能够起到一定的表征作用。

② 在揭示技术发展与产业发展关联关系方面，仅技术成熟度曲线可以起到一定的表征作用，但不能用来表征科学研究与产业发展之间的关联关系。

③ Gartner公司依靠专家的判断；从未公开某一领域某一组技术的Hype Cycle评估和预测所使用的具体评价方法；从未公开完整的数据来源、数据指标及其计算办法。因而Gartner公司以外的研究人员，没有办法对其进行数据验证。

④ 以一种固定的曲线走势来表征新兴技术及产业发展，其科学性有待商榷。现实中存在新兴技术的Hype过程为波浪式曲线，如互联网技术。

⑤ 技术成熟度曲线不能表征新兴技术领域科学与技术的关联聚类关系。科学计量方法中的科学论文引用专利和专利引用科学论文（报告）的数量少，对于新兴技术科学与技术的关联聚类关系的表征不具有代表性。

⑥ 技术成熟度曲线仅限于表征某一年度新兴技术（组）的发展特征，没有新兴技术（组）历史年度（纵向）特征的表征。

综上所述，现有的技术预测与评价方法，无法满足本书要揭示的三类关联关系的需要，因此，本书后续会提出新兴技术与产业发展监测方法模型来解决此类问题。

4.1.3 新兴技术与产业发展监测方法模型设计思路

本书构建的新兴技术与产业发展监测方法模型如图4.1所示。

通过研究德尔菲专家调查法、基于科学计量的新兴技术预测及评价方法，结合两类技术预测及评价方法的特点、适用范围及其优势，为准确把握新兴技术预测及评价方法的发展过程和发展趋势，本书提出新兴技术与产业发展监测方法模型的设计思路：综合文献计量学、专利计量学以及德尔菲专家调查法等多种方法，使用专利和论文两类文献的数量指标、引用和被引信息，构建科学热度和技术热度指标；基于两类指标的走势曲线，结合专家对产业发展阶段的判断，对新兴技术趋势特征及产业发展阶段关联关系以及科学与技术的关联聚类关系进行监测。

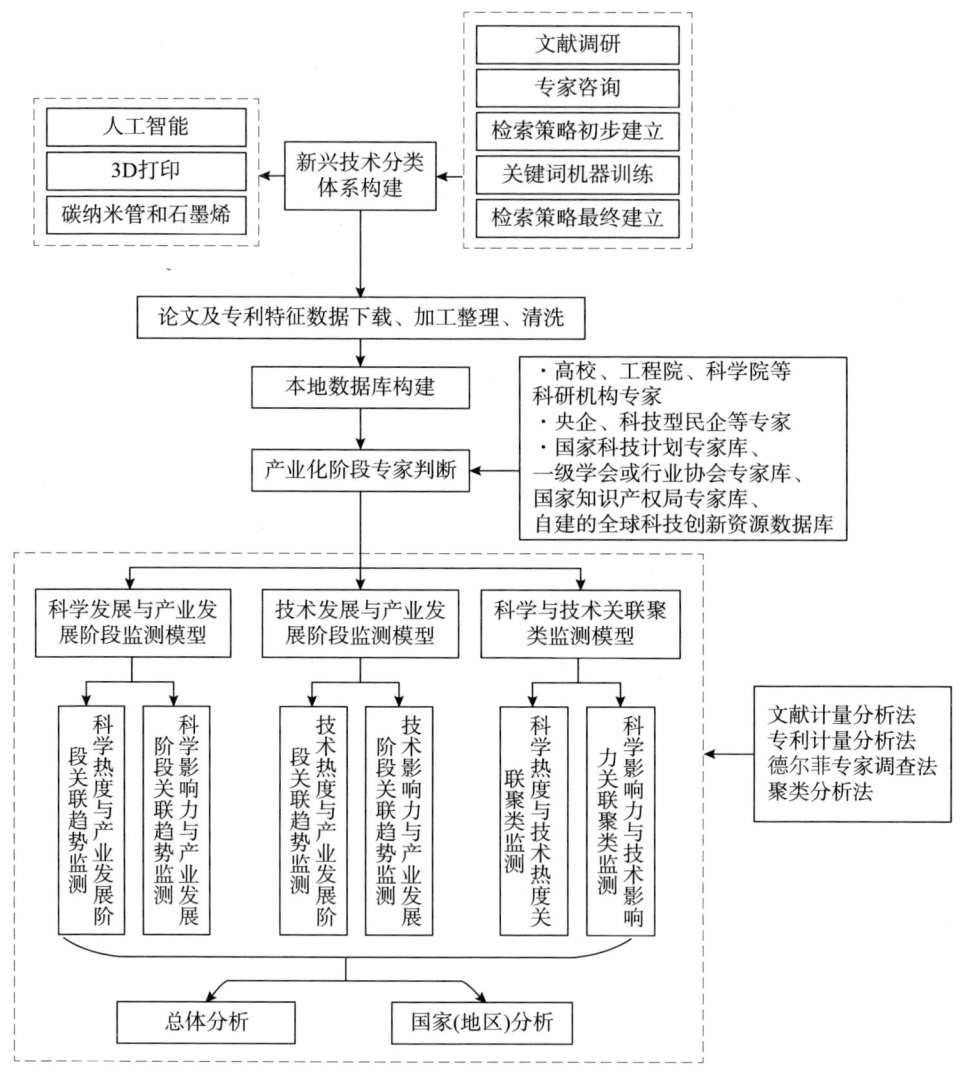

图 4.1　新兴技术与产业发展监测方法模型框架设计

具体而言，新兴技术与产业发展监测方法模型的构建可分为以下四个步骤：

① 技术分类体系及检索策略构建。

② 数据处理及本地数据库构建。

③ 新兴技术产业发展阶段专家判断。

④ 科学发展、技术发展与产业发展之间的关联关系监测模型构建。

其中科学发展、技术发展与产业发展之间的关联关系监测模型包括三个方面的模型：科学发展与新兴产业发展阶段关联监测模型、技术发展与新兴产业发展阶段关联监测模型、科学发展与技术发展聚类关联模型。

4.2 新兴技术分类体系及检索策略制定

本书从众多新兴技术中遴选了三大类新兴技术作为研究对象，即人工智能、3D 打印、碳纳米管和石墨烯。然而这三类新兴技术，在国内外均没有统一的分类标准，需要具体调研分析各种文献资料、专家咨询及论证、数据检索下载、机器学习，最终形成专家认可的技术分类体系，其中部分环节要进行多轮反复验证。

关键词及检索策略是技术分类体系形成的支撑要素，因此，技术分类体系最终确定之后，数据检索策略随之确定下来。

构建新兴技术领域的分类体系的具体过程如图 4.2 所示。

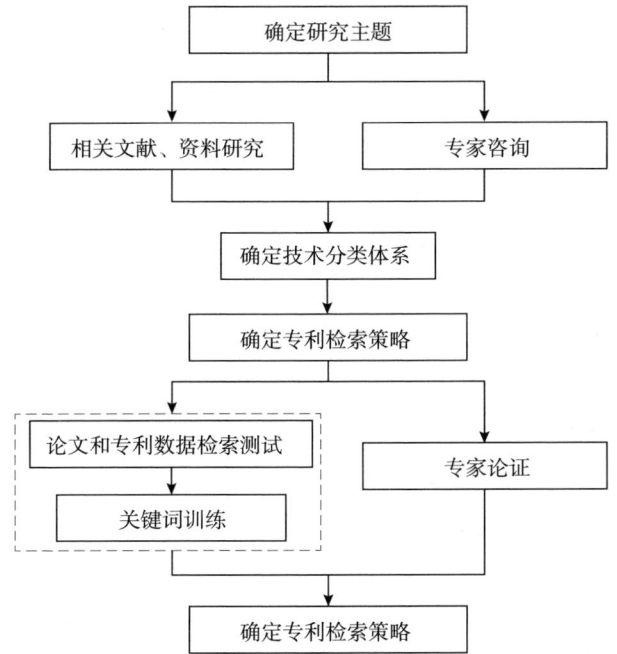

图 4.2 新兴技术领域分类体系与检索策略制定流程

4.3 新兴技术与产业发展监测数据采集、加工和建库

4.3.1 数据采集

本研究根据最终确定的检索策略,分别从 WOS(Web of Science)的 SCI 和 SSCI 数据库下载科学论文数据,从智慧芽公司的全球专利数据库采集全球专利数据。

(1) SCI 和 SSCI 数据库

Web of Science 科研发现平台涵盖了农业、生物科学、工程学、医学与生命科学、物理与化学科学、人类学、法律、图书馆学等诸多研究领域的期刊、会议和著作等文献信息。其中,SCI(科学引文索引)数据库是最知名且权威的科学发现和分析工具,收录自然科学 8800 多种国际性、高影响力的学术期刊。SCI 数据库包含化学与化工、材料科学、工程学、计算机科学、物理学、环境科学与工程、食品科学与技术、基因与遗传、动物学、植物学、微生物学等 176 个自然科学、工程和生物技术领域。SSCI(社会科学引文索引)数据库主要收录社会科学方面的学术期刊,是全球著名的社会科学领域引文索引数据库,收录了社会科学的 50 多个核心学科领域的 3200 多种最具影响力的期刊文献信息。两个数据库最早可以追溯到 1900 年。

利用 Web of Science 数据库的引文关系网络,科研人员可以发现研究领域里最前沿、最重要的研究成果,打破科研成果在不同期刊、出版社以及数据库平台之间的壁垒,推动高水平研究成果的产生。同时数据每周更新,确保学校科研人员尽可能全面地获取最前沿、最重要的科研成果。

Web of Science 核心合集的字段以两个字母标识,这两个字母的字段标识可标识用户导出、保存或通过电子邮件发送的记录中的字段,它适用于文献、书籍和会议等,见表 4.2。

(2) 智慧芽公司的全球专利数据库

智慧芽公司成立于 2007 年,是一家业务覆盖全球的国际化互联网软件服务公司。智慧芽公司是一个提供专利检索、分析、管理的一站式信息服务平台,致力于让全球更多组织、机构了解并更高效地使用专利;通过提供强大又易用的专利工具,帮助客户从专利中获取更有价值的信息,从而促进企业更

快、更好地研发创新。

表 4.2　Web of Science 核心合集的主要字段及释义

序号	字段	释义	序号	字段	释义
1	PT	出版物类型	31	NR	引用的参考文献数
2	AU	作者	32	TC	被引频次计数
3	BA	书籍作者	33	Z9	被引频次总数
4	BE	编者	34	PU	出版商
5	GP	书籍团体作者	35	PI	出版商所在城市
6	AF	期刊作者全名	36	PA	出版商地址
7	BF	书籍作者全名	37	SN	国际标准期刊号（ISSN）
8	CA	团体作者	38	EI	电子国际标准期刊号
9	TI	文献标题	39	BN	国际标准书号（ISBN）
10	SO	出版物名称	40	J9	来源文献名称缩写
11	SE	丛书标题	41	JI	ISO 来源文献名称缩写
12	BS	丛书副标题	42	PD	出版日期
13	LA	语种	43	PY	出版年
14	DT	文献类型	44	VL	卷
15	CT	会议标题	45	IS	期
16	CY	会议日期	46	PN	子辑
17	CL	会议地点	47	SU	增刊
18	SP	会议赞助方	48	SI	特刊
19	HO	会议主办方	49	MA	会议摘要
20	DE	作者关键词	50	BP	开始页
21	ID	Keywords_Plus	51	EP	结束页
22	AB	摘要	52	AR	文献编号
23	C1	作者地址	53	DI	数字对象标识符（DOI）
24	RP	通讯作者地址	54	D2	书籍的（DOI）
25	EM	电子邮件地址	55	PG	页数
26	RI	Researcher ID 号	56	WC	Web_of_Science 类别
27	OI	ORCID 标识符	57	SC	学科类别
28	FU	基金资助机构和授权号	58	GA	文献传递号
29	FX	基金资助正文	59	UT	入藏号
30	CR	引用的参考文献	60	PM	PubMed ID

注：出版物类型，J = 期刊、B = 书籍、S = 丛书、P = 专利，ORCID，Open Researcher and Contributor ID。

智慧芽欧专局全球专利数据库包括世界范围内的 109 个国家（地区）和组织的专利：每周更新的美国、欧洲、世界知识产权组织、中国、日本、韩国、挪威和全球法律专利数据库等。同时,其也以多种语言书写的亚洲其他国家的专利数据库,来扩大服务范围。本书下载的专利数据涉及的国家(地区)和组织如表4.3所示。

表4.3 智慧芽全球专利数据库覆盖的国家(地区)范围

序号	简称	国家(地区)名	序号	简称	国家(地区)名	序号	简称	国家(地区)名
1	AM	亚美尼亚	33	HK	中国香港	65	NZ	新西兰
2	AR	阿根廷	34	HN	洪都拉斯	66	PA	巴拿马
3	AT	奥地利	35	HR	克罗地亚	67	PE	秘鲁
4	AU	澳大利亚	36	HU	匈牙利	68	PH	菲律宾
5	BA	波黑	37	ID	印度尼西亚	69	PL	波兰
6	BE	比利时	38	IE	爱尔兰	70	PT	葡萄牙
7	BG	保加利亚	39	IL	以色列	71	RO	罗马尼亚
8	BR	巴西	40	IN	印度	72	RS	塞尔维亚
9	BY	白俄罗斯	41	IS	冰岛	73	RU	俄罗斯
10	CA	加拿大	42	IT	意大利	74	SA	沙特阿拉伯
11	CH	瑞士	43	JO	约旦	75	SE	瑞典
12	CL	智利	44	JP	日本	76	SG	新加坡
13	CN	中国	45	KE	肯尼亚	77	SI	斯洛文尼亚
14	CO	哥伦比亚	46	KG	吉尔吉斯斯坦	78	SK	斯洛伐克
15	CR	哥斯达黎加	47	KR	韩国	79	SM	圣马力诺
16	CU	古巴	48	KZ	哈萨克斯坦	80	SV	萨尔瓦多
17	CY	塞浦路斯	49	LT	立陶宛	81	TH	泰国
18	CZ	捷克	50	LU	卢森堡	82	TJ	塔吉克斯
19	DE	德国	51	LV	拉脱维亚	83	TN	突尼斯
20	DK	丹麦	52	MA	摩洛哥	84	TR	土耳其
21	DO	多米尼加	53	MC	摩纳哥	85	TT	特立尼达和多巴哥
22	DZ	阿尔及利亚	54	MD	摩尔多瓦	86	TW	中国台湾
23	EC	厄瓜多尔	55	ME	黑山	87	UA	乌克兰
24	EE	爱沙尼亚	56	MN	蒙古	88	US	美国
25	EG	埃及	57	MO	中国澳门	89	UY	乌拉圭
26	ES	西班牙	58	MT	马耳他	90	UZ	乌兹别克斯坦
27	FI	芬兰	59	MW	马拉维	91	VN	越南
28	FR	法国	60	MX	墨西哥	92	ZA	南非
29	GB	英国	61	MY	马来西亚	93	ZM	赞比亚
30	GE	格鲁吉亚	62	NI	尼加拉瓜	94	ZW	津巴布韦
31	GR	希腊	63	NL	荷兰			
32	GT	危地马拉	64	NO	挪威			

注:智慧芽欧专局全球专利数据库还包含地区性组织的专利数据,这些地区性组织包括:非洲地区知识产权组织、非洲知识产权组织、海湾地区阿拉伯国家合作委员会专利局、世界知识产权组织、欧盟知识产权局、欧洲专利局、欧亚专利局。

第 4 章 新兴技术与产业发展监测方法模型构建

智慧芽的欧专局全球专利数据库字段多达 87 个，相比较其他专利数据库而言，要更加丰富和完整，包含 3 年内被引用次数、5 年内被引用次数、简单法律状态等其他数据库没有的特征字段，如表 4.4 所示。

表 4.4　智慧芽专利数据库的字段列表

序号	字段名称	序号	字段名称	序号	字段名称
1	公开（公告）号	30	INPADOC 同族被引用专利总数	59	助理审查员
2	申请号	31	非专利引用文献	60	3 年内被引用次数
3	文献代码	32	非专利引用文献数量	61	5 年内被引用次数
4	标题	33	被引用专利	62	权利要求
5	摘要	34	被引用专利数量	63	法律状态/事件
6	第一权利要求	35	引用专利	64	INPADOC 法律状态
7	数据库	36	引用专利数量	65	法律状态更新时间
8	申请日	37	优先权国家	66	LOC 分类号
9	申请年	38	优先权号	67	CPC 分类号
10	申请年月	39	优先权日	68	摘要（译）
11	公开（公告）日	40	预估到期日	69	标题（译）
12	公开（公告）年	41	[标]当前申请（专利权）人	70	当前申请（专利权）人州/省
13	公开（公告）年月	42	当前申请（专利权）人	71	独立权利要求
14	IPC 分类号	43	[标]原始申请（专利权）人	72	专利类型
15	IPC 主分类号	44	原始申请（专利权）人	73	简单法律状态
16	IPC 主分类号（部）	45	Docdb 申请（专利权）人	74	扩展同族
17	IPC 主分类号（大类）	46	当前第一申请（专利权）人	75	扩展同族成员数量
18	IPC 主分类号（小类）	47	当前申请（专利权）人数量	76	扩展同族被引用专利总数
19	IPC 主分类号（大组）	48	当前第一申请（专利权）人地址	77	诉讼案件数
20	UPC 分类号	49	当前申请（专利权）人地址	78	原告（上诉人）
21	UPC 主分类号	50	发明人	79	被告（被上诉人）
22	UPC 主分类号（大类）	51	[标]发明人	80	审判长
23	FI 分类号	52	第一发明人	81	审判员
24	F-TERM 分类号	53	发明人数量	82	法院
25	简单同族	54	第一发明人地址	83	许可人
26	简单同族成员数量	55	发明人地址	84	被许可人
27	简单同族被引用专利总数	56	代理机构	85	许可类型
28	INPADOC 同族	57	代理人	86	质押人
29	INPADOC 同族成员数量	58	审查员	87	质权人

(3) 数据归集

每个数据源的数据库下载均会制订自己的下载规则,便于均衡下载流量、数据库访问时间控制及用户管理,如 WOS 数据库只允许每次下载 500 篇文献的特征数据;智慧芽专利数据库限定每次下载 1 万条专利数据、每天限定下载 10 万条专利数据。本书的论文与专利数据的下载,在遵守各数据源的下载规则之下,分批下载后,合并下载数据文件,然后导入 SQL Server 数据库软件进行集中管理。

4.3.2 数据加工整理

数据加工整理主要包括两个方面:信息特征的提取/文本表示和特征集的选择。

(1) 信息特征的提取/文本表示

信息特征的提取使非结构化数据转化成可以直接记录在数据库中的结构化数据,为文本挖掘做好充分的准备。在科技监测中,特征提取主要是识别文本中代表其特征的词项。提取的特征大部分是文本集中表示的概念。这些概念包含着重要的科技信息(刘晓娟,王凌云,2011)[170]。

文本特征分为描述性特征(例如文本的名称、日期、大小、类型等)和语义性特征(例如文本的作者、机构、标题、内容等)(靳黛露,2014)[171]。对于内容这个难以表述的特征,首先要找到一种能被计算机处理的文本表示模型,经典的文本表示模型是 Salton 等人于 20 世纪 60 年代末提出的矢量空间模型(Vector Space Model,VSM)。该模型对文本进行了简化表示,认为特征之间是相互独立的,并忽略其依赖性,文本空间被看作是由一组正交词条矢量组成的矢量空间,每一个文本表示为一个规范化特征矢量。两个文档之间内容的相似程度可以通过计算向量之间的相似性来度量,最常用的相似性度量方式是余弦距离(杨震,2009)[172]。

除了向量空间模型之外,还有 Stephen Robertson 和 Spark Jones 等人提出的概率模型。该模型在信息检索领域取得了成功,得到了人们的广泛认可。概率模型综合考虑了词频、文档频率和文档长度等因素,并且把文档和用户兴趣按照一定的概率关系融合,形成了著名的 OKAPI 公式(高永平,钱进,2008)[173]。

(2) 特征集的选择

由于特征维数很大,高维的特征占用存储空间大,机器学习效率低,且由于特征冗余的存在,使得挖掘的结果并非正比于特征维数,因此有必要对特征集进行维数缩减,选择那些有代表意义的特征[173]。

特征集合的缩减包括横向选择和纵向投影两种方式,横向选择是指提出噪声文本以改进挖掘精度,或者文本数量过多时仅选取一部分样本以提高挖掘效率;纵向投影是指按照科技监测的目标选取有用的特征,通过特征集的缩减,得到精简了的,能有效代表文档集合的特征子集。一般采用评价函数进行特征的选取。常用的评价函数有词频、信息增益、互信息、词长、期望交叉熵、文本证据法、统计检验法等,其中信息增益是目前运用较多、效果最好的方法[173]。

信息增益(IG——information gain):令 $C_i \cdots C_k$ 表示可能的分类,词条 w 的函数为 $IG(w) = -\sum_1^k p(C_j)\lg(C_j) + p(w)\sum_1^k p\left(\frac{C_j}{w}\right)\lg\left(\frac{C_j}{w}\right) + p(\overline{w})\sum_1^k p\left(\frac{C_j}{\overline{w}}\right)\lg\left(\frac{C_j}{\overline{w}}\right)$,

其中,(C_j) 为第 j 类特征值的出现频率,$p(w)$ 为 w 出现的频率,$p\left(\frac{C_j}{w}\right)$ 为 w 出现时属于 C_j 类的条件概率。信息增益反映了该词为整个分类所提供的信息量,通过计算信息增益可以得到那些在正例样本中出现频率高而在反例样本中出现频率低的特征,以及那些在反例样本中出现频率高而在正例样本中出现频率低的特征。得到每个词的信息增益后,就可以排除其中小于预先给定值的词[173]。

通过对来自不同信息源的技术文献进行特征信息的提取,得到以下结构化较强的信息:该领域科学技术的国内外研究现状、研发主体的变迁情况、与科学技术相关的专利、论文情况、该技术领域的研发主体、与该技术相关的主要企业等信息[173]。

4.3.3 数据清洗

在本研究中,数据清洗就是将所有下载后得到的数据进行数据修正,整理去除重复记录,形成标准的可以进行集中统计分析数据的过程。在本书中,没有使用专门的清洗软件工具,基于研究成员对 SQL Server 软件的熟练掌握,使用 SQL Server 软件进行数据的准确性、完整性、一致性、唯一性、适时性、有效性等方面的数据清洗工作(崔兰兰,杨晓栋,2018)[174]。具体的清洗工作及相应的解决办法包括如下四类。

(1) 解决不完整数据（即值缺失）的方法

下载得到的论文和整理的特征值数据，不可能全部都是完整的，往往存在一定数据字段值缺失的情况，需要研究人员从本数据源或其他数据源推导出来，选取可靠数据代替缺失的值，从而达到清洗的目的。如在专利分析时，需要依据专利特征信息中的地址来确定专利发明人所属国家（或地区），但是部分专利的该特征值是缺失的或不完整的，研究人员可以通过判断专利发明人与专利申请人之间的关系，在一致的情况下，从专利申请人的地址中，获取地址中的国家（或地区）信息进行补充；在修正少量数据的情况下，也可以通过人工搜索网站的方式，补充正确的信息。

(2) 错误值的检测及解决方法

在论文和专利特征数据在数据源与本地数据库中转换时，会涉及数据格式的转换。如从 WOS 下载论文数据一般选择文本格式，从智慧芽专利数据库中下载一般选择 Excel 格式，这些数据转换为 SQL Server 数据时，如果设置不成功，会出现文本数据转换为日期型数据的错误情况。如日期：2019 - 01 - 01（Excel 中可能会出现：01 - 01 或 01/01 或 1/1），转换为 SQL Server 数据时，会被认为是数字型数据，从而转换后的数据变为：43466（从公元 1900 年开始的天数），这个值就是一个错误的值，研究人员就需要将其转换为正确的日期型数据。在了解一般的转换规则的情况下，制订转换数据对应表是很容易实现的。在本书中，针对数据涉及的日期，笔者设计了一个日期与数值对照数据表，在 SQL Server 中执行更新查询命令实现批量修改。

(3) 重复记录的检测及消除方法

在论文和专利的检索过程中，一组检索词（策略）会形成一组检索结果数据集合，检索策略包含的检索词不可能是完全独立或不同的，不同检索策略形成的数据集合之间存在共同的检索数据是必然的，也即形成重复数据记录。去除重复记录是数据清洗工作的重要任务之一。本书利用 SQL Server 软件中查询检索唯一记录的方法，存储唯一查询后得到的数据集合以形成一个新的目标数据表。如果仅仅涉及数据源中的部分数据字段，其操作方法也是采用同样的方法。

(4) 不一致性的检测及解决方法

在研究过程中，数据的不一致主要涉及两类问题，即名称标识不一致和无效（噪声）数据的清洗。

名称标识不一致的处理过程也即在制订一定转换规则情况下进行数据迁移，如：专利数据中对国家名称的标注有的是简称（如US、USA）、有的是全称（如United States），则需要将这些数据用一个标准数据统一转换。本书使用SQL Server的数据更新命令update进行数据的统一转换。

无效（噪声）数据的清洗通常采用语法分析和模糊匹配技术完成对多数据源数据的清理。从数据源下载得到的数据不一定都是研究的目标数据，如检索石墨烯技术领域的论文数据，会检索到石墨烯科技政策制定方面的论文，这与石墨烯核心技术的研究没有太大关系，去除这类论文数据就是数据清洗工作的目的之一，与去除"噪声"数据类似。

4.3.4 本地数据库构建

在本课题的研究过程中，数据下载、加工整理及清洗，只是完成数据处理的基本工作，还有一项重要的工作就是构建本地数据库，形成数据仓库。数据仓库是一个面向主题的、集成的、非易失的，随时间积累用来支持管理人员决策的数据集合。数据仓库系统包含四个层次的体系结构，即数据源、数据的存储与管理、OLAP（Online Analytical Processing）服务器与前端工具（李玉卿，2017）[175]。

（1）数据源

数据源是数据仓库系统的基础，是整个系统的数据源泉。通常包括企业内部信息和外部信息。内部信息包括存放于RDBMS中的各种业务处理数据和各类文档数据。外部信息包括各类市场信息、竞争对手信息和各种手工收集的信息等（张鑫，2009）[176]。

（2）数据的存储与管理

数据的存储与管理是整个数据仓库系统的核心。数据仓库的关键作用是数据的存储和管理。数据仓库的组织管理方式决定了它有别于传统数据库，同时也决定了其对外部数据的表现形式。要决定采用什么产品和技术来建立数据仓库的核心，则需要从数据仓库的技术特点和具体需求着手分析。针对现有各业务系统的数据，进行抽取、清洗，并有效集成，按照主题进行组织（屈元子，2008）[177]。数据仓库按照数据的覆盖范围可以分为企业级数据仓库和部门级数据仓库（通常称为数据集市）。

(3) OLAP 服务器

OLAP 服务器能对分析需要的数据进行有效集成，按多维模型予以组织，以便进行多角度、多层次的分析，并发现趋势。其具体实现可以分为：ROLAP（Relational OLAP）、MOLAP（Multidimensional OLAP）和 HOLAP（Hybrid OLAP）。ROLAP 基本数据和聚合数据均存放在 RDBMS（Relation Database Management System）之中；MOLAP 基本数据和聚合数据均存放于多维数据库中；HOLAP 基本数据存放于 RDBMS 之中，聚合数据存放于多维数据库中（张琳，2009）[178]。

(4) 前端工具

前端工具主要包括各种报表工具、查询工具、数据分析工具、数据挖掘工具以及各种基于数据仓库或数据集市的应用开发工具。其中数据分析工具主要针对 OLAP 服务器，报表工具、数据挖掘工具主要针对数据仓库（陈鸿雁，2009）[179]。

在本书中，从数据提取到科技监测数据库的抽象化方法如图4.3所示。

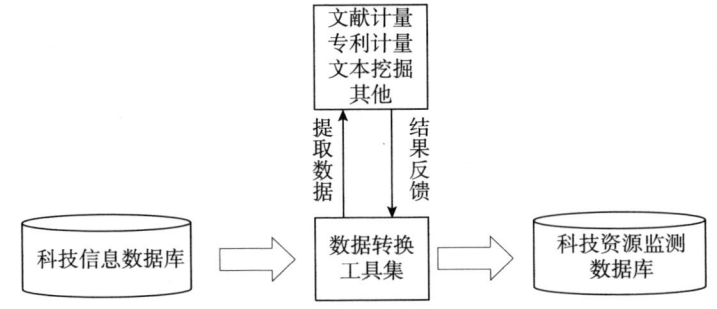

图 4.3 从数据提取到科技监测数据库的抽象化方法

结合课题研究分析需要，采用关键字段等检索方法，从论文及专利科技资源信息数据库中提取相应特征数据，采用文献计量、文本挖掘等方法和专业软件，对提取的数据进行加工转化，最终建立本项目所需的科技资源监测本地数据库（刘云等，2012）[180]。

4.4 新兴技术与产业发展监测方法体系构建

在前述章节提出了要分析新兴技术领域的科学发展与产业发展阶段之间的

关联关系、技术发展与产业发展阶段之间的关联关系、科学发展与技术发展之间的关联关系。如何有效揭示上述三类关联关系，是构建新兴产业与产业发展预测方法体系的核心问题，也是本课题研究的核心问题。

本课题研究的数据基础来源于三个方面：WOS（Web of Science）的SCI/SSCI科学论文特征数据、智慧芽的欧专局全球专利数据库的专利特征数据以及专家对新兴技术领域产业发展阶段的判断数据。基于上述数据，本课题拟运用文献计量法、专利计量法、德尔菲专家调查法及聚类分析方法，对三类关联关系进行判断与揭示。

4.4.1 基于文献计量的预测方法

针对科学发展与产业发展阶段之间的关联关系，本书拟分析科学发展研究论文发表的聚集程度（简称科学热度）和科学发展研究论文的被引用情况（简称科学影响力），具体分析的方法如下。

（1）科学热度

本研究以某个三级技术领域 X3 发表的论文数 M 与其二级技术领域 X2 发表的论文总数 N 进行对比，则 M 与 N 的比值结果能够反映该三级技术领域 X3 的研究成果在其二级技术领域 X2 研究成果总体集合中的相对聚集程度，比值越高说明科学研究的热度越高，研究人员的投入度也越高。

① 从单一年份上看，能够反映出该年份中论文作者、论文数量的相对聚集程度，及所属机构在该技术领域 X3 的投入和布局情况。

② 从监测的时间序列（本研究拟定监测时间区间为2000—2018年）上讲，能够反映出科学论文作者、论文数量的相对聚集程度，以及所属机构在该技术领域 X3 的投入和布局的变化情况及发展趋势。

③ 从监测的国别上看，能够反映出选定国家（地区）科学论文作者、论文数量的相对聚集程度，以及其在该技术领域 X3 的投入和布局的变化情况及发展趋势。

④ 课题研究也需要对少数国家之间科学研究热度进行对比监测，揭示科学现状及趋势的差异，更好地找准国别之间的科学研究发展动态，尤其是要把握当前中美科技竞争的现状及发展趋势的差异性，这也是研究的核心关注点之一。

文献计量的特征数据包括：文献数量（期刊论文、引文等）、作者数量、关键词数量、作者国别、作者所在机构国别等。基于上述分析，针对科学发展与产业发展阶段之间关联关系、科学发展与技术发展之间关联关系的监测分析，本研究分析科学热度指标时，需要 SCI/SSCI 科学论文的特征数据支持，包括：文献的发表时间、数量、关键词、作者所属的机构及国别信息，然后构建计算模型，从而开展实践应用。

（2）科学影响力

本研究以某个三级技术领域 X3 发表论文平均被引频次总数来反映该三级技术领域 X3 学术论文的科学影响力，论文平均被引频次总数越大，说明该三级技术领域 X3 的科学影响力越大。

① 从单一年份上看，能够反映出该年份中论文作者、论文平均被引频次的相对聚集程度，以及所属机构在该技术领域 X3 的影响力大小。

② 从监测的时间序列（本研究拟定监测时间区间为 2000—2018 年）上看，能够反映出科学论文平均被引频次的相对聚集程度，进而反映该技术领域的科学发展影响力，及所属机构在该技术领域 X3 的影响力大小及发展趋势。

③ 从监测的国别上讲，能够反映选定国家（地区）科学论文作者、被引频次的聚集程度，进而反映该技术领域 X3 的科学发展影响力及发展趋势。

④ 课题研究也需要对少数国家之间的科学影响力进行对比监测，揭示科学现状及趋势的差异，更好地找准国别之间的科学研究发展的动态，尤其是要把握当前中美科技竞争的现状及发展趋势的差异性，这也是本研究的核心关注点之一。

基于上述分析，针对科学发展与产业发展阶段之间关联关系、科学发展与技术发展之间关联关系的监测分析，本研究分析科学发展影响力指标时，需要 SCI/SSCI 科学论文的特征数据支持，包括：文献的发表时间、被引频次、关键词、作者所属的机构及国别信息，然后构建计算模型，从而开展实践应用。

4.4.2 基于专利计量的预测方法

针对技术发展与产业发展阶段之间的关联关系，本研究拟分析授权专利的聚集程度（简称技术热度）和专利的被引用情况（简称技术影响力），具体分析方法如下：

（1）技术热度

本研究以某个三级技术领域 X3 授权的专利数 M 与其二级技术领域 X2 授

权的专利总数 N 进行对比，则 M 与 N 的比值结果能够反映该三级技术领域 X1 的技术发明在其二级技术领域 X2 技术发明总体集合中的相对聚集程度，比值越大说明技术发展的热度越高，申请人的投入也越多。

① 从单一年份上看，能够反映出该年份中发明人、申请人、专利数量的相对聚集程度。

② 从监测的时间序列（本研究拟定监测时间区间为 2000—2018 年）上讲，能够反映出授权专利发明人、申请人、专利数量的相对聚集程度及发展趋势。

③ 从监测的国别上看，能够反映出选定国家（地区）授权发明人、专利数量的相对聚集程度，以及其在该技术领域 X3 的投入和布局的变化情况及发展趋势。

④ 课题研究也需要对少数国家之间的科学技术热度进行对比监测，以揭示技术发展现状及趋势的差异，更好地找准国别之间的科学研究发展的动态，尤其是要把握当前中美科技竞争的现状及发展趋势的差异性，这也是本研究的核心关注点之一。

专利计量的特征数据包括：专利数量、引文、发明人数量、申请人数量、关键词数量、发明人国别、申请人国别等。基于上述分析，针对技术发展与产业发展阶段之间关联关系的监测分析，在分析科学影响力指标时，需要专利的特征数据支持，包括：专利授权时间、数量、关键词、申请人及国别信息，然后构建计算模型，从而开展实践应用。

（2）技术影响力

本研究以某个三级技术领域 X3 授权专利平均被引频次来反映该三级技术领域 X3 授权专利的技术影响力；专利平均被引频次总数越大，说明该三级技术领域 X3 的技术影响力越大。

① 从单一年份上看，能够反映出该年份中授权专利发明人、平均被引频次的相对聚集程度，以及所属机构在该技术领域 X3 的技术影响力大小。

② 从监测的时间序列（本研究拟定监测时间区间为 2000—2018 年）上看，能够反映出授权专利平均被引频次的相对聚集程度，进而反映该技术领域的技术发展影响力，以及授权专利申请人在该技术领域 X3 的影响力大小及发展趋势。

③ 从监测的国别上讲，能够反映选定国家（地区）授权专利发明人、被引频次的相对聚集程度，进而反映该技术领域 X3 的技术发展影响力及发展趋势。

④ 课题研究也需要对少数国家之间的技术影响力进行对比监测，揭示技术发展现状及趋势的差异，更好地找准国别之间技术发展的动态，尤其是要把握当前中美科技竞争的现状及发展趋势的差异性，这也是本研究的核心关注点之一。

基于上述分析，针对技术发展与产业发展阶段之间关联关系的监测分析，分析科学发展影响力指标时，需要授权专利的特征数据支持，包括：专利授权时间、被引频次、关键词、申请人及国别信息，然后构建计算模型，从而开展实践应用。

4.4.3 基于聚类分析的预测方法

针对科学发展与技术发展之间的关联关系，本研究拟分析科学热度和技术热度之间的关联关系、科学影响力和技术影响力之间的关联关系。本书在分析上述科学论文与授权专利的科学（技术）热度和科学（技术）影响力数据时发现，这两类数据是两个不同维度的数据，但它们有一个共同的属性：发表（授权）年份相同。因此本研究提出运用聚类方法分析科学发展与技术发展之间的关联关系，具体分析思路如下：

① 构建二维坐标，以科学热度（影响力）为 X 坐标轴，以技术热度（影响力）为 Y 坐标轴。

② 以科学热度（影响力）和技术热度（影响力）的平均值为 X 坐标轴和 Y 坐标轴的交叉点，将二维坐标图分为四个象限。

③ 不同年份的科学热度（影响力）和技术热度（影响力）就以散点的形式分布在二维坐标图的不同象限。

不同象限分布点的聚类集合，表征不同的科学发展与技术发展关联关系集合。具体而言，关联关系分为如下四类：

（1）第一象限：科学热度（影响力）强和技术热度（影响力）强

在第一象限中，若干年份的新兴技术领域 X1 科学热度（影响力）和技术热度（影响力）的散点呈不规则分布，但均表现为发展强势，可以选取散点相对连续的年份聚集，表示该聚集年份区间内科学发展和技术发展的投入强度及对后续发展的影响力。

（2）第二象限：科学热度（影响力）弱和技术热度（影响力）强

在第二象限中，若干年份的新兴技术领域 X1 科学热度（影响力）和技术热度（影响力）的散点呈不规则分布，表现为科学热度（影响力）发展弱势、技术热度（影响力）发展强势。可以选取散点相对连续的年份聚集，表示该聚集年份区间内科学发展和技术发展的投入强度及对后续发展的影响力。

（3）第三象限：科学热度（影响力）弱和技术热度（影响力）弱

在第三象限中，若干年份的新兴技术领域 X1 科学热度（影响力）和技术热度（影响力）的散点呈不规则分布，表现为科学热度（影响力）发展弱势、技术热度（影响力）发展弱势。可以选取散点相对连续的年份聚集，表示该聚集年份区间内科学发展和技术发展的投入强度及对后续发展的影响力。

（4）第四象限：科学热度（影响力）强和技术热度（影响力）弱

在第四象限中，若干年份的新兴技术领域 X1 科学热度（影响力）和技术热度（影响力）的散点呈不规则分布，表现为科学热度（影响力）发展强势、技术热度（影响力）发展弱势。可以选取散点相对连续的年份聚集，表示该聚集年份区间内科学发展和技术发展的投入强度及对后续发展的影响力。

通过聚类分析，将被分析的年份（科学热度与技术热度、科学影响力与技术影响力）分别散落在同质的四个象限，在同一象限内选择时间连续和距离相近的年份散点，这样便保证了这些散点之间具有一定的可比性。聚类时，科学热度与技术热度、科学影响力与技术影响力等就是聚类的分析变量。

4.4.4 基于德尔菲专家调查法的产业发展阶段判断方法

1. 新兴技术和产业领域专家遴选

本研究在前期研究的工作积累过程中，和国内外众多专家学者建立了良好的合作关系，形成了课题研究专家库的前期数据，随着课题研究的不断深入，本研究组建了以公司、企业专家为主导的新兴技术产业发展阶段判断的专家库。专家的主要来源包括：高校科研机构、工程院、科学院、央企、科技型民企、国家科技计划专家库、学会或行业协会专家库、知识产权局专家库以及本研究自建的全球科技创新资源数据库，从而形成强有力的专家支持。

2. 新兴技术产业发展阶段的专家判断过程

在最初的研究方案中，本研究将新兴技术产业发展阶段的专家判断过程分为两个环节：单个专家初步判断和专家群判断结论的汇总（专家判断阶段的最终确定）。

(1) 单个专家初步判断

专家的个人身份既可以由专家本人在本研究开发的系统中进行注册,也可以由系统管理员根据已有的专家信息在系统中注册。专家拥有合法的系统账号之后,可以登录系统对选定新兴技术领域的产业发展阶段进行判断,具体流程如图 4.4 所示。

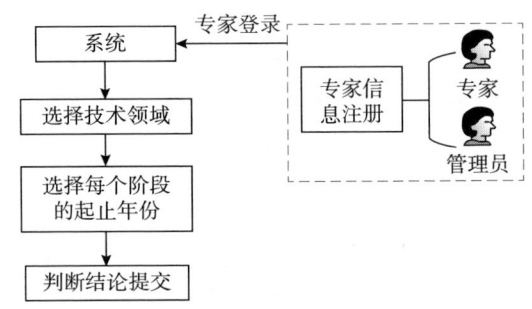

图 4.4　单个专家的新兴技术领域产业发展阶段判断过程

专家判断产业发展阶段的赋值范围为 A、B、C、D 和 E,分别对应研发、初创、成长、扩张和成熟五个阶段,如表 4.5 所示。

表 4.5　新兴技术产业发展阶段的专家赋值范围

阶段名称	赋值
研发	A
初创	B
成长	C
扩张	D
成熟	E

(2) 专家群判断结论汇总

为体现新兴技术领域产业发展阶段判断的科学性和客观性,本研究最终采用的是专家群体判断的结果,不是单个专家的判断结论。

每一技术领域的最终阶段判断结论,将专家群(≥3 人,且为奇数)的判断结论的集中度作为计算标准:对所有专家针对某年份的判断结果进行汇总,再求平均值;取大于 50% 的判断结果,以判断结果标识该年份的技术发展阶段;如未出现大于 50% 的判断结果,则需要重新组织对此领域专家开展判断。新兴技术产业发展阶段的专家赋值范围如表 4.6 所示。

表 4.6 新兴技术产业发展阶段的专家赋值范围

年份	专家	研发
2001	a	A
2001	b	B
2001	c	A
汇总结论		A

表 4.6 中 2001 年专家判断的集中度情况为：判断为 A 的专家人数在总体专家人数中的占比为 2/3 = 0.67，大于 50%，则 2001 年的技术发展阶段为研发阶段。

4.5 新兴技术与产业发展监测模型构建

4.5.1 科学发展与产业发展阶段关联监测模型构建

本研究构建科学发展与产业发展阶段关联监测模型，以揭示新兴技术科学发展与产业发展关联关系。构建的模型从两个角度进行监测分析：一是从技术领域总体的角度进行监测，即总体监测；二是从国家（地区）的角度进行监测，即国别监测。

1. 总体监测

总体监测模型采用两个分析指标，即科学热度和科学影响力，对特定技术领域科学研究和产业发展阶段的关联关系进行监测。

（1）科学热度总体监测

本模型以 WOS（Web of Science）的 SCI、SSCI 科学论文为监测对象。每个三级技术领域均有年度发表论文数量，每个二级技术领域也会形成论文的总体数量数据，两者之间的比值变化情况能够反映该三级技术领域在一级技术领域的研究热度，计算公式如下：

$$科学热度 = \frac{三级技术领域年度论文发表数量}{二级技术领域年度论文发表数量}$$

$$= \frac{三级技术领域年度论文发表数量}{\Sigma 三级技术领域年度论文发表数量} \qquad (4.1)$$

（2）科学影响力总体监测

被引频次是科学论文影响力的一个重要标志，本指标以每个三级技术领域科学论文的年度平均被引频次为指标,分析该技术的发展过程及趋势。

$$科学影响力 = \frac{\Sigma 三级技术领域年度论文被引频次}{三级技术领域的年度论文发表数量} \quad (4.2)$$

基于分析下载的科学论文特征数据,对于新兴技术而言,科学研究工作往往都是在2000年之后才有显著的数据支持,且2019年的数据不完整(截至本研究报告撰写之时,最多能够下载到2019年4月份数据),所以本研究的监测年份为2000—2018年。与此类似,后续新兴技术的专利监测年份也是2000—2018年。后续关于监测年份范围,不再赘述。

图4.5所示为科学发展与产业发展阶段关联总体监测模型,监测的结果展示信息为:以年度为横坐标,以科学热度或影响力为纵坐标;以被监测技术领域的每一个年份热度或影响力的监测值作为散点分布于坐标象限之中;将该技术领域产业发展阶段的专家判断界定,以五类图形符号标识在每个年份的散点之上。基于本监测模型,一方面可以监测得出新兴技术领域历年科学发展热度及影响力的具体分布情况;另一方面可以监测得出新兴技术领域科学发展热度或影响力与产业发展阶段的对应关系。科学家或决策者基于本监测模型,可以准确地把握科学发展与产业发展的动态关系,合理地进行科学研究布局及产业政策的推进和深化。

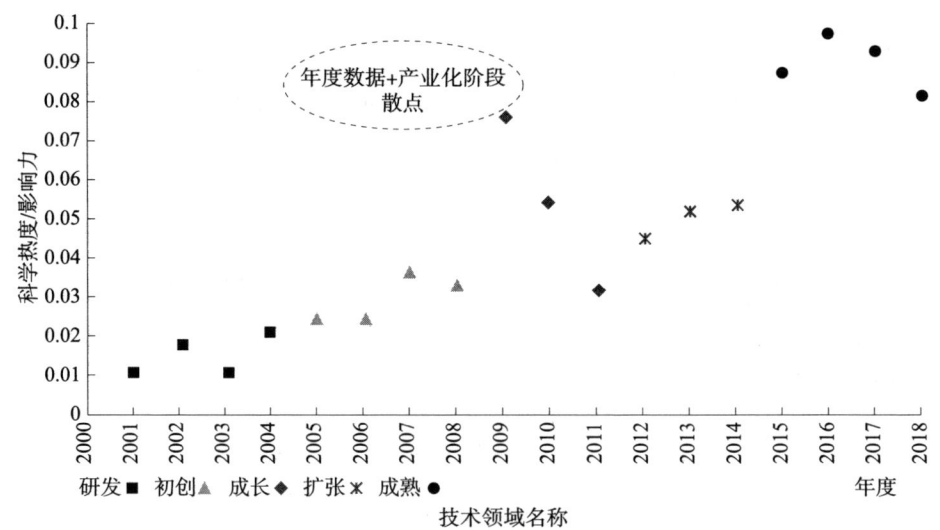

图4.5 科学发展与产业发展阶段关联总体监测模型

2. 国别监测

对于科学发展的监测，一方面需要监测世界范围内科学研究发展的整体情况；另一方面，也需要针对在新兴技术领域发展领先的国家（地区）的具体情况进行分析，这对于找准科学研究发展的优势国家（地区）及优势科学研究，能够起到极大的数据支撑作用。

全球 200 多个国家（地区），在新兴技术领域的科学研究参差不齐，本研究以三大技术领域科学发展和技术发展数量在前 30 名的国家（地区）为重点研究对象（论文和专利数量排名交集的前 30 名），其他国家（地区）不列入研究范围（表 4.7）；对于国家（地区），本研究以"国别"来称呼，包含一国所属特定地区，以下不再赘述。

表 4.7 三大新兴技术领域科学和技术发展前 30 名国家（地区）

序号	英文名称	中文名	序号	英文名称	中文名
1	Australia	澳大利亚	16	Netherlands	荷兰
2	Austria	奥地利	17	New Zealand	新西兰
3	Belgium	比利时	18	Norway	挪威
4	Brazil	巴西	19	Poland	波兰
5	Canada	加拿大	20	Portugal	葡萄牙
6	China	中国	21	Singapore	新加坡
7	Finland	芬兰	22	South Korea	韩国
8	France	法国	23	Spain	西班牙
9	Germany	德国	24	Sweden	瑞典
10	India	印度	25	Switzerland	瑞士
11	Ireland	爱尔兰	26	Taiwan，China	中国台湾
12	Israel	以色列	27	Thailand	泰国
13	Italy	意大利	28	Turkey	土耳其
14	Japan	日本	29	United Kingdom	英国
15	Malaysia	马来西亚	30	United States	美国

对于科学发展的国别监测而言，本研究同样以科学热度及科学影响力作为监测的两个指标。

(1) 科学热度国别监测

$$国别科学热度 = \frac{三级技术领域国别年度论文发表数量}{二级技术领域国别年度论文发表数量}$$

$$= \frac{三级技术领域国别的年度论文发表数量}{\Sigma 三级技术领域国别的年度论文发表数量} \quad (4.3)$$

(2) 科学影响力国别监测

$$国别科学影响力 = \frac{\Sigma 三级技术领域国别年度论文被引频次}{三级技术领域国别年度论文发表数量} \quad (4.4)$$

图 4.6 所示为科学发展与产业发展阶段关联国别监测模型，监测的结果展示信息为：以年份为横坐标，以国别科学热度或影响力为纵坐标；以被监测技术领域国别的每一个年份热度或影响力的监测值作为散点分布于坐标象限之中；将该技术领域产业发展阶段的专家判断、界定，以五类图形符号标识在每个年份的散点之上。基于本监测模型，一方面可以监测得出新兴技术领域历年科学发展热度及影响力的国别具体分布情况；另一方面可以监测得出新兴技术领域国别科学发展热度或影响力与产业发展阶段的对应关系。科学家或决策者基于本监测模型，可以准确地把握某一国家（地区）科学发展与产业发展的动态关系，了解该国家（地区）的科学发展趋势及产业发展所处的具体阶段。

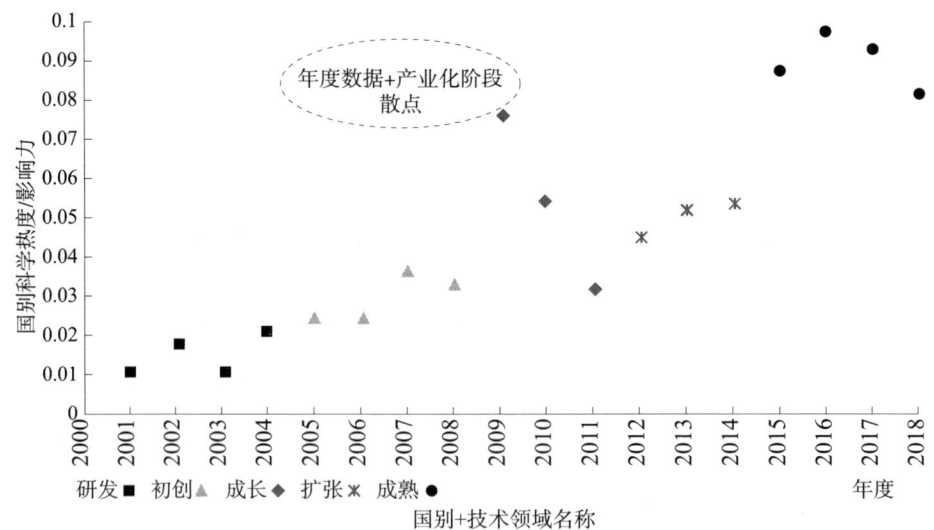

图 4.6　科学发展与产业发展阶段关联国别监测模型

4.5.2 新兴技术与产业发展阶段关联监测模型

本研究构建新兴技术与产业发展阶段关联监测模型,以揭示新兴技术与产业发展的关联关系。构建的模型从两个角度进行监测分析:一是从技术领域总体的角度进行监测,即总体监测;二是从国家(地区)的角度进行监测,即国别监测。

1. 总体监测

本监测模型采用两个分析指标,即技术热度和技术影响力,对特定技术领域新兴技术和产业发展阶段的关联关系进行监测。

(1) 技术热度总体监测

本指标以专利数据为研究分析对象(本课题的专利数据涉及欧专局的世界专利数据库中的人工智能、3D打印及碳纳米管和石墨烯三大新兴技术)。每个三级技术领域均有年度专利公开数量,每个二级技术领域也会形成专利公开的总体数量数据,其比值变化情况能够反映该三级技术领域在二级技术领域的技术研究热度,计算公式如下:

$$\text{技术热度} = \frac{\text{三级技术领域年度专利公开数量}}{\text{二级技术领域年度专利公开数量}}$$

$$= \frac{\text{三级技术领域年度专利公开数量}}{\Sigma \text{三级技术领域年度专利公开数量}} \quad (4.5)$$

(2) 技术影响力总体监测

被引频次是专利技术影响力的一个重要标志,本指标以每个三级技术领域公开专利的年度平均被引频次为指标,分析该技术的发展过程及趋势。

$$\text{科学影响力} = \frac{\Sigma \text{三级技术领域年度论文被引频次}}{\text{三级技术领域的年度论文发表数量}} \quad (4.6)$$

图 4.7 所示为技术发展与产业发展阶段关联监测模型,监测的结果展示信息为:以年份为横坐标,以技术热度或影响力为纵坐标;以被监测技术领域的每一个年份热度或影响力的监测值作为散点分布于坐标象限之中;将该技术领域产业发展阶段的专家判断、界定,以五类图形符号标识在每个年份的散点之上。基于本监测模型,一方面可以监测得出新兴技术领域历年技术发展热度及影响力的具体分布情况;另一方面可以监测得出新兴技术领域技术发展热度或影响力与产业发展阶段的对应关系。科学家或决策者基于本监测模型,可以准

确地把握技术发展与产业发展的动态关系，合理地进行技术研究布局及产业政策的推进和深化。

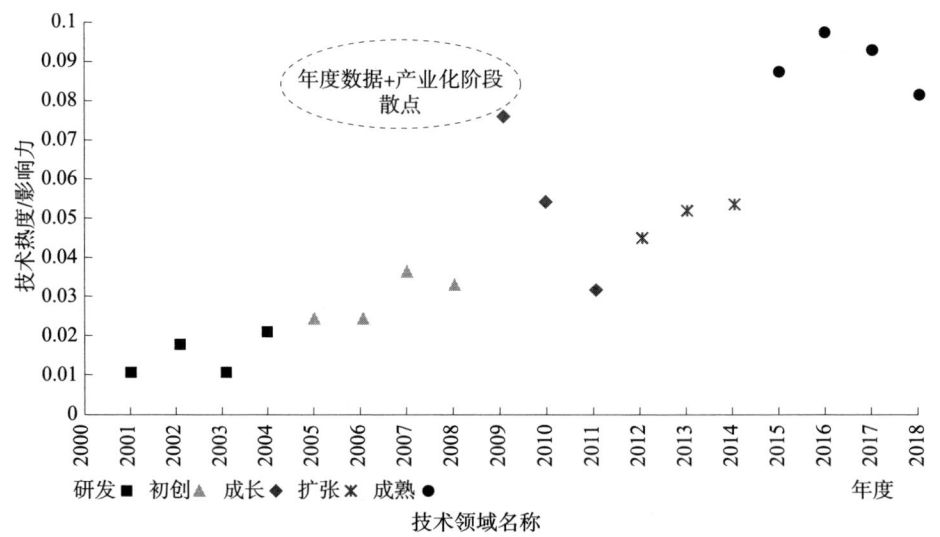

图 4.7　技术发展与产业发展阶段关联监测模型

2. 国别监测

对于技术发展的监测，一方面需要监测世界范围内技术发展的整体情况；另一方面，也需要针对在新兴技术领域领先的国家（地区）的具体发展情况进行分析，这对于找准技术发展的优势国家（地区）及优势技术，能够起到极大的数据支撑作用。

对于技术发展的国别监测而言，本研究同样以技术热度及技术影响力作为监测的两个指标。

（1）技术热度国别监测

$$国别技术热度 = \frac{三级技术领域国别年度专利公开数量}{二级技术领域国别年度专利公开数量}$$

$$= \frac{三级技术领域国别的年度专利公开数量}{\Sigma\ 三级技术领域国别的年度专利公开数量} \quad (4.7)$$

（2）技术影响力国别监测

$$国别技术影响力 = \frac{\Sigma\ 三级技术领域国别年度专利被引频次}{三级技术领域国别年度专利发表数量} \quad (4.8)$$

图 4.8 所示为技术发展与产业发展阶段关联国别监测模型。

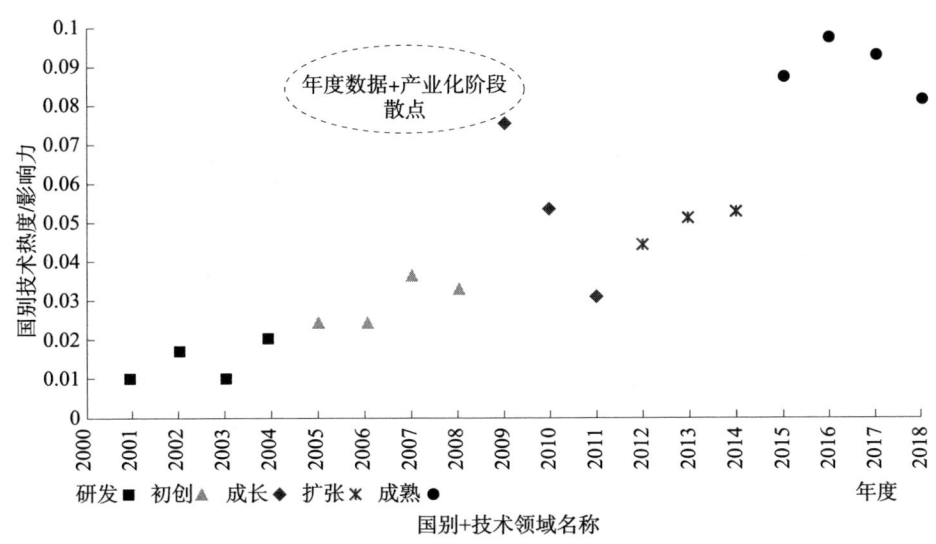

图 4.8　技术发展与产业发展阶段关联国别监测模型

图 4.8 所示监测的结果展示信息为：以年份为横坐标，以国别技术热度或影响力为纵坐标；以被监测技术领域国别的每一个年份热度或影响力的监测值作为散点分布于坐标象限之中；将该技术领域产业发展阶段的专家判断、界定，以五类图形符号标识在每个年份的散点之上。基于本监测模型，一方面可以监测得出新兴技术领域历年技术发展热度及影响力的国别具体分布情况；另一方面可以监测得出新兴技术领域国别技术发展热度或影响力与产业发展阶段的对应关系。科学家或决策者基于本监测模型，可以准确地把握某一国家（地区）技术发展与产业发展的动态关系，了解该国家（地区）的技术发展趋势及产业发展所处的具体阶段。

4.5.3　科学发展与新兴技术的聚类关联监测模型

本研究构建科学发展与新兴技术的聚类关联监测模型，以揭示科学发展与新兴技术之间的聚类关联关系。构建的模型从两个角度进行监测分析：一是从总体角度进行监测，即总体监测；二是从国家（地区）的角度进行监测，即国别监测。

1. 总体监测

总体监测模型采用两个分析指标，即科学热度和科学影响力，科学热度与技术热度聚类关联，科学影响力与技术影响力聚类关联，对特定新兴技术领域科学和技术发展的聚类关联关系进行监测。

（1）科学热度与技术热度的聚类关联总体监测

坐标轴的交叉点，分别选取科学热度与技术热度的平均值，具体计算公式如下：

$$\begin{aligned}&\text{横轴交叉点坐标值}=\text{average}（\text{三级技术领域科学热度}）\\&\text{纵轴交叉点坐标值}=\text{average}（\text{三级技术领域技术热度}）\end{aligned} \quad (4.9)$$

（2）科学影响力与技术影响力的聚类关联总体监测

坐标轴的交叉点，分别选取科学影响力与技术影响力的平均值，计算公式如下：

$$\begin{aligned}&\text{横轴交叉点坐标值}=\text{average}（\text{三级技术领域科学影响力}）\\&\text{纵轴交叉点坐标值}=\text{average}（\text{三级技术领域技术影响力}）\end{aligned} \quad (4.10)$$

图 4.9 所示为科学发展与技术发展聚类关联总体监测模型。

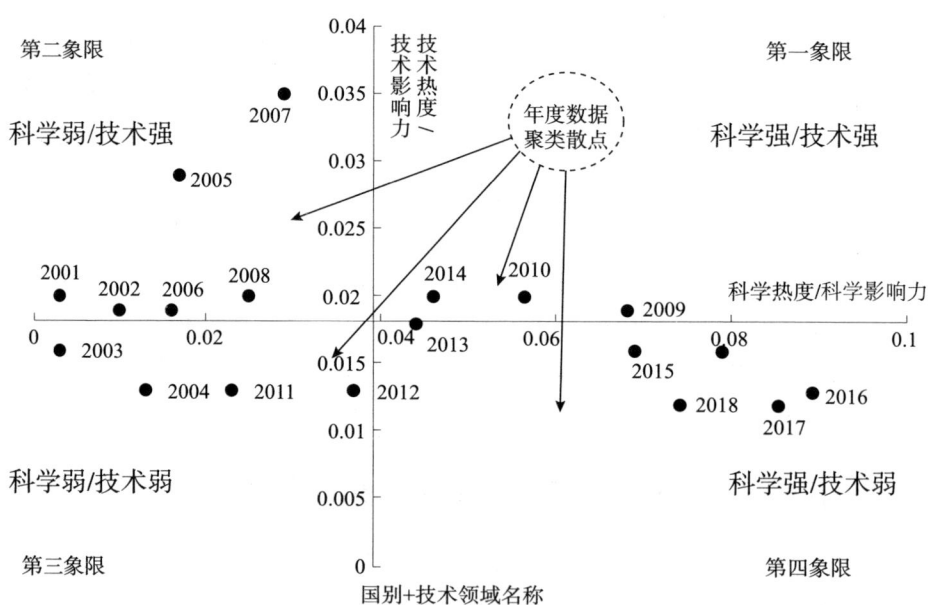

图 4.9　科学发展与技术发展聚类关联总体监测模型

图 4.9 中监测的结果展示信息为：

① 以科学热度或科学影响力为横坐标，以技术热度或技术影响力为纵坐标，共同构成一个平面直角坐标系。

② 基于式（4.9）和式（4.10），分别确定横坐标轴与纵坐标轴的交叉点，此交叉点将平面直角坐标系分为四个象限。

③ 以被监测技术领域的每一个年份热度或影响力的监测值作为散点分布于平面直角坐标系各象限之中。

④ 平面直角坐标系的四个象限表征科学发展与技术发展（热度/影响力）聚类的四种不同状态，分别是：科学发展强及技术发展强、科学发展弱及技术发展强、科学发展弱及技术发展弱、科学发展强及技术发展弱。

⑤ 基于热度/影响力的视角，可以监测科学发展与技术发展在不同年份的均衡性发展状况及发展趋势。

2. 国别监测

对于科学发展与技术发展聚类关联关系的监测，一方面，需要监测世界范围内科学发展与技术发展的整体聚类关联情况；另一方面，也需要对在新兴技术领域领先的国家（地区）的聚类关联情况进行监测。这对于研究科学发展与技术发展均衡性较强国家（地区）的发展途径较有益，可以获得比较有效的数据支撑；对于均衡性差异较大的国家（地区），则可以用于分析其存在差异的原因。

对于科学发展与技术发展聚类关联关系的国别监测而言，本研究同样以科学热度和技术热度聚类关联关系、科学影响力与技术影响力聚类关联关系作为监测的两个指标。

（1）科学热度与技术热度的聚类关联国别监测

坐标轴的交叉点，分别选取科学热度与技术热度的平均值，具体计算公式如下：

$$\begin{matrix} 横轴交叉点坐标值 = \text{average}(三级技术领域国别科学热度) \\ 纵轴交叉点坐标值 = \text{average}(三级技术领域国别技术热度) \end{matrix} \quad (4.11)$$

（2）科学影响力与技术影响力的聚类关联国别监测

坐标轴的交叉点，分别选取科学热度与技术影响力的平均值，具体计算公式如下：

$$\begin{matrix} 横轴交叉点坐标值 = \text{average}(三级技术领域国别科学影响力) \\ 纵轴交叉点坐标值 = \text{average}(三级技术领域国别技术影响力) \end{matrix} \quad (4.12)$$

图 4.10 所示为科学发展与技术发展聚类关联国别监测模型，监测结果展示信息为：

① 以国别科学热度或国别科学影响力为横坐标，以国别技术热度或国别技术影响力为纵坐标，共同构成一个平面直角坐标系。

② 基于式（4.11）和式（4.12），分别确定横坐标轴与纵坐标轴的交叉点，此交叉点将平面直角坐标系分为四个象限。

③ 以被监测新兴技术领域的每一个年份热度或影响力的国别监测值作为散点分布于平面直角坐标系各象限之中。

④ 平面直角坐标系的四个象限表征国别科学发展与国别技术发展（热度/影响力）聚类的四种不同状态，分别是：科学发展强及技术发展强、科学发展弱及技术发展强、科学发展弱及技术发展弱、科学发展强及技术发展弱。

⑤ 基于热度/影响力的视角，可以监测某一国家（地区）科学发展与技术发展在不同年份的均衡性发展状况及发展趋势。

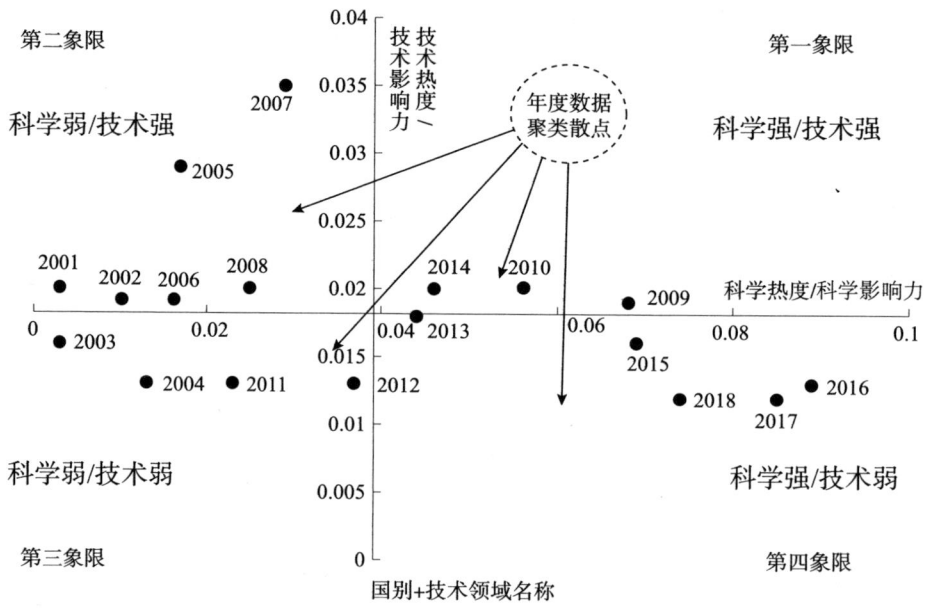

图 4.10　科学发展与技术发展聚类关联国别监测模型

第 5 章 新兴技术与产业发展监测系统开发

5.1 系统总体设计

5.1.1 功能结构设计

新兴技术与产业发展监测软件分为六个模块：系统登录、系统简介、人工智能技术、3D 打印技术、碳纳米管和石墨烯技术、系统管理。其中，人工智能技术、3D 打印技术、碳纳米管和石墨烯技术三个模块分为七个子模块：子系统简介、专家信息管理、新兴技术产业发展阶段专家判断、科学发展与产业

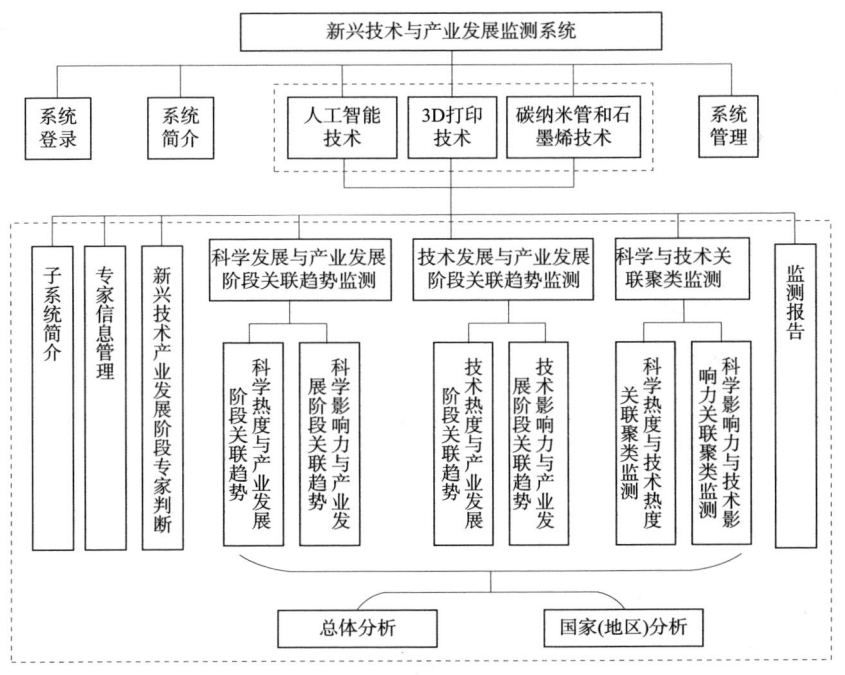

图 5.1 系统功能结构

发展阶段关联趋势监测、技术发展与产业发展阶段关联趋势监测、科学与技术关联聚类监测、监测报告。其中，三个监测子模块分别运用热度和影响力两个指标进行监测，且均会从世界范围内的总体和国别两个视角进行监测。系统功能结构设计如图5.1所示。

5.1.2 系统页面框架结构设计

监测系统主页面的布局版式如图5.2所示，除页面Banner和Copyright外，顶部为技术子领域切换菜单或按钮，左部为各技术子领域的功能模块选择菜单，各下级模块可折叠隐藏和展开显示，中间主体部分为监测数据展示区域。

在后续的其他功能模块设计说明中，不再介绍技术子领域的切换菜单或按钮、左部的功能模块选择菜单，直接描述主体部分的监测数据展示区域。

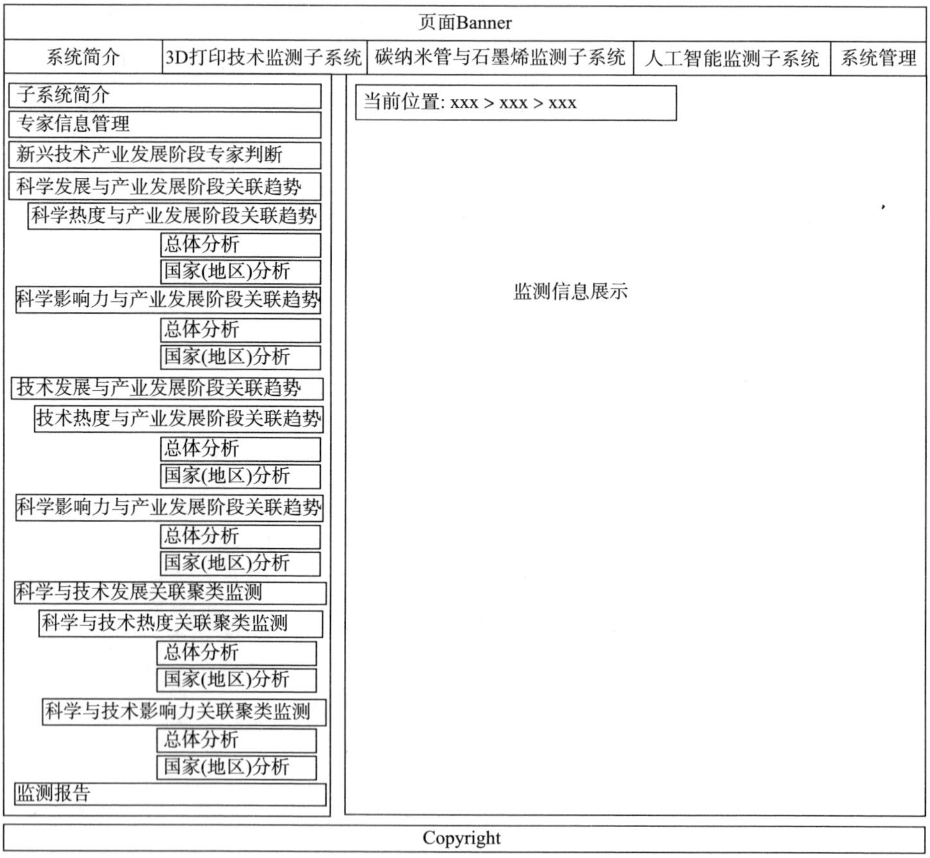

图5.2 系统总体布局设计

5.2 系统模块详细设计

5.2.1 专家信息管理

"专家信息管理"模块主要用于管理员管理和维护专家的个人信息，或专家自行维护个人信息，页面布局设计如图 5.3 所示。

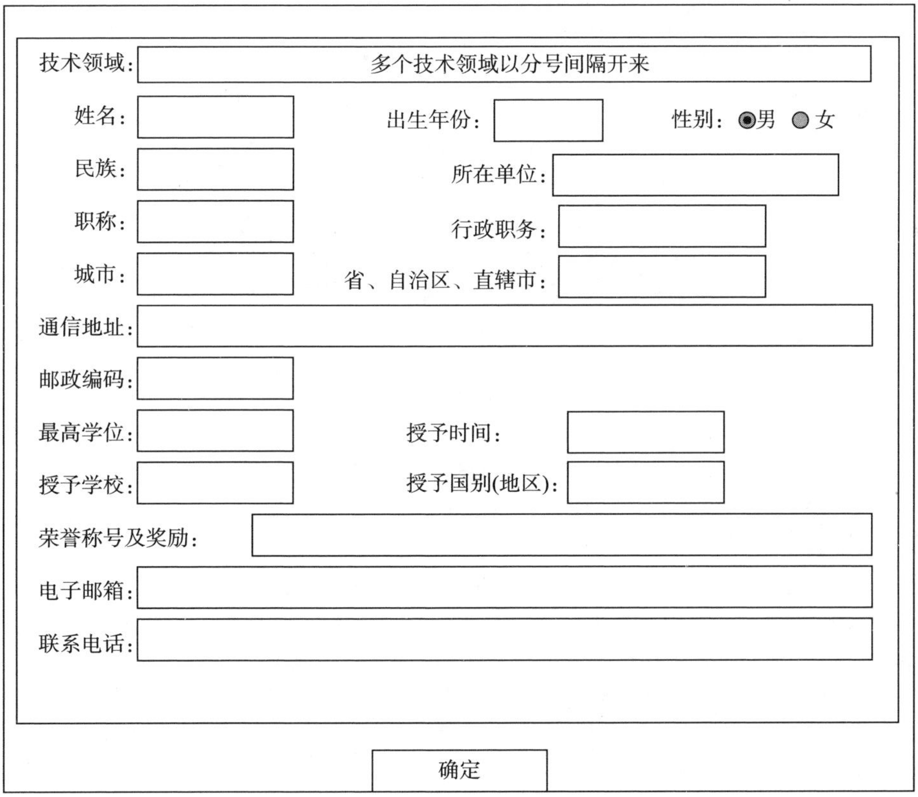

图 5.3 "专家信息管理"页面布局设计

页面设计说明：

① 图 5.3 中仅列示页面布局的大致内容，具体信息内容的控件类型可以不受此图限制。

② 点击"技术领域"按钮后弹出的页面中，以复选框的形式展示所有末级分类，限制用户最多选择 10 个。

③ 数据来源：专家信息表（见表 5.1），引用全部字段。

技术领域分类表（见表 5.2），引用全部字段；具体技术分类见表 6.7～表 6.9。

④ 系统管理员可以维护所有专家信息；专家仅能查询及修改本人信息。

5.2.2 新兴技术产业发展阶段专家判断

专家在选择新兴技术领域的条件时，根据其对该技术领域的了解和认识，进行技术成长阶段的判断。"专家判断分析"页面布局设计如图 5.4 所示。

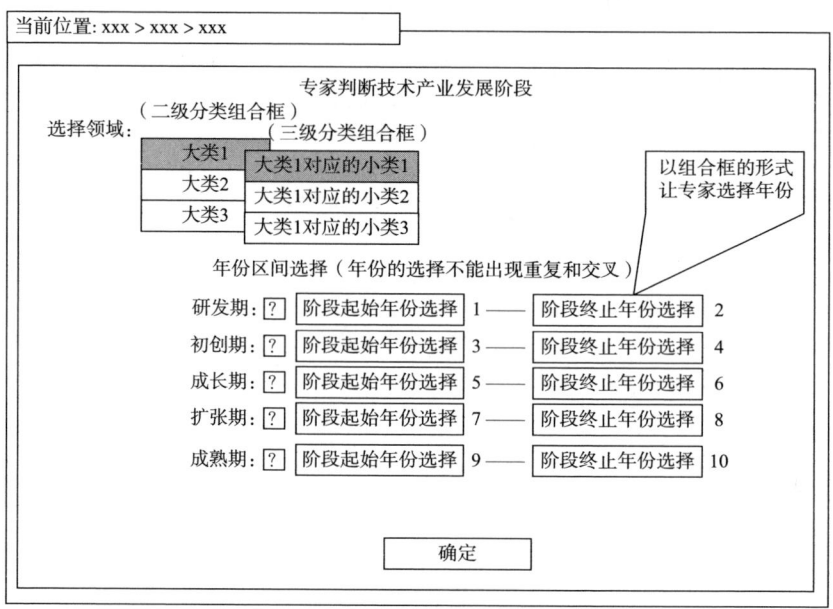

图 5.4 "专家判断分析"页面布局设计

说明：
① 年份选择的范围：2000—2018 年。
② 专家在进行阶段判断时，可以点击"?"按钮，了解阶段的划分标准和含义界定。
③ 系统设计时，为避免重复选择，最终保存判断记录时，须有检查机制。例如，按点击顺序，对应各组合框编号（如图 5.4 所示），需要满足条件：组合框 $n+1$ 的值 > 组合框 n 的值。或动态设定组合框的起始值，如组合框 1 选取 2000 年后，组合框 2 的起始值只能是 2001；组合框 2 选取 2004 年后，组合框 3 的起始值只能是 2005，以此类推。
④ 数据来源：专家判断分析数据表（见表 5.4），使用全部字段。

5.2.3 科学发展与产业发展阶段关联趋势

1. 科学发展热度与产业发展阶段关联趋势

（1）总体分析

本模块以三级技术领域与所属二级技术领域的 WOS 科学论文数量的占比来分析该新兴技术的发展过程及趋势，如图 5.5 所示。

第5章 新兴技术与产业发展监测系统开发

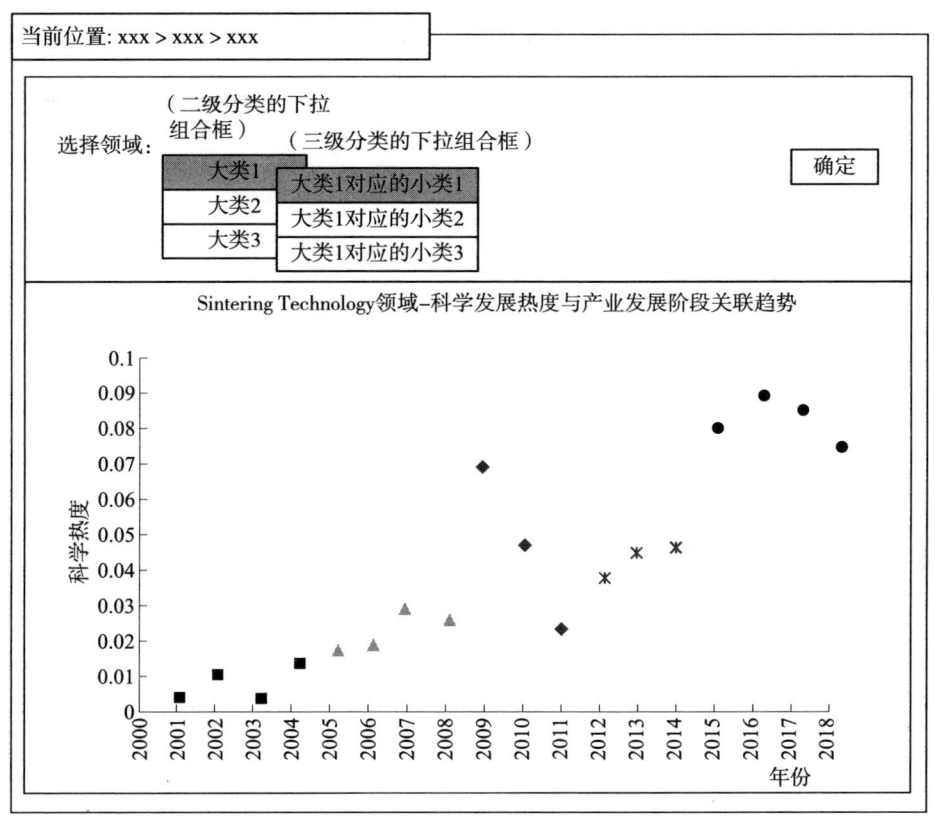

图5.5 科学发展热度与产业发展阶段关联总体趋势页面布局设计

说明：

① 在图5.5中，选择领域及指标后，点击"确定"按钮，显示下半部分展示的图形及说明。

数据来源：专家判断分析数据表、科学热度总体数据表。

引用字段说明：专家判断分析数据表，包括技术领域、年份、阶段（阶段1~阶段5）；

科学热度总体数据表，包括技术领域、年份、热度。

② 图5.5中的坐标图仅为论文数量占比数据的展示，以及专家判断的技术成长阶段的标注信息。

（2）国家（地区）分析

对于每个三级技术领域，每个国家（地区）均有年度论文数量，也形成了所有国家（地区）的总体论文数量，根据其比值变化情况，本模块分析该新兴技术的发展过程及趋势，如图5.6所示。

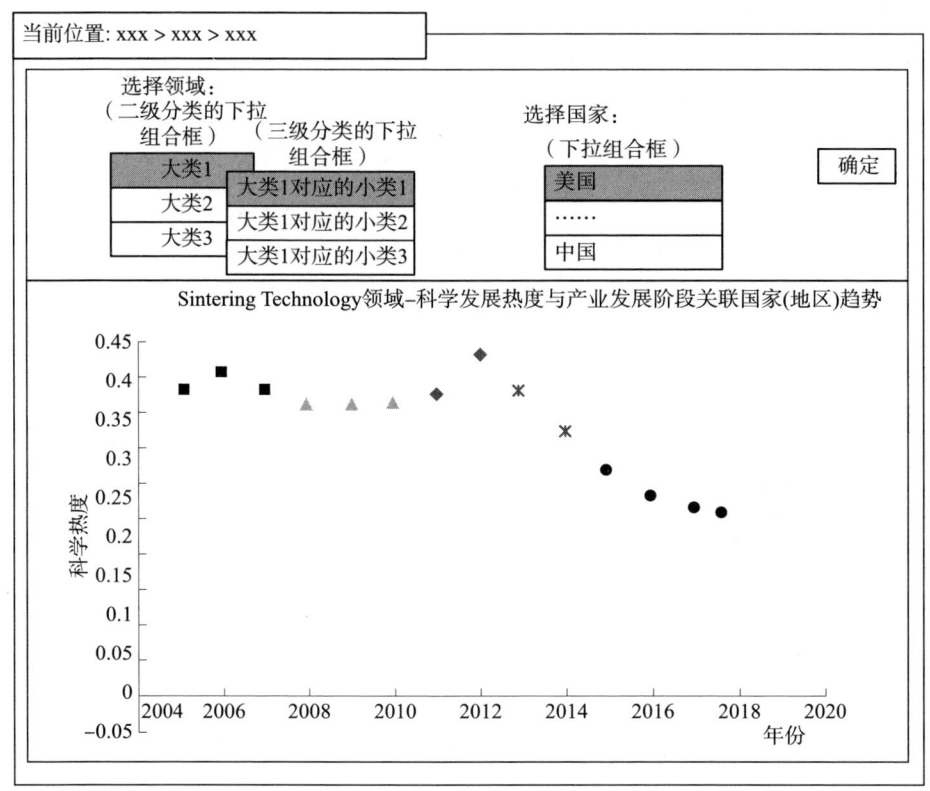

图 5.6 科学发展热度与产业发展阶段关联国家（地区）趋势页面布局设计

说明：

① 在图 5.6 中，选择领域及指标后，点击"确定"按钮，显示下半部分展示的图形及说明。

数据来源：专家判断分析数据表、论文年度汇总表。

引用字段说明：专家判断分析数据表，包括技术领域、年份、阶段（阶段 1～阶段 5）；

　　　　　　　国家科学热度数据表，包括技术领域、年份、热度、国家。

② 图 5.6 中的坐标图仅为论文数量占比数据的展示，以及专家判断的技术成长阶段的标注信息。

③ "国家"组合框的取值数据来源：国家数据表。

由于落后国家（地区）的科学技术发展数据量小，对其监测没有太大意义，本模块遴选全球科学技术发展较为领先的 30 个国家（地区）作为监测对象。

2. 科学发展影响力与产业发展关联趋势

(1) 总体分析

本模块以每个三级技术领域科学论文的年度平均被引频次为指标，分析该技术的发展过程及趋势，如图 5.7 所示。

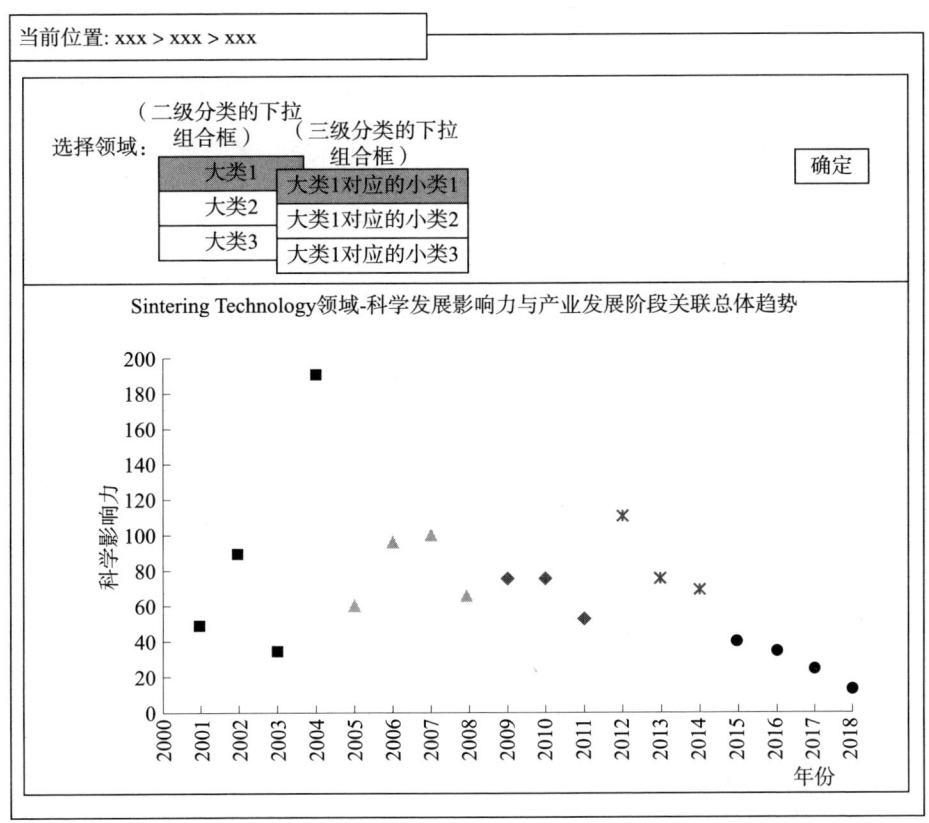

图 5.7　科学发展影响力与产业发展阶段关联总体趋势页面布局设计

说明：

① 在图 5.7 中，选择领域及指标后，点击"确定"按钮，显示下半部分的图形及说明。

数据来源：专家判断分析数据表、科学影响力总体数据表。

引用字段说明：专家判断分析数据表，包括技术领域、年份、阶段（阶段 1～阶段 5）；
　　　　　　　科学影响力总体数据表，包括技术领域、年份、影响力。

② 图 5.7 中的坐标图仅为显示样例，没有进行成长阶段标识；数据不是真实数据。

（2）国家（地区）分析

针对选定的技术领域，各国家（地区）的论文均有年度平均被引频次，本模块根据平均被引频次数据分析该新兴技术的发展过程及趋势，如图5.8所示。

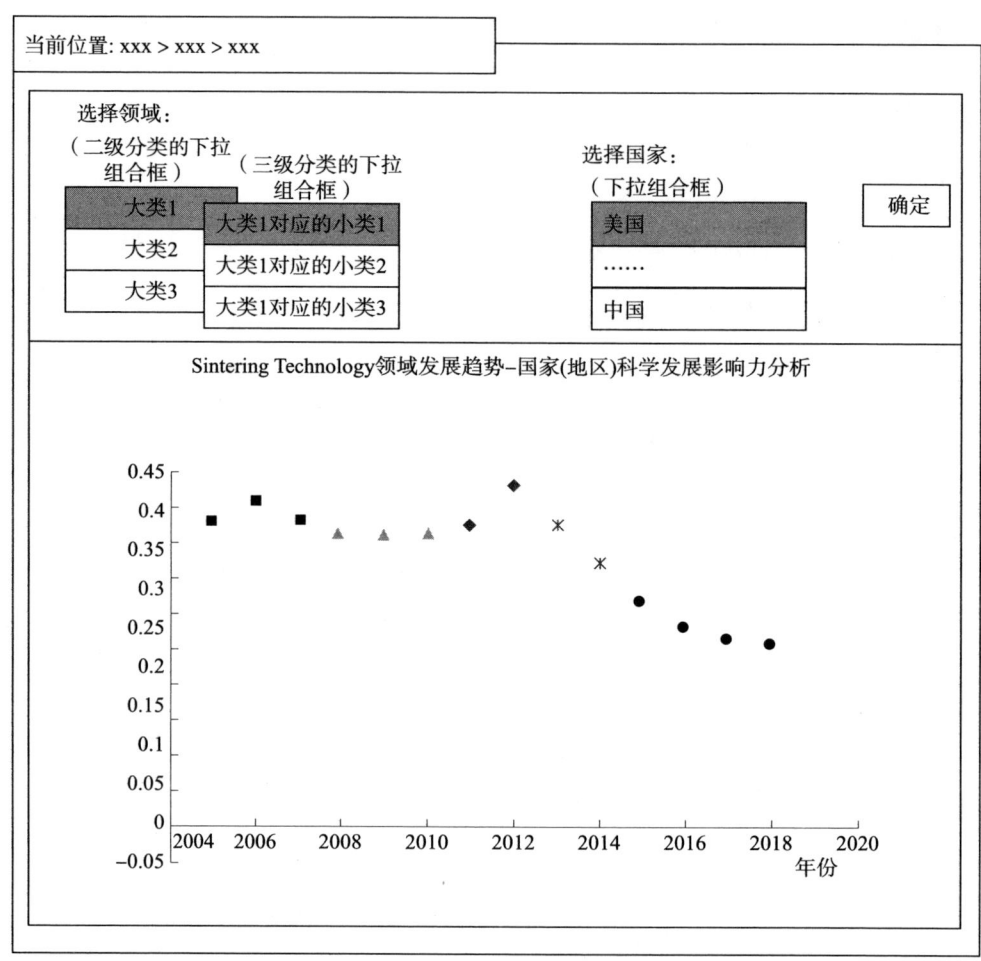

图5.8　国家（地区）科学发展影响力分析页面布局设计

说明：

① 在图5.8中，选择领域及指标后，点击"确定"按钮，显示下半部分的图形及说明。

数据来源：专家判断分析数据表、科学影响力国家数据表。

字段说明：专家判断分析数据表，包括技术领域、年份、阶段（阶段1~阶段5）；

科学影响力国家数据表，包括技术领域、年份、影响力、国家。

② 图5.8中的坐标图仅为显示样例，不是真实数据。

③ "国家"组合框的取值数据来源：国家数据表。

5.2.4 技术发展与产业发展阶段关联趋势

1. 技术发展热度与产业发展阶段关联趋势

（1）总体分析

本模块针对选定的三级技术领域，以年度专利数量与该技术领域的上级领域形成的专利总体年度数量的比值为分析指标，根据其比值变化情况，分析该新兴技术的发展过程及趋势，如图 5.9 所示。

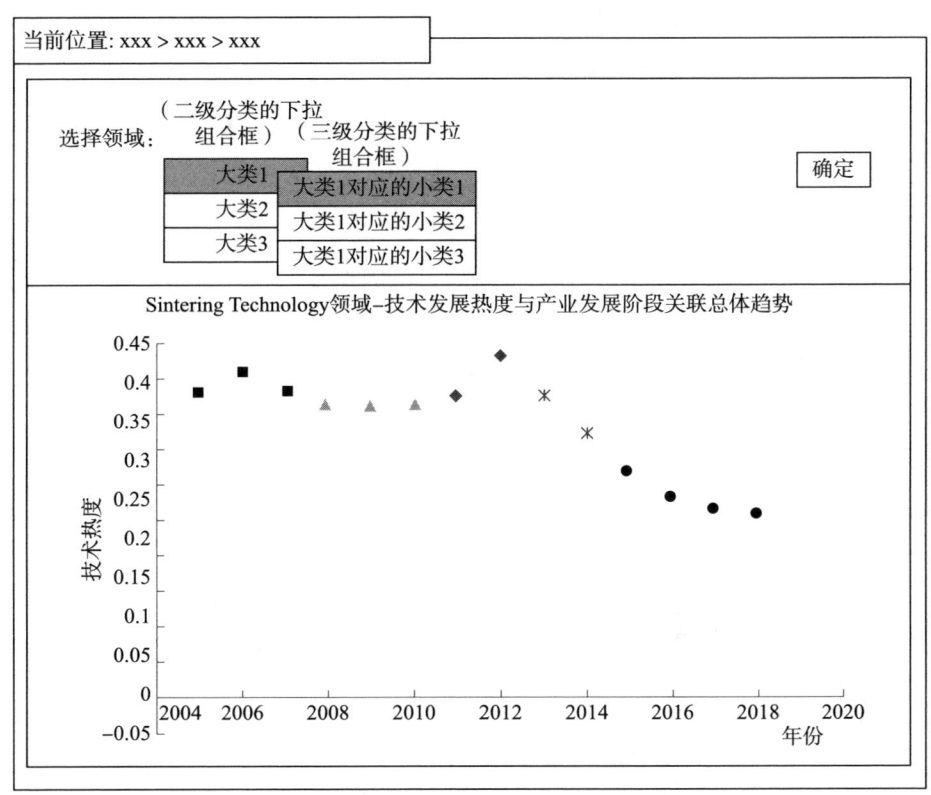

图 5.9　技术发展热度与产业发展阶段关联总体趋势页面布局设计

说明：
① 在图 5.9 中，选择领域及指标后，点击"确定"按钮，显示下半部分的图形及说明。
数据来源：专家判断分析数据表、技术热度总体数据表。
引用字段说明：专家判断分析数据表，包括技术领域、年份、阶段（阶段 1~阶段 5）；
　　　　　　　技术热度总体数据表，包括技术领域、年份、专利数量。
② 图 5.9 中的坐标图仅为专利数量占比数据的展示，以及专家判断的技术发展阶段的标注信息。

(2) 国家（地区）分析

针对选定的技术领域，以某国家（地区）的年度专利数量与该技术领域的所有国家形成的专利年度总体数量的比值为分析指标，根据其比值变化情况，分析该新兴技术的发展过程及趋势，如图5.10所示。

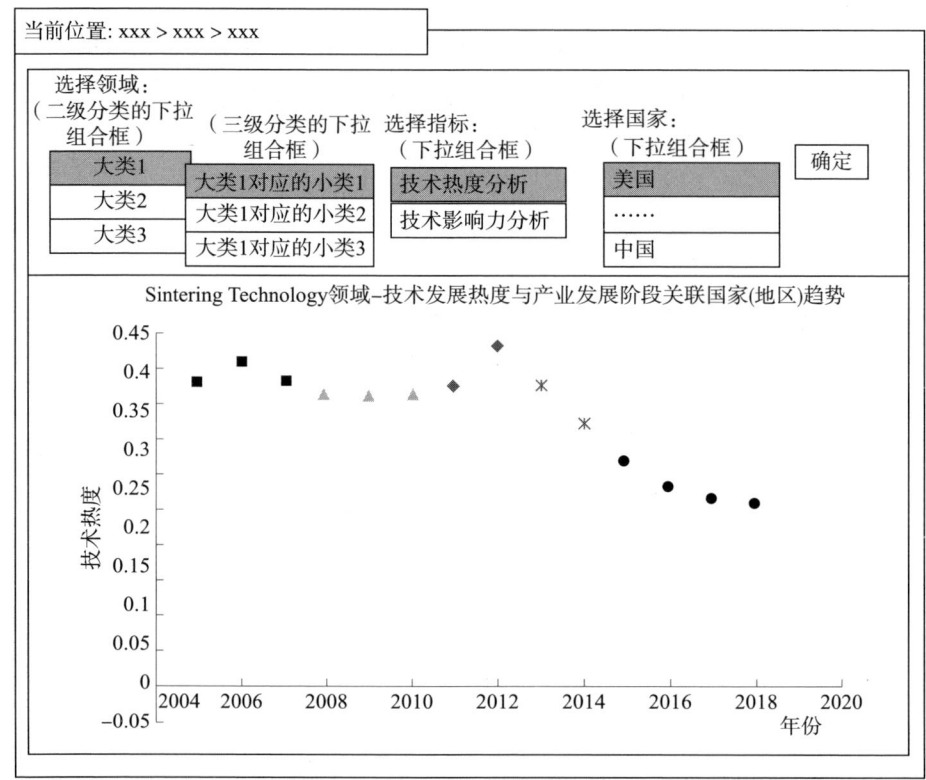

图5.10 技术发展热度与产业发展阶段关联国家（地区）趋势页面布局设计

说明：

① 在图5.10中，选择领域及指标后，点击"确定"按钮，显示下半部分的图形及说明。

数据来源：专家判断分析数据表、技术热度总体数据表。

引用字段说明：专家判断分析数据表，包括技术领域、年份、阶段（阶段1～阶段5）；
技术热度总体数据表，包括技术领域、年份、专利数量。

② 图5.10中的坐标图仅为显示样例，以及专家判断的技术成长阶段的标注信息，但没有进行评级标准的标识。

③ "国家"组合框的取值数据来源：国家数据表。

2. 技术影响力分析

(1) 总体分析

针对选定的技术领域，以发明人的专利年度平均被引频次为指标，分析该新兴技术的发展过程及趋势，如图 5.11 所示。

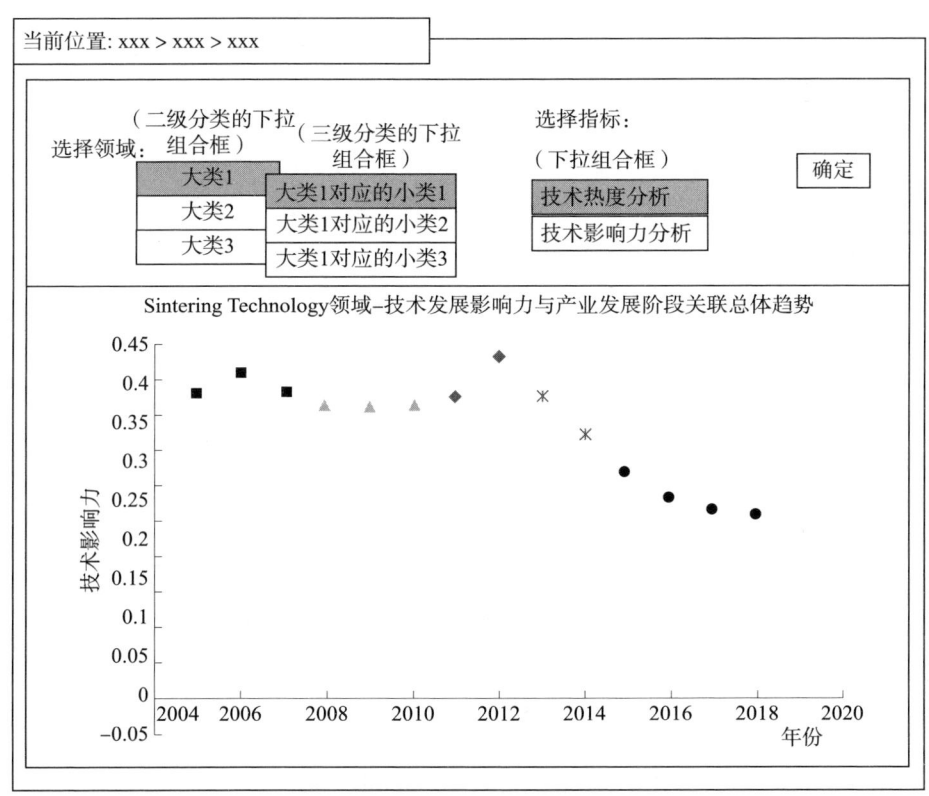

图 5.11　技术发展影响力与产业发展阶段关联总体趋势页面布局设计

说明：
① 在图 5.11 中，选择领域及指标后，点击"确定"按钮，显示下半部分的图形及说明。
数据来源：专家判断分析数据表、技术影响力总体数据表。
引用字段说明：专家判断分析数据表，包括技术领域、年份、阶段（阶段 1~阶段 5）；
　　　　　　　技术影响力总体数据表，包括技术领域、年份、平均被引频次。
② 图 5.11 中的坐标图仅为显示样例，不是真实数据。

(2) 国家（地区）分析

针对选定的技术领域，以某个国家（地区）的论文年度平均被引频次为指标，分析该新兴技术的发展过程及趋势，如图 5.12 所示。

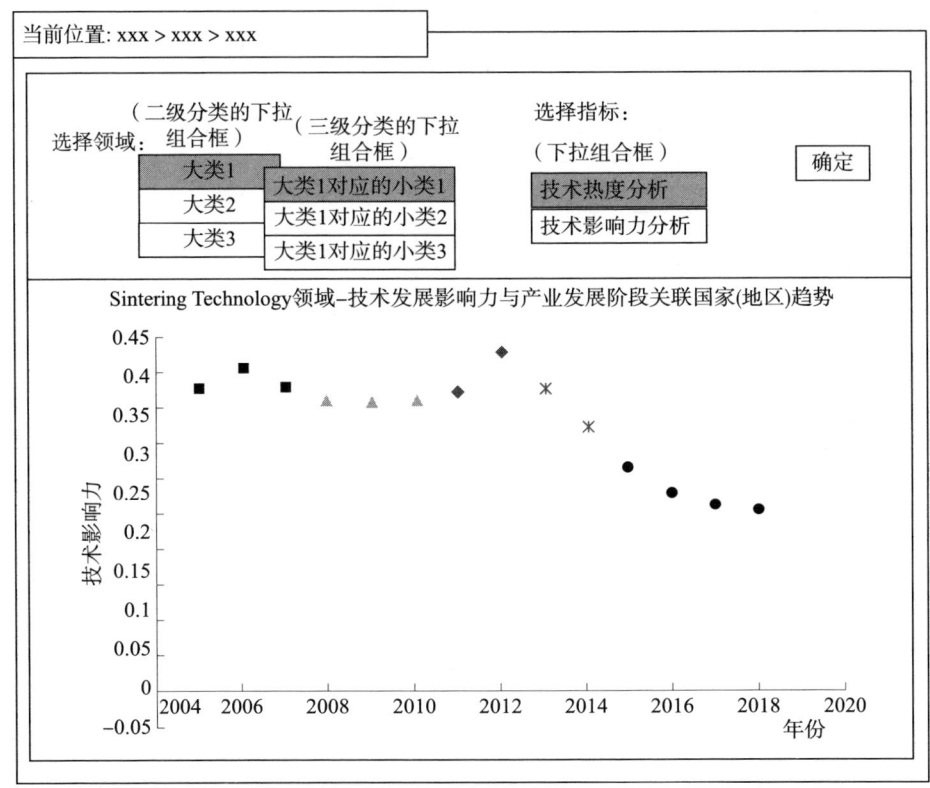

图 5.12 技术发展影响力与产业发展阶段关联国家（地区）趋势页面布局设计

说明：

① 在图 5.12 中，选择领域及指标后，点击"确定"按钮，显示下半部分的图形及说明。

数据来源：专家判断分析数据表、技术影响力国家数据表。

引用字段说明：专家判断分析数据表，包括技术领域、年份、阶段（阶段1~阶段5）；
技术影响力国家数据表，包括技术领域、年份、平均被引频次、国家。

② 图 5.12 中的坐标图仅为显示样例，不是真实数据。

③ "国家"组合框的取值数据来源：国家数据表。

5.2.5 科学与技术发展关联聚类监测

1. 科学热度与技术热度关联聚类监测

（1）总体分析

对于选定的技术领域，有两类数据：专利的年度数量和论文的年度数量。本模块针对专利和论文的年度数量综合分布数据，画出散点图，并以此判断该技术领域的发展状态。在散点图中，设定专利和论文的中值或平均值，将散点图划分为4个象限，以此反映科学和技术发展的均衡状态，如图5.13所示。

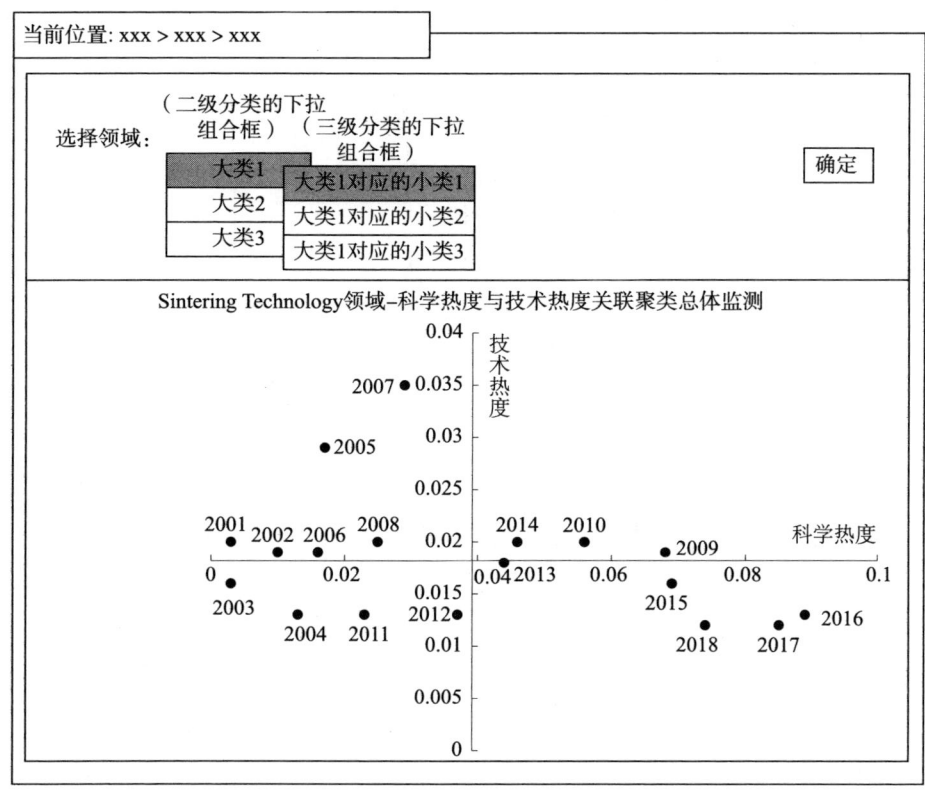

图 5.13　科学热度与技术热度关联聚类总体监测页面布局设计

说明：

① 在图5.13中选择技术领域后，点击"确定"按钮，显示下半部分的图形及说明。

数据来源：科学热度总体数据表、技术热度总体数据表。

引用字段说明：科学热度总体数据表，包括技术领域、年份、热度；
　　　　　　　技术热度总体数据表，包括技术领域、年份、热度。

② 图5.13中的坐标图仅为显示样例，不是真实数据。

③ 图中的横坐标与纵坐标交叉点的取值为论文和专利汇总数据的平均值。

（2）国家（地区）分析

对于选定的技术领域，有两类数据：国家（地区）专利的年度数量和国家（地区）论文的年度数量。本模块针对国家（地区）专利和论文的年度数量综合分布数据，画出散点图，并以此判断该技术领域的发展状态。在散点图中，设定专利和论文的中值或平均值，将散点图划分为 4 个象限，以此反映科学和技术发展的均衡状态，如图 5.14 所示。

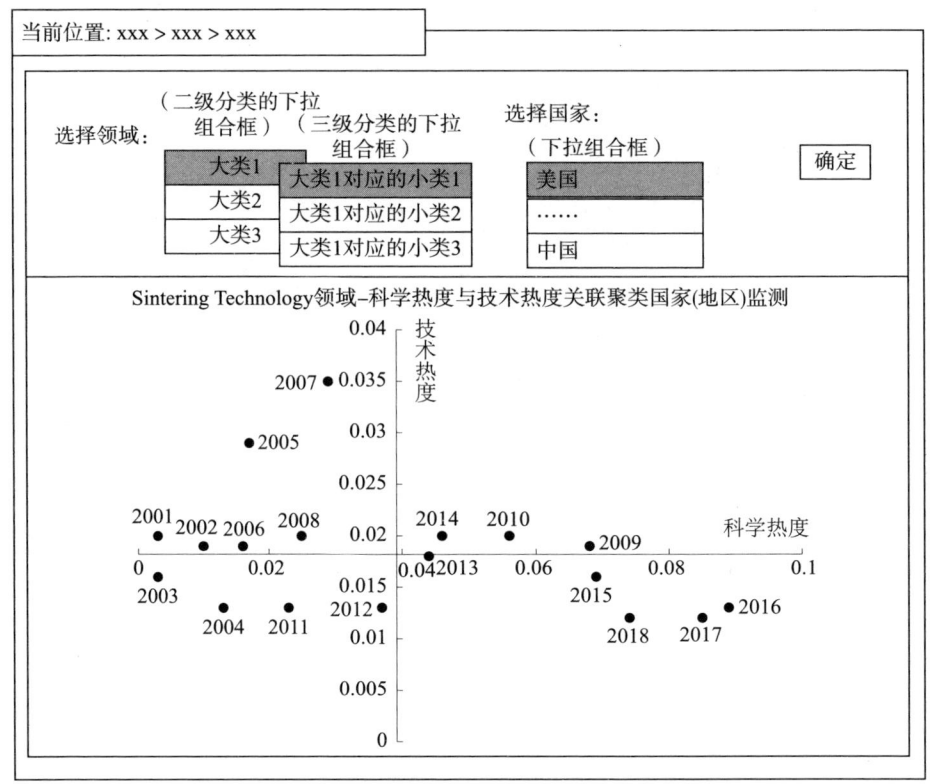

图 5.14　科学热度与技术热度关联聚类国家（地区）监测页面布局设计

说明：

① 在图 5.14 中，选择技术领域后，点击"确定"按钮，显示下半部分的图形及说明。

数据来源：科学热度国家数据表、技术热度国家数据表。

引用字段说明：科学热度国家数据表，包括技术领域、年份、热度、国家；

　　　　　　　技术热度国家数据表，包括技术领域、年份、热度、国家。

② 图 5.14 中的坐标图仅为显示样例，不是真实数据。

③ "国家"组合框的取值数据来源：国家数据表。

2. 科学影响力与技术影响力聚类关联分析

（1）总体分析

对于选定的技术领域，有两类数据：专利的年度平均被引频次和论文的年度平均被引频次。本模块针对专利和论文的平均被引频次数据，画出散点图，并以此判断该技术领域的发展状态。在散点图中，设定专利和论文被引频次的中值或平均值，将散点图划分为 4 个象限，以此反映科学和技术发展的均衡状态，如图 5.15 所示。

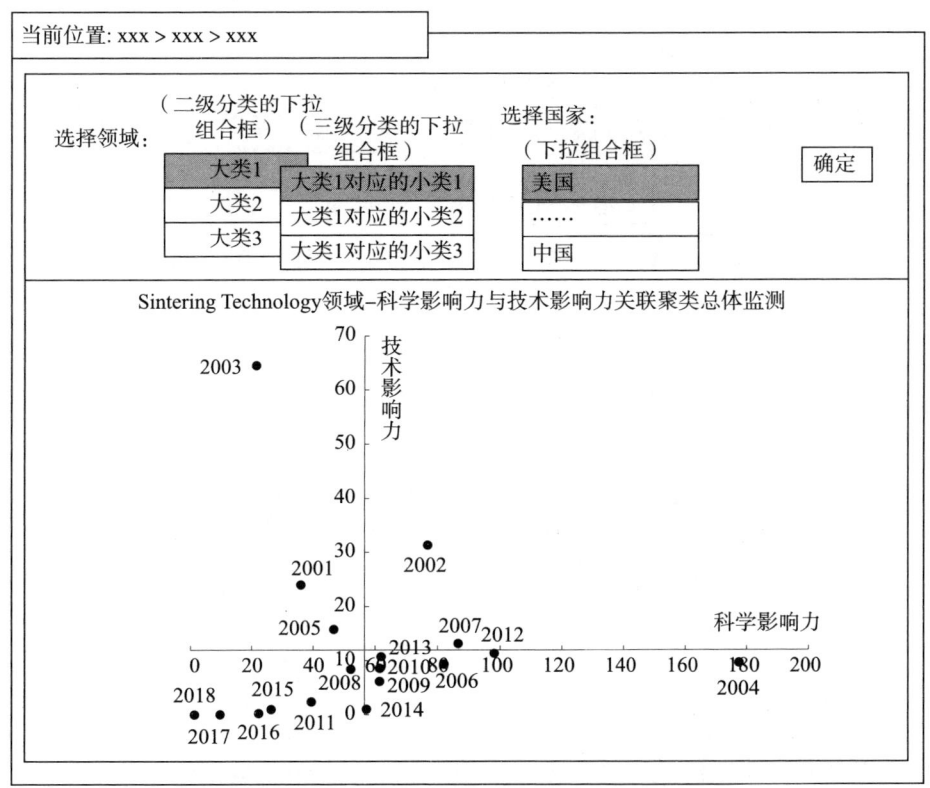

图 5.15　科学影响力与技术影响力关联聚类总体监测页面布局设计

说明：

① 在图 5.15 中，选择技术领域后，点击"确定"按钮，显示下半部分的图形及说明。

数据来源：科学影响力总体数据表、技术影响力总体数据表。

引用字段说明：科学影响力总体数据表，包括技术领域、年份、热度；
　　　　　　　技术影响力总体数据表，包括技术领域、年份、热度。

② 图 5.15 中的象限图仅为显示样例，不是真实数据。

（2）国家（地区）分析

对于选定的技术领域，有两类国家（地区）数据：专利的年度平均被引频次和论文的年度平均被引频次。本模块针对国家（地区）专利和论文的平均被引频次数据，画出散点图，并以此判断该技术领域的发展状态。在散点图中，设定专利和论文被引频次的中值或平均值，将散点图划分为 4 个象限，以此反映科学和技术发展的均衡状态，如图 5.16 所示。

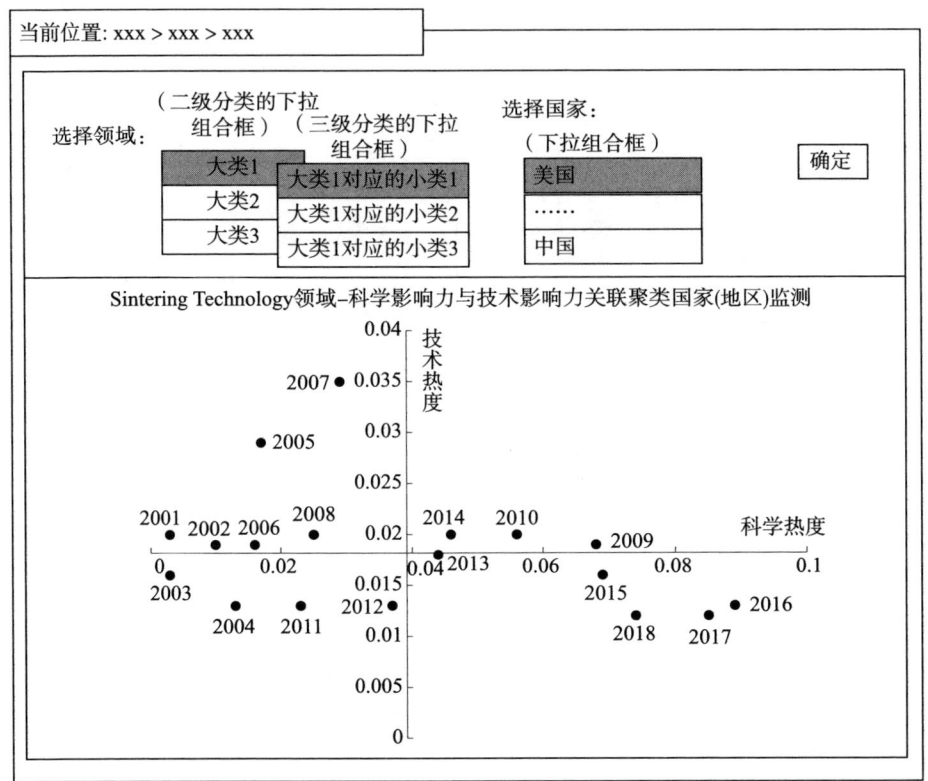

图 5.16 科学影响力与技术影响力关联聚类国家（地区）监测页面布局设计

说明：
① 在图 5.16 中，选择技术领域后，点击"确定"按钮，显示下半部分的图形及说明。
数据来源：科学影响力国家数据表、技术影响力国家数据表。
引用字段说明：科学影响力国家数据表，包括技术领域、年份、热度；
　　　　　　　技术影响力国家数据表，包括技术领域、年份、热度。
② 图 5.16 中的象限图仅为显示样例，不是真实数据。
③ "国家"组合框的取值数据来源：国家数据表。

5.2.6 监测报告

① 显示总监测报告列表，点击列表链接，展示监测报告内容。
② 显示子系统监测报告列表，点击列表链接，展示监测报告内容。

5.2.7 系统简介

① 显示系统总简介内容。

② 显示子系统简介内容。

5.2.8 系统管理

1. 人员管理

人员的增加、删除、修改；人员仅分管理员和专家两个类别，以 1 和 2 分别表示。

2. 系统简介管理

系统简介信息的编辑。调用文本编辑器工具包或插件，能够进行文本编辑。

3. 监测报告管理

监测报告的上传、删除。

4. 系统控制参数设置

（1）年份的维护

控制图 5.4 中的起始年份和结束年份的值。

（2）领域的增加

单条记录增加或批量增加，均可以作为选项。

5. 数据的批量导入

表 5.6～表 5.13 对应数据表的导入。

5.2.9 系统登录

使用后台数据管理，合法注册的人员（专家）可以进入系统操作。

5.3 数据库构建

5.3.1 专家信息数据表

专家信息数据见表 5.1。

表 5.1 专家信息数据（Expert_List）

序号	列名	数据类型	允许空	含义	备注
1	ID	int	否	主 ID	自增
2	Name	varchar（100）	是	姓名	
3	Birth_Year	int	是	出生年份	
4	Sex	varchar（50）	是	性别	
5	People	varchar（50）	是	民族	
6	Institution	varchar（50）	是	单位	
7	Professional_Title	varchar（50）	是	职称	
8	Administrative_duty	varchar（50）	是	行政职务	
9	City	varchar（50）	是	城市	
10	Province	varchar（50）	是	省、自治区、直辖市	
11	Address	varchar（50）	是	通信地址	
12	Zip	varchar（50）	是	邮政编码	
13	Highest degree	varchar（50）	是	最高学位	
14	Degree date	varchar（50）	是	授予时间	
15	University	varchar（50）	是	授予学校	
16	Honorary_Reward	varchar（500）	是	荣誉及奖励	
17	Tel	varchar（50）	是	联系电话	
18	Email	varchar（50）	是	电子邮箱	
19	Class	varchar（max）	是	专家熟悉的技术领域	

说明：本表名字包含中英文，其中英文为数据库中数据表名字，以下不再赘述。

5.3.2 技术领域分类表

技术领域分类见表 5.2。

表 5.2 技术领域分类（Dict_Class）

序号	字段名	数据类型	允许空	含义	备注
1	ID	int	0	主 ID	
2	Code	varchar（50）	1	分类号	
3	Class	varchar（100）	1	英文名	
4	Subsys	varchar（50）	1	一级分类标识	

Subsys：一级分类，分别用 001 标识人工智能，用 002 标识 3D 打印技术，

用003标识碳纳米管和石墨烯。

Class：二级分类用3位数字字符表示；三级分类用二级分类+3位数字字符表示；系统中使用技术分类的英文名称表示；在"系统简介"模块中展示技术分类的中英文对照。具体分类数据见表5.3。

表5.3　技术领域分类数据表的数据记录

Class	Code	Subsys
Speech Recognition	001	001
Speech Recognition	001001	001
Visual Recognition	002	001
Human Body Static Character Recognition	002001	001
Human Body Activity Character Recognition	002002	001
Affective Recognition	002003	001
Content and Scene Recognition	002004	001
Character Recognition	002005	001
Spatial Recognition	002006	001
Cognitive Science and Virtual Reality	002007	001
Natural Language Processing	003	001
Natural Language Processing	003001	001
Algorithm and Platform	004	001
Machine Learning	004001	001
Neural Network	004002	001
Control and Decision	004003	001
Intelligent Learning	004004	001
Inference	004005	001
Computing and Algorithm	004006	001
Framework and Platform	004007	001
Others	004008	001
Intelligent Driving	005	001
Intelligent Driving	005001	001
Big Data	006	001
Big Data Acquisition	006001	001
Big Data Pretreatment	006002	001
Distributed File System and Database	006003	001

续表

Class	Code	Subsys
Access Interface and Query Language	006004	001
Big Data Computing Model and System	006005	001
Big Data Analysis and Mining	006006	001
Big Data Visualization	006007	001
Big Data Privacy and Security	006008	001
Big Data Application	006009	001
Cloud Computing	007	001
Cloud Computing	007001	001
Curing Technology	001	002
Curing Technology	001001	002
Sintering Technology	002	002
Sintering Technology	002001	002
Bonding Technology	003	002
Spray Bonding Technology	003001	002
Wire Melt Bonding Technology	003002	002
Silk Melt Bonding Technology	003003	002
Powder or Granular Melt Bonding Technology	003004	002
Deposition Technology	004	002
Energy Deposition Technology	004001	002
Powder Bed Fusion Deposition Technology	004002	002
Plate Laminated Technology	005	002
Plate Laminated Technology	005001	002
Vat Photopolymerization	006	002
Vat Photopolymerization	006001	002
3D others	007	002
3D Bioprinting	007001	002
3D Food Printing	007002	002
CNTs Architectural Research	001	003
CNTs Characterization Technology	001001	003
CNTs Preparation Process Research	002	003
CNTs Preparation Technology	002001	003

续表

Class	Code	Subsys
CNTs Purification Technology	002002	003
CNTs Modification Technology	002003	003
CNTs Performance and Application Research	003	003
CNTs Performance and Application	003001	003
Graphene Architectural Research	004	003
Graphene Characterization Technology	004001	003
Graphene Preparation Process Research	005	003
Graphene Preparation Technology	005001	003
Graphene Purification Technology	005002	003
Graphene Modification Technology	005003	003
Graphene Performance and Application Research	006	003
Graphene Performance and Application	006001	003

说明：Subsys 取值 001、002、003，分别对应三个子系统；Code 字段的长度为 3，表示 Subsys 字段取值对应子系统的二级分类；Code 字段的长度为 6，表示 Subsys 字段取值对应子系统的三级分类。

5.3.3 专家判断分析数据表

专家判断分析数据见表 5.4。

表 5.4 专家判断分析数据（Expert_Judge）

序号	列名	数据类型	允许空	含义	备注
1	ID	int	否	主 ID	自增
2	Class	varchar（100）	是	技术领域	
3	Year	varchar（50）	是	年份	
4	Expert	varchar（50）	是	专家	
5	Stage	int	是	研发阶段	A～E

5.3.4 国家数据表

国家数据见表 5.5。

表5.5 国家数据（Country）

序号	列名	数据类型	允许空	含义	备注
1	ID	int	否	主ID	自增
2	Country	varchar（50）	是	国家（地区）	

5.3.5 科学热度总体数据表

科学热度总体数据见表5.6。

表5.6 科学热度总体数据（Paper_HotDegree）

序号	列名	数据类型	允许空	含义	备注
1	ID	int	否	主ID	自增
2	Class	varchar（100）	是	技术领域	
3	Year	varchar（50）	是	年份	
4	Hot_degree	decimal（18,3）	是	热度	

5.3.6 技术热度总体数据表

技术热度总体数据见表5.7。

表5.7 技术热度总体数据（Patent_HotDegree）

序号	列名	数据类型	允许空	含义	备注
1	ID	int	否	主ID	自增
2	Class	varchar（100）	是	技术领域	
3	Year	varchar（50）	是	年份	
4	Hot_degree	decimal（18,3）	是	热度	

5.3.7 国家科学热度数据表

国家科学热度数据见表5.8。

表5.8 国家科学热度数据（Paper_Country_HotDegree）

序号	列名	数据类型	允许空	含义	备注
1	ID	int	否	主ID	自增
2	Class	varchar（100）	是	技术领域	

续表

序号	列名	数据类型	允许空	含义	备注
3	Year	varchar（50）	是	年份	
4	Hot_degree	decimal（18，3）	是	热度	
5	Country	varchar（50）	是	国家（地区）	

5.3.8　国家技术热度数据表

国家技术热度数据见表5.9。

表5.9　国家技术热度数据（Patent_Country_Hot Degree）

序号	列名	数据类型	允许空	含义	备注
1	ID	int	否	主ID	自增
2	Class	varchar（100）	是	技术领域	
3	Year	varchar（50）	是	年份	
4	Hot_degree	decimal（18，3）	是	热度	
5	Country	varchar（50）	是	国家（地区）	

5.3.9　科学影响力总体数据表

科学影响力总体数据见表5.10。

表5.10　科学影响力总体数据（Paper_Influence）

序号	列名	数据类型	允许空	含义	备注
1	ID	int	否	主ID	自增
2	Class	varchar（100）	是	技术领域	
3	Year	varchar（50）	是	年份	
4	Influence	decimal（18，3）	是	影响力	

5.3.10　技术影响力总体数据表

技术影响力总体数据见表5.11。

表 5.11　技术影响力总体数据（Patent_Influence）

序号	列名	数据类型	允许空	含义	备注
1	ID	int	否	主 ID	自增
2	Class	varchar（100）	是	技术领域	
3	Year	varchar（50）	是	年份	
4	Influence	decimal（18，3）	是	影响力	

5.3.11　国家科学影响力数据表

国家科学影响力数据见表 5.12。

表 5.12　国家科学影响力数据（Paper_Country_Influence）

序号	列名	数据类型	允许空	含义	备注
1	ID	int	否	主 ID	自增
2	Class	varchar（100）	是	技术领域	
3	Year	varchar（50）	是	年份	
4	Influence	decimal（18，3）	是	影响力	
5	Country	varchar（50）	是	国家（地区）	

5.3.12　国家技术影响力数据表

国家技术影响力数据见表 5.13。

表 5.13　国家技术影响力数据（Patent_Country_Influence）

序号	列名	数据类型	允许空	含义	备注
1	ID	int	否	主 ID	自增
2	Class	varchar（100）	是	技术领域	
3	Year	varchar（50）	是	年份	
4	Influence	decimal（18，3）	是	影响力	
5	Country	varchar（50）	是	国家（地区）	

5.3.13 账户表

账户内容见表 5.14。

表 5.14 账户（Account）

序号	列名	数据类型	允许空	含义	备注
1	ID	int	否	主 ID	
2	Name	varchar（20）	是	账户名	邮箱名
3	Pwd	varchar（20）	是	密码	
4	PersonName	varchar（20）	是	人员姓名	
5	IsCancel	int	是	是否注销	

5.3.14 系统简介表

系统简介见表 5.15。

表 5.15 系统简介（Introduction）

序号	列名	数据类型	允许空	含义	备注
1	ID	int	否	主 ID	
2	Code	varchar（50）	否	编码	
3	Abstract	text	是	摘要	
4	Date	datetime	是	日期	
5	Title	nvarchar（100）	是	标题	

说明：Code 与 Title 字段值的内容对照见表 5.16。

表 5.16 Code 与 Title 字段值的内容对照

序号	Code	Title	备注
1	000	系统总简介	
2	101	人工智能技术	监测简介
3	102	3D 打印技术	监测简介
4	103	碳纳米管和石墨烯技术	监测简介

5.3.15 监测报告表

监测报告见表 5.17。

表 5.17 监测报告（Monitor Report）

序号	列名	数据类型	允许空	含义	备注
1	ID	int	否	主 ID	
2	Subsystem	varchar（50）	否	编码	
3	Path	nvarchar（500）	是	存储路径	
4	Date	datetime	是	日期	
5	Title	nvarchar（100）	是	标题	可与文件名相同

说明：Subsystem 字段值（用于控制监测报告在指定子系统中显示）的内容对照见表 5.18。

表 5.18 Subsystem 字段值

序号	Subsystem	备注
1	001	人工智能技术
2	002	3D 打印技术
3	003	碳纳米管和石墨烯技术

第6章 新兴技术与产业发展监测方法模型应用

6.1 新兴技术分类体系及检索策略构建

本研究通过对相关文献资料的调研分析,以及与该产业技术专家的访谈,初步确定了人工智能、3D打印、碳纳米管和石墨烯技术领域分类体系及各技术领域的关键词,制定出专利检索策略,对专利数据进行试下载,运用相关软件就试下载数据的标题与摘要进行关键词训练,通过与专家就训练结果进一步讨论,对各技术领域的关键词进行修改补充,最后确定专利检索策略。

6.1.1 文献调研与分析

本研究调研和分析的文献来源有:国际组织、主要科技大国和中国的政策规划类文件;与技术分类相关的标准、指南、指导手册、研究报告等文件;代表性SCI/SSCI论文及专利数据库。

(1)国际组织、主要科技大国和中国的政策规划类文件

本研究针对重点监测的三个新兴技术领域(人工智能、3D打印、碳纳米管和石墨烯),查阅了大量的相关政策性文件及科技文献,并且进行了系统的归纳和总结,形成了三个监测专题领域分类体系的基础性认识。

本研究参考的新兴技术领域主要政策性文件见表6.1~表6.4。

表6.1 主要国家或组织的部分政策性文件(人工智能领域)

序号	政策性文件名称(发布年份)	发布的组织
1	下一代互联网研究法案(P.L. 105-305)(1998)	美国网络和信息技术研发小组委员会
2	机器人技术路线图:从互联网到机器人(2013)	美国白宫

续表

序号	政策性文件名称（发布年份）	发布的组织
3	推动创新神经技术脑研究计划（2013）	美国白宫
4	新版美国国家创新战略（2015）	美国国家经济委员会和科技政策办公室
5	国防2045：为国防政策制定者评估未来的安全环境及影响（2015）	美国战略与国际研究中心
6	为人工智能的未来做好准备（2016）	美国人工智能和机器学习委员会
7	国家人工智能研究和发展战略规划（2016）	
8	自动驾驶法案（SELF DRIVE ACT） 自动驾驶法案（AV START ACT）（2017）	美国国会
9	人工智能政策原则（2017）	美国信息产业理事会
10	人工智能战略（2018）	美国国防部
11	道路交通法第八修正案（含自动驾驶）（2017）	德国联邦参议院
12	人工智能：未来决策制定的机遇和影响（2016）	英国政府科技办公室
13	国家人工智能战略（2017）	法国
14	欧洲人工智能（2018）	欧盟委员会
15	人工智能协调计划（2018）	欧盟委员会
16	欧盟人工智能道德准则草案（2018）	欧盟人工智能高级别专家组（AI HLEG）
17	日本再兴战略（2013）	日本内阁
18	新机器人战略（2015）	日本经济产业省
19	科学技术创新战略（2016）	日本内阁
20	日本再兴战略（2016）	日本经济再生本部
21	第5期科学技术基本计划（含日本超智能社会5.0战略）（2017）	日本内阁
22	下一代人工智能推进战略（2017）	日本政府
23	新产业构造蓝图（2017）	日本经济产业省
24	科学、技术和创新综合战略（2017）	日本内阁
25	综合创新战略（2018）	日本内阁
26	未来投资战略（2018）	日本内阁
27	Exobrain 计划（2013）	韩国电子通信研究院

表 6.2 主要国家或地区的部分政策性文件（3D 打印、碳纳米管和石墨烯）

主要经济体	新材料发展规划	重点方向
美国	未来工业材料计划、国家纳米技术计划、光电子计划、光伏计划、下一代照明光源计划、先进汽车材料计划、建筑材料计划、材料基因组计划战略规划、先进伙伴制造计划、纳米材料研究战略等	保持全球新材料领域的全球领导地位，重点发展生命科学、信息技术、环境科学、航空航天和纳米技术
欧盟	地平线 2020 计划、欧洲冶金计划、尤里卡计划、第七科技框架计划等	着力推动催化剂、光学材料及光电材料、有机电子、磁性材料、仿生学、纳米生物技术、超导体、复合材料、生物医学材料及智能纺织材料十大领域的发展
俄罗斯	2030 年前材料与技术发展战略等	一方面力求保持在航空航天、能源、化工等材料领域的领先地位；另一方面大力发展对促进国民经济和提高国防实力有重要影响的电子信息、通信设施、计算机产业等所用的关键新材料
日本	科学技术基本计划、纳米材料计划、21 世纪之光计划、超级钢铁材料开发计划等	注重实用性，考虑环境、资源的协调发展；重点开发资源与环境协调的材料以及减轻环境污染且有利于再生利用的材料
韩国	新增长动力规划及发展战略、2025 规划	重点发展为了建立产业竞争力必需的材料及制造技术：高密度存储、生态、生物、纳米材料、碳材料、高性能结构材料等

表 6.3 中国的主要政策性文件（人工智能领域）

序号	政策性文件名称	发文单位
1	中华人民共和国促进科技成果转化法（2015 修订）	全国人大常委会
2	国家高新技术产业开发区"十三五"发展规划（2017）	科技部
3	国务院关于积极推进"互联网＋"行动的指导意见（2015）	国务院
4	国民经济与社会发展第十三个五年规划纲要（2016）	全国人大常委会
5	机器人产业发展规划（2016—2020 年）（2016）	工信部等
6	国家创新驱动发展战略纲要（2016）	国务院
7	"互联网＋"人工智能三年行动实施方案（2016）	发改委
8	"十三五"国家科技创新规划（2016）	国务院

续表

序号	政策性文件名称	发文单位
9	政府工作报告（2019）	国务院
10	新一代人工智能发展规划（2017）	国务院
11	促进新一代人工智能产业发展三年行动计划（2018—2020年）（2017）	工业和信息化部
12	高等学校人工智能创新行动计划（2018）	教育部
13	国务院关于积极推进"互联网+"行动的指导意见（2015）	国务院
14	国家机器人标准体系建设指南（2017）	国家标准化管理委员会等
15	中国制造2025（2015）	国务院
16	"十三五"国家战略性新兴产业发展规划（2016）	国务院

表6.4　中国的主要政策性文件（3D打印、碳纳米管和石墨烯）

序号	政策性文件名称	发文单位
1	中华人民共和国促进科技成果转化法（2015年修订）	全国人大常委会
2	国家高新技术产业开发区"十三五"发展规划（2017）	科技部
3	国民经济与社会发展第十三个五年规划纲要（2016）	全国人大常委会
4	政府工作报告（2019）	国务院
5	新一代人工智能发展规划（2017）	国务院
6	中国制造2025（2015）	国务院
7	新材料产业"十三五"发展规划	工信部等
8	"十三五"国家战略性新兴产业发展规划（2016）	国务院
9	新材料产业发展指南	工信部、发改委等
10	关于成立国家新材料产业发展领导小组的通知	国务院办公厅
11	"十三五"国家战略性新兴产业发展规划	国务院
12	有色金属工业发展规划（2016—2020年）	工信部
13	稀土行业发展规划（2016—2020年）	工信部
14	《中国制造2025》重点领域技术路线图	国家制造强国建设战略咨询委员会
15	关键材料升级换代工程实施方案	发改委、财政部等
16	高端智能再制造行动计划（2018—2020年）	工信部
17	增材制造（3D打印）产业发展行动计划（2017—2020年）	工信部、发改委等
18	增强制造业核心竞争力三年行动计划（2018—2020年）	发改委

（2）分类与检索指南相关文献（表 6.5）

表 6.5　分类与检索指南相关文献

序号	分类与检索指南相关文献名称	作者/发布机构
1	战略性新兴产业专利检索手册（第二版）	陈仲伯
2	国家重点支持的高新技术领域（2011—2018 年）	科技部、财政部、国家税务总局
3	战略性新兴产业重点产品和服务指导目录（2016）	发改委
4	2017 年我国人工智能领域专利主要统计数据报告	国家知识产权局规划发展司
5	2018 年智能机器人研究报告（前沿版）	清华大学
6	2018 人工智能产业创新评估白皮书	国家工业信息安全发展研究中心
7	2018 人工智能行业创新情报白皮书	智慧芽
8	2018 世界人工智能产业发展蓝皮书	中国信息通信研究院
9	大数据白皮书（2018 年）	中国信息通信研究院
10	2016—2045 年新兴科技趋势报告	美国陆军副助理部长办公室（研究与技术）- ODASA（R&T）
11	国际主要产业技术发展报告 2018	钟永恒
12	Gartner：2018 人工智能技术成熟度曲线	Gartner
13	人工智能标准化白皮书（2018 版）	中国电子技术标准化研究院
14	2018 中国人工智能商业落地研究报告	亿欧智库
15	人工智能对全球经济影响的模拟计算（2018）	麦肯锡
16	2018 联合国 AI 报告：发展 4.0（英文原版）	联合国开发计划署
17	高盛人工智能报告（中文版）（2018）	高盛
18	G20 科研发展之人工智能专题	中国科学院文献情报中心、科睿唯安
19	中国人工智能发展报告 2018	清华大学中国科技政策研究中心
20	智能数据白皮书 2017	SocialBeta
21	AI 时代，10 年之后我们还能干什么？（2017）	中金公司（CICC）
22	云计算标准化白皮书（2013）	中国电子技术标准化研究院
23	人工智能影响力报告（2017）	字节跳动
24	云计算和人工智能产业应用白皮书 2018	清华大学互联网产业研究院

查阅的国内外科技文献及学术专著的数量见表 6.6。

表 6.6　各监测专题领域的科技文献、学术专著及调研报告查阅数量

序号	技术领域	国内外科技文献数	学术专著及调研报告数
1	人工智能	38	24
2	3D 打印	45	3
3	碳纳米管和石墨烯	32	4

本研究基于上述资料及进行企业调研的基础上，形成了对各专题监测领域的初步认识和了解，分析整理出各监测专题领域相关的关键性要素，如关键词、一般性技术分类、检索策略等，为下一个阶段的工作打下基础。

6.1.2　专家咨询

本研究在文献调研与分析的基础上，邀请国内外的专家，就总结的基础性资料进行针对性的咨询，这些相关领域的专家的来源具有代表性和广泛性，包括：中科院院士、985 重点高校的教授、国家重大项目负责人、国家重点实验室的研究员等。同时，本项目组也有普通研究人员。通过专家们的高水平的指导，本研究不断修正和完善对各专题研究领域分类体系的构建框架。

6.1.3　分类体系及检索策略初步构建

本研究在接受高水平专家的具体建议和指导，并且完善分类体系及检索策略的构建后，得到了相对成熟的各监测专题的分类体系，在此基础上对拟定的二级、三级子领域关键词进行多轮的科学引文数据库（SCI）的关键词检索和训练，不断增补和完善关键词词族，确定相对成熟的各子领域的关键词组合检索策略，初步构建各监测专题领域的分类体系。

6.1.4　专家论证

针对构建的相对成熟的分类体系及检索策略，本研究再次邀请国内外的知名专家（包括第二阶段受邀的部分专家）进行研讨及论证，再次接受高水平专家的建议和指导，对各专题领域的分类体系及检索策略进行修正与完善。

6.1.5　分类体系及检索策略确定

通过对各监测专题领域的二级、三级子领域关键词多轮的科学引文数据库

(SCI)的关键词检索和机器训练,不断增补和完善关键词词族,最后确定了各子领域的关键词组合检索策略。

1. 技术分类

本研究最终确定的人工智能技术领域的分类体系见表 6.7,包含 7 个二级分类、28 个三级分类。

表 6.7 人工智能技术领域分类的中英文对照

二级分类	三级分类
语音识别 Speech Recognition	语音识别 Speech Recognition
视觉识别 Visual Recognition	人体静态特征识别 Human Body Static Character Recognition
	人体行为特征识别 Human Body Activity Character Recognition
	情感识别 Affective Recognition
	内容与场景识别 Content and Scene Recognition
	字符识别 Character Recognition
	空间识别 Spatial Recognition
	认知科学与虚拟现实 Cognitive Science and Virtual Reality
自然语言处理 Natural Language Processing	自然语言处理 Natural Language Processing
算法及平台 Algorithm and Platform	机器学习 Machine Learning
	神经网络 Neural Network
	控制决策 Control and Decision

续表

二级分类	三级分类
算法及平台 Algorithm and Platform	知识学习 Intelligent Learning
	推理 Inference
	计算与算法 Computing and Algorithm
	框架及平台 Framework and Platform
	其他 AI Others
智能驾驶 Intelligent Driving	智能驾驶 Intelligent Driving
大数据 Big Data	大数据采集 Big Data Acquisition
	大数据预处理 Big Data Pretreatment
	分布式文件系统和数据库 Distributed File System and Database
	访问接口和查询语言 Access Interface and Query Language
	大数据计算模式与系统 Big Data Computing Model and System
	大数据分析挖掘 Big Data Analysis and Mining
	大数据可视化 Big Data Visualization
	大数据隐私与安全 Big Data Privacy and Security
	大数据应用 Big Data Application
云计算 Cloud Computing	云计算 Cloud Computing

本研究最终确定的 3D 打印技术领域的分类体系见表 6.8，包含 7 个二级分类、12 个三级分类。

表 6.8　3D 打印技术领域分类的中英文对照

二级分类	三级分类
固化技术 Curing Technology	固化技术 Curing Technology
烧结技术 Sintering Technology	烧结技术 Sintering Technology
粘结技术 Bonding Technology	喷射粘结技术 Spray Bonding Technology
	线材熔化粘结技术 Wire Melt Bonding Technology
	丝材熔化粘结技术 Silk Melt Bonding Technology
	粉末/粒状材料熔化粘结技术 Powder or Granular Melt Bonding Technology
沉积技术 Deposition Technology	能量沉积技术 Energy Deposition Technology
	粉末床融合沉积技术 Powder Bed Fusion Deposition Technology
板材层合技术 Plate Laminated Technology	板材层合技术 Plate Laminated Technology
还原光聚合 Vat Photopolymerization	还原光聚合 Vat Photopolymerization
其他 3D Others	生物打印技术 3D Bioprinting
	食品打印技术 3D Food Printing

本研究最终确定的碳纳米管和石墨烯技术领域的分类体系见表 6.9，包含 6 个二级分类、10 个三级分类。

表6.9 碳纳米管和石墨烯技术领域分类的中英文对照

二级分类	三级分类
碳纳米管结构研究 CNTs Architectural Research	表征技术 CNTs Characterization Technology
碳纳米管制备工艺研究 CNTs Preparation Process Research	制备技术 CNTs Preparation Technology
	纯化技术 CNTs Purification Technology
	改性技术 CNTs Modification Technology
碳纳米管性能与应用研究 CNTs Performance and Application Research	性能与应用研究 CNTs Performance and Application
石墨烯结构研究 Graphene Architectural Research	表征技术 Graphene Characterization Technology
石墨烯制备工艺研究 Graphene Preparation Process Research	制备技术 Graphene Preparation Technology
	纯化技术 Graphene Purification Technology
	改性技术 Graphene Modification Technology
石墨烯性能与应用研究 Graphene Performance and Application Research	性能与应用研究 Graphene Performance and Application

2. 检索策略

本研究构建的检索策略见附录1～附录3。

6.2 数据处理及本地数据库构建

本节涉及的数据处理包括四个环节：数据下载、数据字段精选、数据清理及数据统计分析，在数据处理的基础上，构建本地数据库。

6.2.1 数据下载概况

在选择既定数据源的基础上，本研究安排人员开展数据的下载，下载数据的基本情况见表 6.10。

表 6.10 三大新兴技术领域数据下载的基本情况

一级分类	SCI 论文（篇）	专利（件）
人工智能	519426	681988
3D 打印	27144	31830
碳纳米管与石墨烯	275792	99774
合计	822362	813592
存储空间合计	50G	

6.2.2 数据字段的精选

Web of Science 核心合集包含 60 多个字段，智慧芽公司的全球专利数据包含 87 个字段，对于本课题的研究而言，不是所有的字段均有意义。本研究结合研究需要，精选了部分字段作为数据分析的基础。精选后的数据表的字段见表 6.11、表 6.12。

表 6.11 Web of Science 核心合集精选字段及释义

序号	字段	释义	序号	字段	释义
1	AU	作者	14	Z9	被引频次总数
2	BA	书籍作者	15	PD	出版日期
3	CA	团体作者	16	PY	出版年
4	TI	文献标题	17	VL	卷
5	SO	出版物名称	18	IS	期
6	ID	Keywords_Plus	19	PN	子辑
7	AB	摘要	20	SU	增刊
8	C1	作者地址	21	SI	特刊
9	RP	通讯作者地址	22	BP	开始页
10	FU	基金资助机构和授权号	23	EP	结束页
11	CR	引用的参考文献	24	WC	Web_of_Science 类别
12	NR	引用的参考文献数	25	SC	学科类别
13	TC	被引频次计数			

表 6.12　智慧芽公司全球专利数据精选字段列表

序号	英文字段名	中文释义	序号	英文字段名	中文释义
1	PN	申请号	15	PA1	当前第一申请（专利权）人
2	TI	标题	16	PAN	当前申请（专利权）人数量
3	ABS	摘要	17	UR	当前第一申请（专利权）人地址
4	AN	申请日	18	IN	发明人
5	Year	申请年	19	IN1	第一发明人
6	PD	公开（公告）日	20	INN	发明人数量
7	IC	IPC 分类号	21	FCN3	3 年内被引用次数
8	EQ	简单同族	22	FCN5	5 年内被引用次数
9	FC	被引用专利	23	CLMS	权利要求
10	FCN	被引用专利数量	24	MCLM	独立权利要求
11	CD	引用专利	25	NPL	非专利引用文献
12	PR	优先权号	26	US	UPC 分类号
13	DPR	优先权日	27	EC	CPC 分类号
14	PA	当前申请（专利权）人	28	SLS	简单法律状态

6.2.3　数据清理

（1）无效数据清理

本研究中涉及的无效数据包括不完整数据和错误数据，本研究针对这两类情况，将其直接舍弃。

（2）数据去重

在数据处理过程中，本研究按对每一篇文章或每一件专利均增加一个 class 字段加以标识，将其赋值为所属的三级分类英文名称。因此，在进行数据去重处理时，对于论文数据，以"文章标题 + class"为唯一组合字段值，筛选并且删除重复数据记录；对于专利数据，以"专利申请号 + class"为唯一一组合字段值，筛选且删除重复数据记录。

经过数据有效性处理和去重处理之后，源数据的数据记录数变化情况见表 6.13。

表 6.13 数据清理后的记录数变化情况

类型	下载数据记录数	数据清理后的记录数	舍弃数据的占比
论文	822362	809992	1.5%
专利	813592	622673	23.5%

从表 6.13 可以看出，论文的舍弃数据比较少，占比为 1.5%；专利的舍弃数据比较多，占比为 23.5%，主要由于专利数据的重复率太高所致。

(3) 数据一致性处理

本课题研究过程中，主要涉及国家的标注标识问题。SCI/SSCI 论文所属国家的信息包含于作者的地址信息中，专利所属国家信息包含于发明人和申请人的地址信息之中，对于这些国家信息的提取和统一标识问题（以国家全称为统一标识），是一个工作量非常巨大的任务。本研究基于骨干成员在 SQL Server 环境中进行程序编写，完成此类非结构化或半结构化数据的提取、整理及分析，最终形成国家信息的统一标识。对于国家信息的标识，除完全没有任何信息外（为空），有五种标识情况，见表 6.14。

表 6.14 数据清理后的记录数变化情况

国家名称标识分类	数据举例
两位国家代码	US
三位国家代码	USA
国家全称	UNITED STATES
无信息，但含"州/省"全称信息	California
无信息，但含"州/省"简称信息	CA 100081

课题研究过程中，忽略国家名称的大小写不一致的情况。

6.2.4 数据统计分析

本研究基于上述源数据的处理，得到可进行统计分析的论文和专利数据。在此基础上展开的统计分析主要包括：按新兴技术领域三级子领域，对国家、机构（申请人）、作者（发明人）进行汇总分析及排名，对高被引论文（专利）进行汇总分析及排名，等等。我们将统计分析后的数据存储于两个数据表：论文汇总统计数据表、专利汇总统计数据表。

6.2.5 本地数据库构建

经过上述数据处理环节形成的两个汇总统计数据表，需要经过进一步的查询统计分析后，才能够为新兴技术与产业发展监测系统直接使用，即形成最终的本地数据库。本地数据库中核心数据表的数据记录信息见表6.15。

表6.15 三大新兴技术领域核心数据表的数据记录情况

序号	表名	记录数
1	三级分类下科学影响力国家数据表	21341
2	三级分类下科学影响力总体数据表	900
3	三级分类下科学热度国家数据表	21341
4	二级分类下科学热度国家数据表	4401
5	三级分类下科学热度总体数据表	900
6	二级分类下科学热度总体数据表	56
7	三级分类下技术影响力国家数据表	10214
8	三级分类下技术影响力总体数据表	942
9	三级分类下技术热度国家数据表	10214
10	二级分类下技术热度国家数据表	935
11	三级分类下技术热度总体数据表	942
12	二级分类下技术热度总体数据表	57

6.3 新兴技术产业发展阶段的专家判断

开展新兴技术产业发展阶段的专家判断，需要做好两个前提工作：新兴技术产业发展阶段的确定、新兴技术产业发展阶段的专家遴选。本环节依据前述确定的新兴技术产业发展的五个阶段（研发、初创、成长、扩张和成熟）以及专家遴选办法，实现此项工作。

本研究以3D打印技术领域的3D Bioprinting三级领域技术为例，应用新兴技术与产业发展监测方法模型来说明科学热度与产业发展阶段关联监测。其中产业发展阶段的专家判断结论见表6.16。

表 6.16　3D Bioprinting 技术产业发展阶段的专家判断结论

年份	2001	2002	2003	2004	2005	2006	2007	2008	2009	2010	2011	2012	2013	2014	2015	2016	2017	2018
阶段	■	■	■	■	▲	▲	▲	▲	◆	◆	◆	★	★	★	●	●	●	●

注：■为研发阶段，▲为初创阶段，◆为成长阶段，★为扩张阶段，●为成熟阶段。

6.4　科学发展与产业发展阶段关联监测

6.4.1　科学热度与产业发展阶段关联监测

1. 总体监测

图 6.1 所示为 3D Bioprinting 技术领域的科学发展热度与产业发展阶段关联趋势的监测结果。

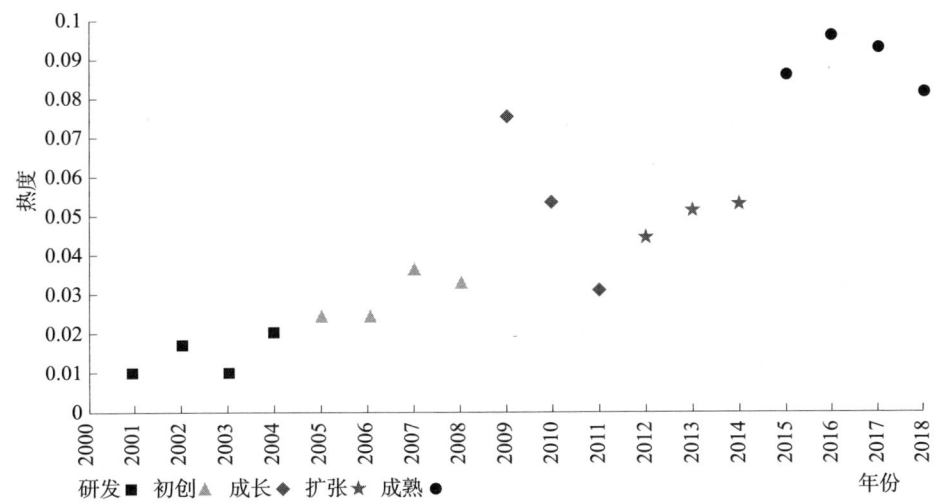

图 6.1　科学发展热度与产业发展阶段关联趋势（3D Bioprinting 技术领域）

从图 6.1 可以得出如下信息：

① 对于 3D Bioprinting 产业的发展而言，2000—2004 年为研发阶段，2005—2008 年为初创阶段，2009—2011 年为成长阶段，2012—2014 年为扩张阶段，2015—2018 年为成熟阶段。

② 3D Bioprinting 技术领域的科学热度，并不是遵循 S 曲线的增长规律，而是在成长阶段经历了 3 年的回调后才重拾升势。

③ 3D Bioprinting 技术领域的科学热度经历产业发展的成熟期之后,开始缓慢降温,但这并不能说明 3D Bioprinting 产业发展进入衰退期,也有可能是短暂的波动。

④ 3D Bioprinting 技术领域科学热度在产业发展的成熟期表现突出,热度最高值约 0.09。

2. 国别监测

图 6.2 所示为 3D Bioprinting 技术领域的科学热度与产业发展阶段关联趋势国别监测结果。

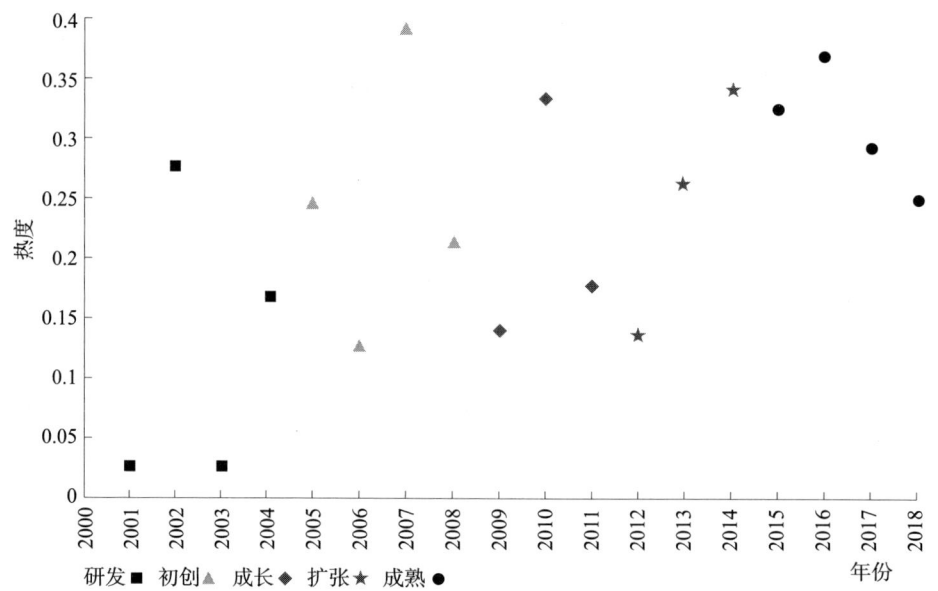

图 6.2 科学热度与产业发展阶段关联趋势（3D Bioprinting 技术领域,美国）

从图 6.2 可以得出如下信息：

① 美国 3D Bioprinting 产业发展的初创阶段,科学热度达到峰值,说明此阶段的科学研究形成积累效应。

② 3D Bioprinting 产业发展仅在扩张阶段呈现上升趋势,表明科学研究的热度与产业发展趋势趋同。

③ 3D Bioprinting 技术领域在 2005—2018 年的科学热度波动幅度不大,如以热度平均值 0.25 为中线,则波动幅度为 ±0.12。

6.4.2 科学影响力与产业发展阶段关联监测

本研究选取监测得到的美国 3D Bioprinting 技术领域的科学热度,来说明本研究对主要国家的科学发展的监测过程及结果,下述涉及的国别监测也以美国 3D Bioprinting 技术领域为例,不再赘述。

1. 总体监测

图 6.3 所示为 3D Bioprinting 技术领域的科学影响力与产业发展阶段关联趋势的监测结果。

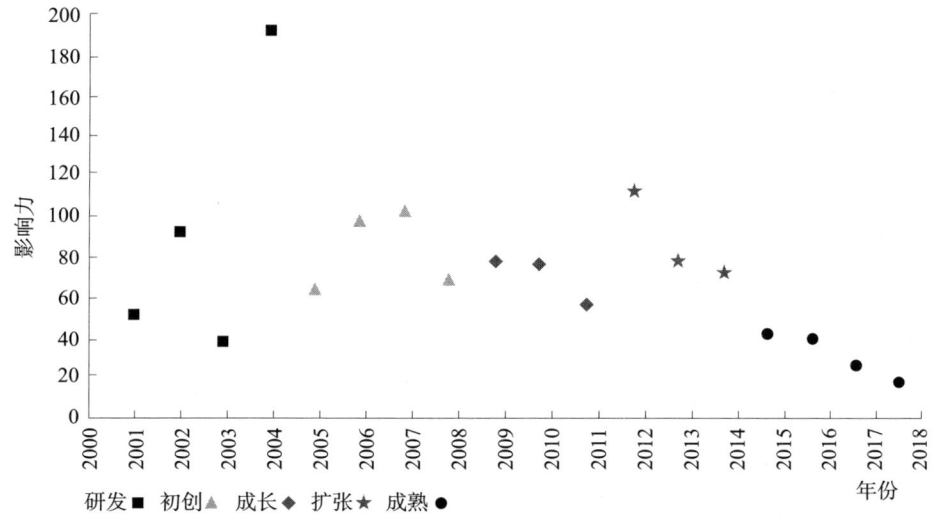

图 6.3 科学影响力与产业发展阶段关联趋势（3D Bioprinting 技术领域）

从图 6.3 可以得出如下信息:

① 3D Bioprinting 产业发展的研发阶段,科学影响力达到峰值,说明此阶段（尤其是 2004 年）的科学研究是后续科学研究的源头所在。

② 在 3D Bioprinting 产业发展的成熟阶段,本技术领域的科学影响力呈下降趋势,同时也揭示新发表的论文被引用率还没有得到激发。

③ 3D Bioprinting 技术领域在 2005—2014 年的科学影响力波动幅度不大,如以影响力 70 为平均值,则波动幅度为 ±30。

2. 国别监测

图 6.4 所示为 3D Bioprinting 技术领域的科学影响力与产业发展阶段关联

趋势国别监测结果。

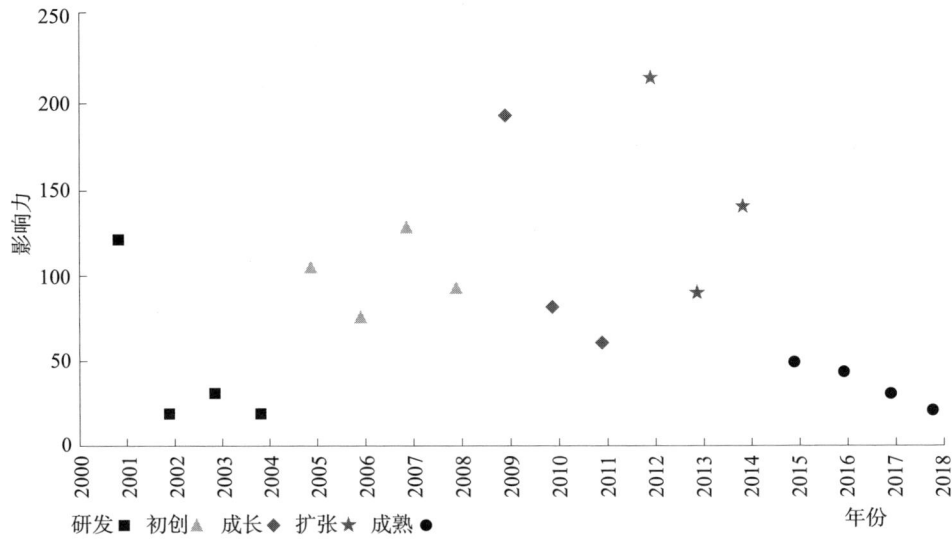

图 6.4 科学影响力与产业发展阶段关联趋势（3D Bioprinting 技术领域，美国）

从图 6.4 可以得出如下信息：

① 美国 3D Bioprinting 产业发展的成长和扩张阶段，科学影响力达到峰值或近乎峰值，说明此阶段的美国 3D Bioprinting 领域的科学研究形成领先趋势，但同时也呈下降趋势。

② 美国 3D Bioprinting 产业发展的成熟阶段，本技术领域的科学影响力呈下降趋势，同时也揭示新发表的论文，被引用率还没有得到激发。

③ 美国 3D Bioprinting 产业发展的研发阶段，2001 年科学影响力为 122，表明美国在 3D Bioprinting 技术领域的原始创新十分显著。

6.5　技术发展与产业发展阶段关联监测

6.5.1　技术热度与产业发展阶段关联监测

1. 总体监测

图 6.5 所示为 3D Bioprinting 技术领域的技术热度与产业发展阶段关联趋势总体监测结果。

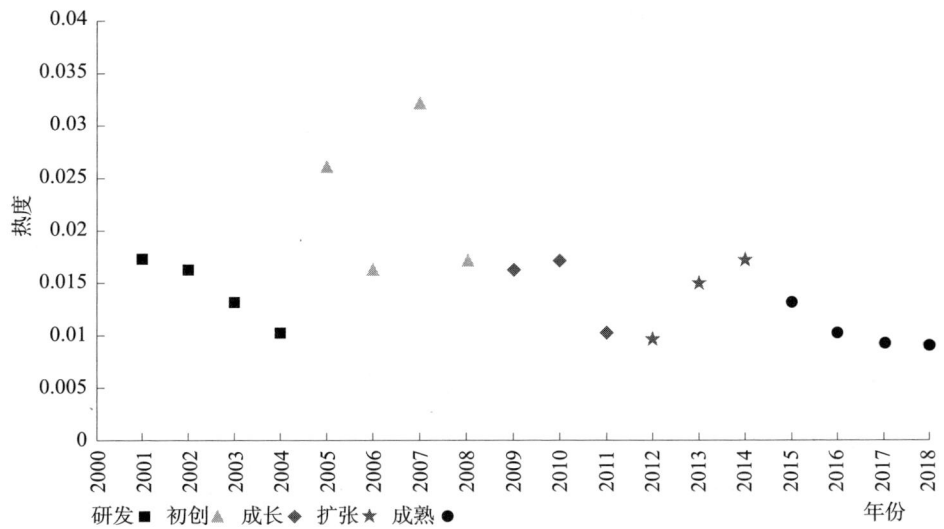

图 6.5　技术热度与产业发展阶段关联趋势（3D Bioprinting 技术领域）

从图 6.5 可以得出如下信息：

① 在 3D Bioprinting 产业发展的初创阶段，技术热度达到峰值，说明此阶段的技术发明热情极度高涨，或与产业发展的政策支撑氛围有关。

② 在 3D Bioprinting 产业发展的大部分阶段，科学热度波动幅度不大，如以热度均值 0.015 为中间线，则波动幅度为 ±0.005。

③ 在 3D Bioprinting 产业发展的成熟阶段，科学热度呈下降趋势，同时也揭示新发明的专利，被引用率还没有得到激发。

④ 3D Bioprinting 技术领域的技术热度占 3D others 领域的比重并不高，最高不到 3.5%，说明 3D Bioprinting 技术发明不是 3D others 领域的重点热度领域。

2. 国别监测

图 6.6 所示为 3D Bioprinting 领域技术热度与产业发展阶段关联趋势国别监测结果。

从图 6.6 可以得出如下信息：

① 在美国 3D Bioprinting 产业发展的研发阶段，技术热度达到峰值，占整个 3D printing 领域比重较高，说明此阶段是美国 3D printing 技术发明的重点发展阶段。

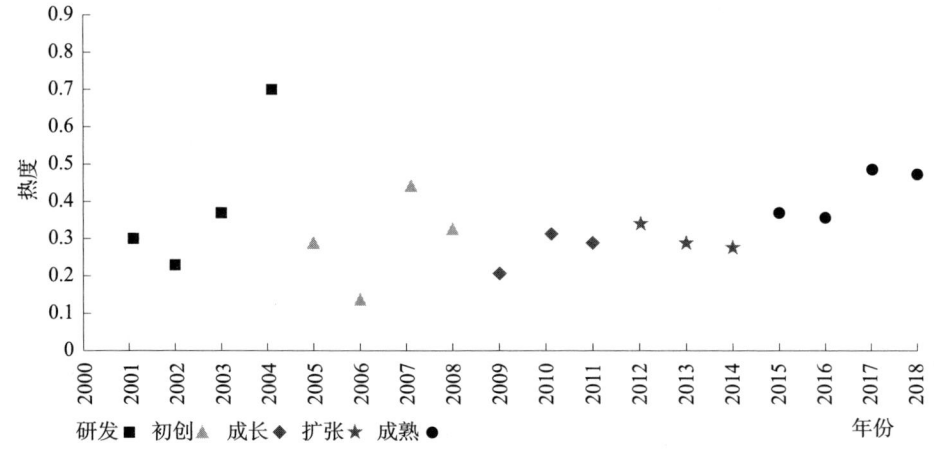

图 6.6 技术热度与产业发展阶段关联趋势（3D Bioprinting 技术领域，美国）

② 在美国 3D Bioprinting 产业发展的成熟阶段，本技术领域的技术热度呈略微上升趋势，表明该技术领域在美国的专利发明持续推进。

③ 美国 3D Bioprinting 技术领域在 2005—2018 年的技术热度波动幅度不大，如以热度平均值 0.3 为中间线，则波动幅度为 ±0.15。

6.5.2 技术影响力与产业发展阶段关联监测

1. 总体监测

图 6.7 所示为 3D Bioprinting 技术领域的技术影响力与产业发展阶段关联趋势总体监测结果。

从图 6.7 可以得出如下信息：

① 3D Bioprinting 产业发展的研发阶段，技术影响力达到峰值，但数量较少，为 70，也说明此阶段（尤其是 2003 年）的技术发明是后续技术发明的源头所在。

② 3D Bioprinting 技术领域在 2004 年之后，技术影响力均不超过 20，表明 3D Bioprinting 发明专利没有引起大众的关注。

③ 3D Bioprinting 产业发展的成熟阶段，由于专利为新专利且专利从申请到公开是一个比较漫长的过程，被引用率还没有得到激发或实时显示。

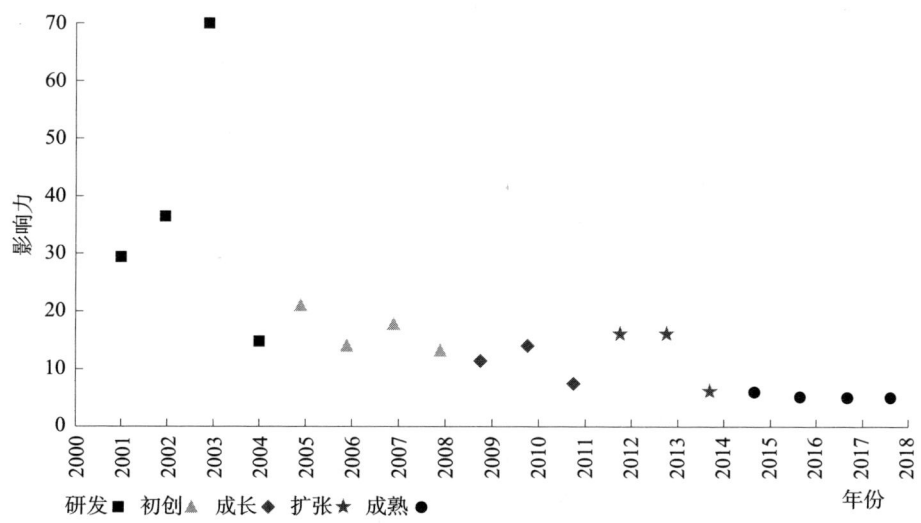

图 6.7 技术影响力与产业发展阶段关联趋势（3D Bioprinting 技术领域）

2. 国别监测

图 6.8 所示为 3D Bioprinting 技术领域的技术影响力与产业发展阶段关联趋势国别监测结果。

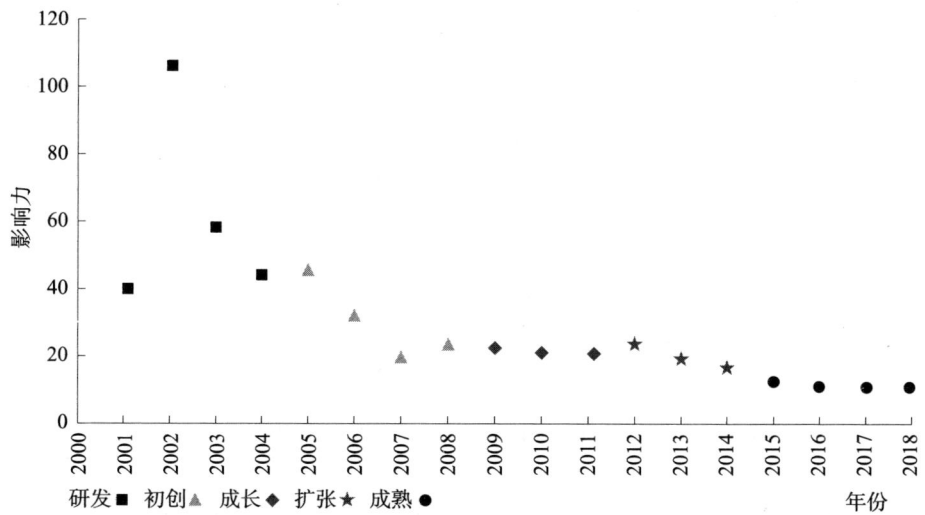

图 6.8 技术影响力与产业发展阶段关联趋势（3D Bioprinting 技术领域，美国）

从图 6.8 可以得出如下信息：

① 在美国 3D Bioprinting 产业发展的研发阶段，技术影响力达到峰值，说明此阶段（尤其是 2002 年）的技术发明是后续技术发明的源头所在。

② 在美国 3D Bioprinting 产业发展的成熟阶段，本技术领域的技术影响力呈下降趋势，同时也揭示新发明的专利，被引用率还没有得到激发。

③ 美国 3D Bioprinting 技术领域在 2005—2014 年的科学影响力波动幅度不大，如以影响力 20 为平均值，则波动幅度为 ±2。

6.6 科学发展与技术发展的聚类关联监测

6.6.1 科学热度与技术热度的聚类关联监测

1. 总体监测

图 6.9 所示为 3D Bioprinting 技术领域的科学热度与技术热度的聚类关联总体监测结果。

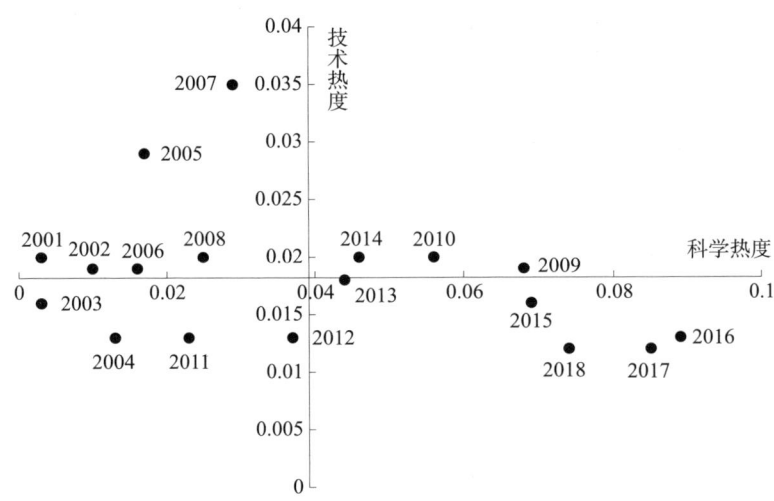

图 6.9 科学热度与技术热度关联聚类总体监测（3D Bioprinting 技术领域）

从图 6.9 可以得出如下信息：

① 2012 年以后的科学热度呈现比较好的发展；2011 年之前的科学热度低于平均值，表明科学研究成果产出不够，亦或科学研究投入不足。

② 科学热度表现较好的年份区间为 2015—2018 年，但技术热度明显

偏低。

③ 技术热度表现较好的年份区间为 2005—2008 年，但科学热度明显偏低。

④ 在 2009 年、2010 年、2013 年和 2014 年，技术热度与科学热度表现均优，表明这四个年份科学研究与技术发明两个方面的投入与产出均比较显著，尤其是 2010 年和 2014 年最为突出。

2. 国别监测

图 6.10 所示为 3D Bioprinting 技术领域的科学热度与技术热度的聚类关联国别监测结果。从图 6.10 可以得出美国在 3D Bioprinting 技术领域发展信息：

① 2001 年与 2002 年的科学热度值差距比较大，说明该领域的科学论文发表的爆发点在 2002 年。

② 科学热度表现最好的年份为 2007 年，这一年技术热度表现相对较好。

③ 技术热度表现最好的年份为 2004 年，但这一年科学热度明显偏低。

④ 在 2015—2018 年，技术热度与科学热度表现均较优，表明这四个年份科学研究与技术发明两个方面的投入与产出均比较显著，尤其是 2017 年、2018 年比较均衡。

⑤ 在 2006 年、2009 年、2011 年，技术热度与科学热度表现均较低，表明这三个年份科学论文与技术发明两个方面的投入与产出均比较低，尤以 2006 年最为突出。

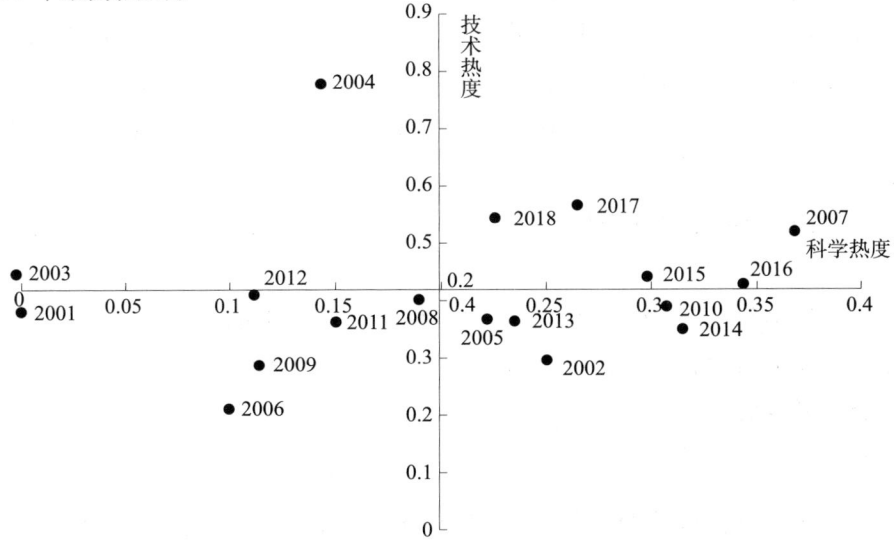

图 6.10 科学热度与技术热度关联聚类监测（3D Bioprinting 技术领域，美国）

6.6.2 科学影响力与技术影响力的聚类关联总体监测

1. 总体监测

图 6.11 所示为 3D Bioprinting 技术领域的科学影响力与技术影响力的聚类关联总体监测结果。

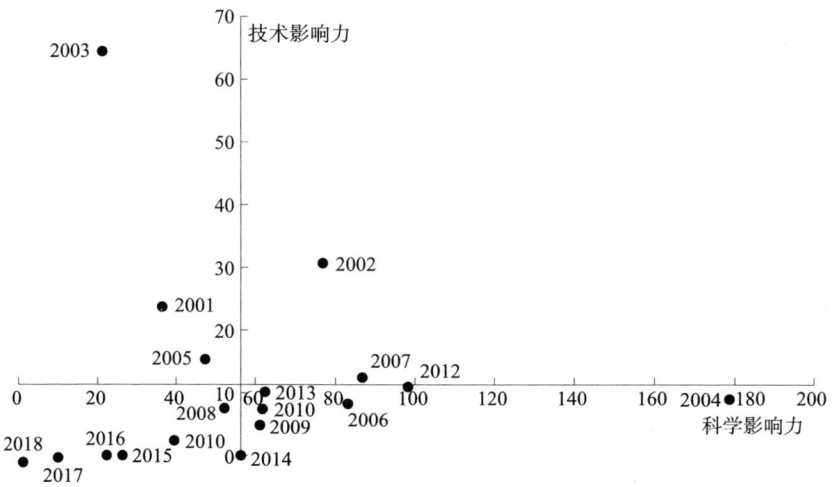

图 6.11 科学影响力与技术影响力关联聚类总体监测（3D Bioprinting 技术领域）

从图 6.11 可以得出如下信息：

① 2002 年和 2007 年的科学影响力与技术影响力均呈现比较好的发展，表明科学论文和技术发明产出均衡。

② 科学影响力表现较好的年份为 2004 年，但这一年技术影响力明显偏低。

③ 技术影响力表现较好的年份为 2008 年，但这一年科学影响力明显偏低。

④ 在 2015—2018 年，技术影响力与科学影响力表现均较低，表明这四个年份新产生的科学论文及发明专利影响力比较弱，不能及时体现应用效果，是客观情况的真实反映。

2. 国别监测

图 6.12 所示为 3D Bioprinting 技术领域的科学影响力与技术影响力的聚类关联国别监测结果。

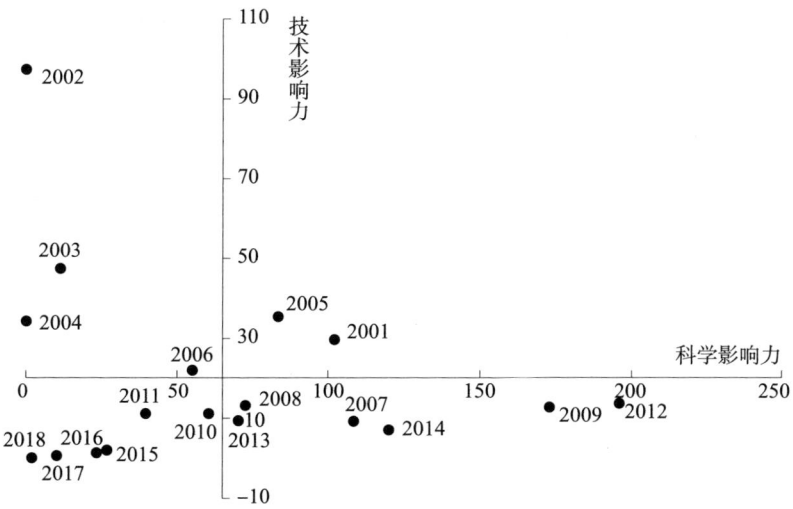

图 6.12　科学影响力与技术影响力关联聚类监测（3D Bioprinting 技术领域，美国）

从图 6.12 可以得出美国在 3D Bioprinting 技术领域的发展信息：

① 2001 年和 2005 年的科学影响力与技术影响力均呈现比较好的发展，表明科学论文和技术发明产出均衡。

② 科学影响力表现较好的年份为 2012 年，但这一年技术影响力明显偏低。

③ 技术影响力表现较好的年份为 2002 年，但这一年科学影响力明显偏低。

④ 在 2015—2018 年，技术影响力与科学影响力表现均较低，表明这四个年份新产生的科学论文及发明专利影响力比较弱，不能及时体现，是客观情况的真实反映。

6.7　本章小结

本章主要针对新兴技术与产业发展监测方法模型的应用开展了研究。构建了人工智能、3D 打印、碳纳米管和石墨烯技术三大新兴技术领域的分类体系；完成了数据下载及本地数据库的构建；基于企业及产业专家等，完成了课题所涉及三大新兴技术领域的三级分类技术的产业发展阶段判断。在上述基础上，以 3D 打印技术领域的 3D Bioprinting 三级领域技术为例，进行方法模型的应用说明，包含科学发展与产业发展阶段关联监测模型、技术发展与产业发展阶段关联监测模型、科学发展与技术发展的聚类关联模型，分别从世界范围内总体监测和国别监测两个视角，及以热度和影响力两个指标进行新兴技术的发展监测。基于本监测方法模型，能够比较好地把握科学发展、技术发展与产业发展阶段之间的关联关系，形成有效的决策数据支撑。

第三篇　科技成果技术成熟度评价方法及应用

第7章 科技成果技术成熟度评价理论方法研究

7.1 技术成熟度方法的历史沿革

7.1.1 技术成熟度方法在美国的发展

技术成熟度是从美国的军方开始研究并应用的。20世纪50年代，美国大量的科研项目投入产出效果不佳，特别是美国军方科研项目投入饱受"拖降涨"之苦。美国军方以科研项目为对象，研究如何管理才能控制科研项目的投入产出效率（肖永舒，2018）[181]，从1955年出台三个重要标准开始，逐步形成对科研项目管理与经费管理的标准和方法，见表7.1。

表7.1 美国科研项目管理与经费管理的标准和方法的历史沿革

阶段	第一阶段（1955年起）	第二阶段（1957年起）	第三阶段（1995年起）
主要标志	工作分解结构（WBS） Work Breakdown Structure	获得价值管理（EVM） Earned Value Management	技术就绪水平（TRL） Technology Readiness Levels
科技评价原理、方法、要素、公式	1. 任何一个科研项目都可以根据一个国家标准编制一个工作分解结构（WBS） 2. 任何一个工作分解结构WBS都是由若干工作分解单元（Work Breakdown Element，WBE）构成的	1. 获得价值（EV）-计划价值（PV）=进度偏差（SV） 2. 获得价值（EV）-实际成本（AC）=成本偏差（CV） 3. 进度绩效指数（SPI）=EV/PV 4. 成本绩效指数（CPI）=EV/AC	1. 观察到基本原理并形成正式报告 2. 形成了技术概念或应用方案 3. 关键功能分析和实验结论成立 4. 研究室环境中的部件仿真验证 5. 相关环境中的部件仿真验证 6. 相关环境中的系统样机演示

续表

阶段	第一阶段（1955 年起）	第二阶段（1957 年起）	第三阶段（1995 年起）
科技评价原理、方法、要素、公式	3. 任何一个 WBE 都应有 QCD 三要素：Q 指技术质量（Quality），C 指成本费用（Cost），D 指进度计划（Design）	5. 完工总进度估算 = 计划总时间/进度绩效指数 6. 完工总费用估算 = 计划总价值/成本绩效指数（何小敏，2015）[182]	7. 在实际环境中的系统样机试验 8. 实际系统完成并通过实验验证 9. 实际通过任务运行的考验[182]
科技评价法规历史沿革	1955 年，美国国防部为大量的科研经费投入产出效果管理困惑，开始研究工作分解结构这个概念。1975 年，美军正式颁布了 MIL-STD-881A（防务装备项目工作分解结构）。2005 年，新颁《工作分解结构手册 MIL-HDBK-881》[182]	1957 年，美国海军首创 PERT/Time 方法；1962 年，美国空军推出 PERT/Cost 方法。1963 年，美国政府公布《国防部和 NASA 的 PERT/Cost 指南》。1967 年，美国国防部制定了《成本/进度控制体系规范》（C/SCSC）并强制执行[182]	1995 年，美国国家航空航天局（NASA）提出 TRL 概念；2001 年，美国国防部正式采用 TRL 进行技术成熟度测评；2002 年，颁布军事采办条例 DoD 5000.2R，将 TRL 法律化。2005 年，美国国防部颁《技术就绪水平评估手册》（赵慧斌，黄敏，2008）[183]
推广使用情况及其发展趋势预测	1975 年，NASA 颁布工作分解结构手册，被广泛采用，现已在欧美全面推广使用。几乎所有科研项目招投标都离不开它。已经进入项目管理泰斗罗德·科兹纳教授《项目管理：计划、进度和控制的系统方法》一书中，该书已作为大学教材使用。波音公司使用得最好（巨建国，汤万金，2009）[184]	1996 年，美国国家安全工业协会（NSIA）颁布《获得价值管理体系工业标准指南》。1998 年，美国电子工业协会（EIA）公布了《ANSI/EIA-748-1998 获得价值管理体系》国家标准。1999 年，美国国防部宣布正式采用该标准。麦道公司使用得最好[184]	1996 年，成立美国国防技术就绪协会（ADPA）和 TRL 推进办公室。1997 年，NSIA 与 ADPA 合并，形成现在的国防工业协会（NDIA）。该组织旨在通过 TRL 评价提高国防有关政府机构的效率和工业部门的效率。目前，尚未在民用领域出现[184]
主要解决问题	主要解决科研项目 QCD "分解与合成"的基础问题，使项目管理有指标	主要解决项目管理过程中对于 C（成本指标）和 D（进度指标）的控制问题	主要解决项目管理过程中对于 Q（技术成熟度及质量）的控制问题

续表

阶段	第一阶段（1955年起）	第二阶段（1957年起）	第三阶段（1995年起）
差距	GJB 2116—1994《武器装备研制项目工作分解结构》颁布，但没有用起来	空白。建议列入重大支撑研究课题并颁布标准	空白。建议列入重大支撑研究课题并颁布标准
备注	阶段只有起点，没有终点。说明理论仍在使用，具有生命力 科研项目管理与经费管理，必须建立一套标准		

7.1.2 技术成熟度评价的国内发展历程

我国技术成熟度的评价起步较晚，从 21 世纪初期开始由军方研究部门发现并引入，在 2009 年形成了第一部技术成熟度的国家标准，之后陆续应用在了军队装备采购、政府科研项目管理上，但都是单独小范围的试点。从 2010 年开始，有多个中央文件涉及技术成熟度的推广和应用。2010 年，《国家"十二五"科学和技术发展规划》明确提出：继续开展科技成果评价试点工作，推动科学技术研究项目的标准化评价，发展第三方独立评估制度，指导和支持社会专业评价机构开展科技评价（科技部，2011）[185]。2012 年中发〔2012〕6 号《中共中央、国务院关于深化科技体制改革，加快国家创新体系建设的意见》指出：开展科技项目标准化评价和重大成果产出导向的科技评价试点，完善国家科技重大专项监督评估制度。加强科技项目决策、实施、成果转化的后评估。2017 年，国发〔2017〕44 号《国家技术转移体系建设方案》提出：推广技术成熟度评价，促进技术成果规模化应用。2018 年中共中央办公厅、国务院办公厅发布的《关于深化项目评审、人才评价、机构评估改革的意见》更是提出要加强技术成熟度评价。但是多年来，以技术成熟度为核心的评价一直没有大范围地应用，究其原因主要是国内一直以来的评价方法都是基于德尔菲法的专家评价，以定性的评价为主流，暂时还无法大规模地过渡到基于技术成熟度的定量评价体系上。

7.2 技术成熟度概念

技术就绪度（Technology Readiness Levels，TRL）又被译为"技术准备度""技术完备等级""技术成熟度"，指单项产品或单项技术在研发过程中所达到的一般性可用程度，是 NASA 在 20 世纪 80 年代提出来的，用于航天研制项目在立项、评审、决策及研制启动之前，即被评价项目在技术上的可用程度。"技术就绪度"这个名词经常出现在科技文献和一些技术说明文件中，比如某产品的技术就绪度或某项新技术的成熟度较高。早期学者关于技术就绪度的概念缺乏明确的定义，对技术就绪度的判断所依据的标准也比较模糊，甚至仅仅凭研究者的主观印象和感觉进行判断，由于受研究者当时的情绪、知识水平等因素影响较严重，技术就绪度缺乏明确的定义，其准确程度很难衡量[62]。

有学者认为，技术就绪度是指某项技术在开发过程中所达到的一般性可用程度（完善程度）。广义的技术就绪度还包括该项技术对空间特定需求的满足程度、技术跨度、技术难度（风险）、技术可获得性以及技术成本等多种因素[62]。

本小节讨论的技术就绪度，往往以"技术成熟度"表述的居多，因此，援引这些学者的表述时，不以"技术就绪度"为唯一表述方式。

7.3 技术成熟度分级标准

技术就绪水平的评估长期以来多是采用专家评审的方式，评价含糊而且容易受部门利益或个人偏见的影响，缺乏规范而客观的评价标准，难以有效地支撑决策（王立学等，2010）[186]。为此，美国、英国、法国、日本等国家针对技术成熟水平的评估标准，开展了多项相关的研究工作，也提出了多种评价方法，如软件能力成熟度模型（Capability Maturity Model for Software，CMM）、九级技术成熟度标准（Technology Readiness Levels，TRL）、基于知识点的采办模型（Knowledge-Based Acquisition，KBA）和技术生命周期曲线（Technology Life Circle Curve，TLCC）模型等（安茂春，王志健，2008）[187]。

1974 年，美国 NASA 首次针对要开发技术成熟等级评估工具的设想提出了 7 级的"技术成熟度"体系，至 1989 年该体系扩展到了 9 级（朱毅麟，2009；Mankins，2009）[188][189]。与此同时，美国、英国等国家在国防采办中特别强调对技术成熟度的评估，认为在关键项目采办中，在转入系统开发前技术必须是成熟的，并在国防采办中主要推行 NASA 的九级技术成熟度标准，应用于采办项目风险评估和管理，包括合同管理、资源分配、经费预算、绩效管理、成果评价等方面（何小敏，2015）[182]。

TRL 的原理是识别与技术系统相关的风险，NASA 将成熟度分为九个等级，从而为项目提供指导。NASA 将标准等级分为九个等级（何小敏，2015）[182]，见表 7.2。

表 7.2　美国国家航空航天局（NASA）技术等级标准（何小敏，2015）[182]

等级	定义描述
TRL1	已经了解基本原理，并且进行了相关总结
TRL2	技术的定义基本确定，并有初步的应用导向
TRL3	在理论上对技术的功能实现可能性进行了分析证明
TRL4	在实验室条件中对组件或模拟样件进行了验证
TRL5	在给定某些环境下对组件或模拟样件进行了模拟
TRL6	完成了相关环境下系统或子系统模型或原型的演示
TRL7	完成了空间环境下的系统原型演示
TRL8	完成实际系统并通过测试和演示获得"飞行资格"
TRL9	成功完成实际系统，并通过成功的任务执行获得"飞行验证"

7.4　技术成熟度在科研项目评价中的组织形式

美国技术成熟度（TRL）是指把每一个科研项目 WBS 都从思想火花（灵感出现）到货架产品（产品形成）的全过程分为九级台阶（里程碑），用来表述该科研项目的技术成熟程度和发展规律。不同的级别，代表着不同的技术成熟度。一个 WBE 应该属于一个专业领域，一个专业领域应该具有一个 TRL1～TRL9 级的通用模板。该普遍规律能够表达科技工作者在不断增加理解、不断模拟仿真以及不断通过小进步给人信心的这条道路上前进的过程。尽管这个过程不是线性的道路，但里程碑却必须一个接着一个地通过，最终才能形成科研成果。尽管有些过程会出现跳越，但不影响该专业领域科技进步规律的九级台阶表述（何小敏，2015）[182]。TRL 是与科研项目相伴而生的，并贯穿于科研项目的全寿命周期，是科研项目立项论证、合同签订、风险评估、计划管理、成本管理、技术状态管理、预算管理等所有科研工作的基础。技术就绪水平是对该科研项目的总体情况进行掌控的重要工具（张娟，2018）[190]。推而广之，任何一项工作，都可以建立一个 TRL。

TRL 工具自问世以来得到了世界各国专家学者的一致认可，并且在各类技术成熟度相关的研究中得到了广泛应用。在对不同领域的技术进行实证研究的过程中，学者对于 TRL 评估工具的不同级别的关键特征和评估程序进行了相应的改进和完善，该方法目前已经十分成熟（李达等，2012）[191]。虽然由 TRL 判定的成熟度等级基本不存在误差，但其测度过程却要求由特定领域高水平专家进行，存在专家评估方法带来的一系列时间和成本问题，有学者指出这一问题的处理有待计算机辅助解决。也就是说，估算技术成熟度通常采用专家评价的方法，如德尔菲或头脑风暴（Lee 等，2017）[104]。这种形成概念通常被认为是缺乏可重复性、可靠性和客观性的缺点（Albert，2016）[192]，因为评估中存在个人偏见的固有风险。另外，这种方法不能保证效率，因为联系专家或收集专家意见可能既昂贵又耗时。

7.5 技术成熟度的应用

美国先后在多个领域应用技术成熟度，包括如下几部分。

7.5.1 财政科研项目招投标上的技术成熟度评价方法

美国在军方装备的招投标上应用技术成熟度。2005 年 10 月 25 日，法新社从巴格达发出一则电讯，认为造成美军伤亡致命的武器是反抗分子埋设在地下的土制炸弹。为解决此问题，美国在联邦商务机会网站发布了编号为"FBO#1451"的招标信息：寻求"有技术资格和能力演示一种安装于地面车辆上能探测土制炸弹和反坦克地雷的高性能透地雷达（GPR）的公司"投标。招标书要求提供雷达技术性能指标的同时，提供雷达技术管理指标。即提供该雷达的 WBS 列表，提供每个 WBE 的 QCD 和 TRL，并要求 TRL 最低应该达到 5 级，其中 70% 的 WBE 的 TRL 必须达到 7 级以上。标书发出后，10 天内就有 9 家公司投标；在 9 家公司中满足要求的有 5 家公司；再用 10 天评估和实地考察，确定与两家公司签订合同；3 个月内各交付 10 套 GPR 参与试验；第五个月各交付 100 套，直接运往前线装备，形成战斗力；前后共用 150 天时间（陈华雄等，2012）[193]。这正是美国招投标项目技术成熟度评价的效果。

7.5.2 科技项目目标审计中的技术成熟度

美国政府问责署（GAO）在科研项目的目标审计中应用技术成熟度进行

评价。对于科研项目来讲，目标审计比违规审计更重要。要进行目标审计，就必须对于立项报告中的 TRL、WBS、QCD 等要素进行规定，而且在投入前听证。为了提高项目在选择成熟技术方面的能力，GAO 建议使用技术就绪水平（TRL）衡量方法。作为评估技术成熟度的一个手段，技术就绪水平（TRL）促进了技术与武器系统或者其他系统的结合，已经被提升为成功弥合技术现行成熟度与所需成熟度之间差距的评估工具。GAO 认为：进行最佳实践活动的组织机构认识到，把技术问题的解决方案拖延到产品开发至少会导致成本增加 10 倍；把技术问题的解决方案拖延到开始生产之后，会导致成本增加 100 倍（王亚光，2015）[194]。技术就绪水平（TRL）评估会降低这种风险。现在基本上缺失"目标责任审计"，仅有的"违规责任审计"也是"不彻底"。这是问题的根源，是缺乏评价办法导致的结果。

7.5.3 美国国家制造创新网络中的技术成熟度评价

2012 年 3 月 9 日，美国总统在参观劳斯莱斯喷气发动机涡轮盘制造厂时发表演讲：建议设立由 15 个制造创新机构（Institute for Manufacturing Innovation，IMI）组成的国家制造创新网络（NNMI）。2012 年 4 月 3 日，美国空军研究实验室（Air Force Research Laboratory，AFRL）首先提出建立国家增材制造创新机构（NAMII）。2012 年 5 月 9 日，美国标准与技术研究院（National Institute of Standard and Technology，NIST）在"联邦纪事"网站征集意见，直至 2013 年 1 月，美国总统行政办公室、国家科学技术委员会、先进制造国家计划办公室（Advanced Manufacturing National Planning Office，AMNPO）共同发布了《国家制造业创新网络（NNMI）：一个初步设计》报告。该报告详细描述了 IMI 和 IMI 之间的协同与互联。NNMI 计划旨在填平研发活动与推广应用之间的鸿沟，以推动美国本土制造业的发展。将联合工业界、学术界、联邦机构及各级政府力量，投资应用前景好的前沿产品和工艺技术，以加速制造创新和规模化；提供资源共享，以帮助众多企业，特别是中小企业使用前沿技术和设备；创立一个先进制造的创新生态系统；以及对学生和工人进行先进制造技能方面的教育和培训，每一个 IMI 将作为一个区域性卓越制造中心，提供创新基础设施，确保制造业成为可持续发展经济的关键产业支柱（朱宏康，贾豫冬，2017）[195]。

NNMI 计划旨在增强商业化前期——从"发明/发现"创新伊始到"制造

创新/规模化生产"之间各阶段的研发投资。因此，NNMI 计划将关注制造成熟度和技术成熟度在 4~7 级的技术（朱宏康，贾豫冬，2017）[195]。

核心一：IMI 自立。每个 IMI 将在 5~7 年内通过"动态阶段评估和逐年绩效考核"得到 7000 万~1.2 亿美元的联邦投资总额。每个 IMI 必须有自负盈亏的计划，在 5~7 年后完全不依赖 NNMI（朱宏康，贾豫冬，2017）[195]。

核心二：IMI 协同与互联。为使每个独立的 IMI 参与到更广泛的制造创新网络中，实现动态互联，NNMI 将着力构建一个"系统创新"网络。其目标与功能包括：①促进 IMI 之间的协作，共享资源、最佳实践与研发成果，包括资金与成员参与模式、年度报告与计划等。建立一个由 IMI、联邦机构和其他相关机构组成的网络领导委员会，在 IMI 之间协调和平衡已有资源。②制定公共政策，推动 IMI 与中小企业之间的配合，推动网络内 IMI 之间的协作与运转，并允许 IMI 共享人力调配等服务。③将每个 IMI 网站都连接到 AMNPO 主办的先进制造门户网站，使新的参与机构能通过访问网站获取整个 NNMI 的各种资源（朱宏康，贾豫冬，2017）[195]。

NAMII 计划是 NNMI 计划的第一个试点，也是一个标杆，是并行开展的，其早期工作对于指导完整的 NNMI 计划有很大帮助。截至 2012 年 8 月 16 日，已经有 85 家企业、13 所大学、9 所社区学院和 18 个非营利机构共同参与。通过一系列竞争和评估过程，确定由美国国防制造与加工中心（NCDMM）来管理这个试点。

7.5.4 其他技术成熟度相关评价

美国军方利用这些试验鉴定数据评估绩效，应用范围极其广泛。要求各军兵种在每年的 9 月底之前（财政年度终结前），提交一份涵盖未来至少五年的计划（滚动），在每年 3 月底之前提交一份《年度业务绩效报告》；该报告不但要汇报当年的进展情况，而且要延伸到前两年（预期目标和实际目标逐项对比）和后两年（提出具体的预期目标）（顾海兵，齐心，2004）[196]。例如：某项目 2007 年处在第 3 级，2008 年达到第 5 级，2009 年预计达到第 8 级。举例说明如下：

用 WBS 确定创新点。根据美国国防部 2004 年公布的《国防工业基础能力研究》系列报告可以看出，美国是如何用 WBS 区分关键技术的。先把美国指战员未来所需要的"作战空间感知、指挥与控制、兵力运作、保护和聚焦后勤"五项功能（林左鸣，2008）[197]能力从顶层逐项进行展开，得出一系列作战能力功能模块；再将实现这些作战能力的关键功能模块的武器装备系统进行梳理、归类，在众多的武器装备系统中，按照"不必作为、不落后、领先、遥遥领先"四个档次进行划分，推导出支撑这些作战能力的关键技术（WBE）。

用 EVM 对工业部门强制认证。2005 年 3 月，美国国防部扩大了 EVM 的适用范围。引发了美国政府和军方新一轮文件、标准、手册的修订运动。文件规定：凡是 2000 万美元以上的国防采购项目，都必须实施 EVM 认证；5000 万美元以上的项目研制单位必须拥有一个经过正式认证的 EVMS（获得价值管理体系）。

用 TRL 控制技术状态。《国防采办系统的运行》（DoDI5000.2）指出：坚持了技术就绪水平（TRL）衡量方法后，节约了资金。在技术未成熟的情况下，就贸然启动的项目，国防部总是遭受巨额的成本上升和计划不能按时完成的结果。国防部的项目经理们都会发现技术就绪水平（TRL）衡量方法在试图理解项目的成熟度方面非常有用。

第 8 章　科技成果技术熟化推演过程和模式分析

8.1　熟化过程研究

科技成果的技术熟化过程主要包含如下四个阶段：

（1）应用基础研究阶段

主要指技术的初级阶段，一般是指技术初期的问题发现、方案制定、仿真与测试等。具备如下特征：

① 形成技术的最初想法。

② 技术的功能、结构都还在设计中。

③ 各种技术指标还未确定。

④ 多数是在纸面环境下的推演。

⑤ 形成整个研究方案。

（2）关键技术研发阶段

主要指对关键技术部分的功能进行开发，包括测试、验证等，一般指未形成技术成果的整体结构前，对核心关键的技术的功能进行的开发与测试。本阶段具备如下特征：

① 核心关键技术要实现的主要功能设计已经明确。

② 还没有形成实际的技术载体。

③ 核心关键技术的各类关键指标还需要通过仿真测试确定。

④ 实验基础环境正在搭建。

（3）实验验证阶段

主要指在实验室环境下，对技术载体实物（包括实物和信息化编程）进行的研究开发。本阶段具备如下特征：

① 技术载体明确，大部分时间以打包产品的状态出现。

② 实验室环境、试运行环境和实际应用环境都已搭建。

③ 技术载体不断进行验证，成功率越来越高，技术越来越成熟，越来越趋近产品。

（4）成果转化与产业化阶段

主要指技术完全成熟并进入社会应用大系统后取得的产业化收益阶段。本阶段具备如下特征：

① 技术产业化的基础资料已经具备。

② 技术已经变成成型的产品。

③ 产品不断取得市场收益，每年能够核算利润率。

④ 前期的研发投入能够分摊到每年。

8.2　技术熟化模式

技术熟化的模式可以分为单一主体模式、共生模式和转让合作模式三类。

（1）单一主体模式

单一主体模式指在技术熟化的全过程中，从基础研究到产业化阶段，由单一的机构、企业负责熟化全链条的全部工作。单一主体模式的优点是技术产权明晰，掌控力度强；缺点是参与单位少，整个熟化过程漫长。采用单一主体模式的一般都是既具备科研能力也具备市场能力的比较大型的机构或企业。

（2）共生模式

共生模式指在技术熟化的全过程中，有多个机构、企业共同参与的模式，不同机构、企业负责全链条中的不同工作，但互相之间是协作关系，通过协议来分工并分配最终的收益，且有1到2家核心单位参与了技术熟化的全流程。共生模式的优点是参与单位多，互相之间能够扬长避短；缺点是往往技术的产权不清晰，容易引起纠纷。

（3）转让合作模式

转让合作模式指在技术熟化的全过程中，不同机构、企业各负责技术熟化的一个阶段，当一个机构完成一个阶段的工作后，通过交易的方式将技术的产权转让给另外一个机构，从而持续走完全链条，整个过程中没有任何一家单位参与全部工作，各机构、企业互相之间是合同的甲乙方的关系。转让合作模式的优点是参与单位多，各单位负责自身擅长的部分，且转让过程中产权清晰；缺点是转让过程中容易发生技术资料遗漏或缺失的问题，影响技术的性能。

第 9 章　全创新链研发与创新成果成熟度评价方法和模型

通过对技术熟化的研究,形成了覆盖全创新链条的研发与创新成果的成熟度十三级的模型。

9.1　覆盖全创新链条的技术成熟度评价模型

9.1.1　技术成熟度的通用定义

根据前述四个技术熟化阶段的定义,本研究参照美国的技术就绪水平中关于九级的定义,又根据中国对技术成果市场价值实现的需求,增加了产业化的后四级,形成了总共十三级的技术成熟度评价模型。

技术成熟度的完整级别一共十三级,覆盖技术熟化模型的四个环节,其中包括:

（1）应用基础研究阶段

第一级:报告级。发现新现象/新问题/新需求并提出报告。

第二级:方案级。提出了满足需求或解决问题的技术方案。

（2）关键技术研发阶段

第三级:仿真级。核心技术概念模型仿真验证成功。

第四级:功能级。实验室内关键功能指标测试达到预期目标。

（3）实验验证与中试孵化阶段

第五级:初样级。功能样品、图纸+工艺设计、测试通过。

第六级:正样级。功能样机演示测试合格、工艺验证可行。

第七级:环境级。工程样机系统运行、例行环境试验合格。

第八级:产品级。小批试产合格、生产条件完备、工艺成熟。

第九级：系统级。实现大批量商业化生产，产品质量合格。

（4）产业化阶段

第十级：销售级。销量≥盈亏平衡点数量的30%。

第十一级：盈亏级。销量≥盈亏平衡点或累计净利润≥0。

第十二级：利润级。累计净利润≥总投入的50%。

第十三级：回报级。项目总收益－总投入≥0。

9.1.2　技术成熟度的通用级别要素

技术成熟度的每个级别都有若干判定要素，用来判定技术成果是否达到该级别，各级别要素如下所示：

（1）第一级：报告级

本级的判断标准：发现新现象/新问题/新需求并提出报告。

要素1：形成《需求分析报告》。

要素2：完成多次调研活动。

（2）第二级：方案级

本级的判断标准：提出了满足需求或解决问题的技术方案。

要素1：形成《技术研发总体方案》。

要素2：形成一次针对《技术研发总体方案》的专家评审。

（3）第三级：仿真级

本级的判断标准：核心技术概念模型仿真验证成功。

要素1：在计算机环境或纸面演算环境下，建立核心技术的概念模型。

要素2：对核心技术模型进行多次可重复的计算机仿真，证实技术可行。

要素3：形成《技术模型仿真验证报告》。

要素4：搭建计算机仿真环境。

（4）第四级：功能级

本级的判断标准：实验室内关键功能指标测试达到预期目标。

要素1：形成《技术功能模块分解表》，在纸面环境下，明确技术交付物各组成部分。

要素2：形成《关键技术性能指标目标值表》，在纸面环境下，明确技术的关键性能指标，及指标预期达到的目标值。

要素3：初步搭建实验室环境，满足测试要求。

要素4：对关键功能和关键指标进行重复测试，确定能够达到预期目标。

（5）第五级：初样级

本级的判断标准：功能样品、图纸+工艺设计、测试通过。

要素1：基于技术指标，集成各功能模块，形成技术初步功能样品（初样）或程序代码。

要素2：实验室环境搭建完成。

要素3：对初样进行整体的可重复的性能测试或软件调试，确定能够达到预期目标。

要素4：形成初步的设计图纸、工艺图纸、程序文档等过程性资料。

（6）第六级：正样级

本级的判断标准：功能样机演示测试合格、工艺验证可行。

要素1：经过两次以上的样品改良或软件调试，形成技术正品功能样机。

要素2：形成正样测试记录（软件测试记录）。

要素3：形成修改后的设计图纸、工艺图纸、程序文档等。

（7）第七级：环境级

本级的判断标准：工程样机系统运行、例行环境试验合格。

要素1：形成非实验室的外部测试运行环境。

要素2：形成基于正样的工程样机或软件包。

要素3：形成《外部环境测试方案》（或《环境测试协议》）。

要素4：完成多次工程样机或软件包的环境测试，测试结果合格。

（8）第八级：产品级

本级的判断标准：小批试产合格、生产条件完备、工艺成熟。

要素1：搭建初步的生产线，形成技术产品的生产条件或初步软件开发环境。

要素2：形成初步的硬件、软件质量控制文档。

要素3：形成最终的设计图纸、工艺图纸、程序文档等，所有资料归档。

要素4：完成技术产品的小批量试生产或软件程序的流程化开发。

要素5：形成技术产品或软件的用户使用意向书或战略合作协议。

要素6：获得各个行业不同的市场准入许可。

(9) 第九级：系统级

本级的判断标准：实现大批量商业化生产，产品质量合格。

要素1：形成完整的生产条件与生产环境，形成完整的软件开发环境。

要素2：形成完整的技术质量控制资料。

要素3：技术产品完全成熟，不再进行调整调试。

要素4：技术产品可独立进入市场或并入现有信息网络。

要素5：实现批量化生产或软件程序的完整流程开发。

要素6：形成实际的用户使用合同。

(10) 第十级：销售级

本级的判断标准：销量≥盈亏平衡点数量的30%。

要素1：形成正式的销售合同。

要素2：形成第一笔实际的销售收入。

要素3：形成技术产品的成本核算。

要素4：形成技术产品年度盈亏平衡点的计算。

要素5：所有生产性资料归档保存。

要素6：形成前期全部研发投入+生产性投入的核算。

(11) 第十一级：盈亏级

本级的判断标准：销量≥盈亏平衡点或累计净利润≥0。

要素1：实现较大规模的销售。

要素2：技术产品上线第一年达到年度盈亏平衡点。

要素3：技术产品上线第一年实现累计净利润大于0。

要素4：形成用户服务标准文档。

要素5：形成销售团队和客户服务团队。

(12) 第十二级：利润级

本级的判断标准：累计净利润≥总投入的50%。

要素1：技术产品销售完成完整的年度核算。

要素2：年度利润率大于30%。

要素3：累计净利润达到前期全部研发投入+生产投入的50%。

(13) 第十三级：回报级

本级的判断标准：项目总收益 – 总投入 ≥ 0。

要素1：销售总收入超过前期研发投入 + 生产性总投入。

要素2：技术产品（科技成果）正式变成市场产品。

9.1.3 技术成熟度的相关定义

技术成熟度单独应用并不能起到很好的效果，需要和各种管理工具结合在一起，以下是与技术成熟度相关的其他定义。

(1) 工作分解结构（work breakdown structure，WBS）

自上而下逐级分解科研项目所形成的表达项目层次关系的结构。一般可用表格或树状图表示，是科研项目申报、可行性分析、立项论证、项目评审、合同签订、风险评估、项目管理、计划管理、成本管理、预算管理、绩效考核等所有项目管理工作的基础（于强，赵文蔷，2016）[198]。

(2) 工作分解结构表（WBS table，WBST）

工作分解结构表是根据工作分解结构制订的能够反映项目中各种要素之间、各要素与整体系统之间的逻辑关系与函数关系的、具有某些管理功能的表格。

(3) 工作分解层面（work breakdown level，WBL）

工作分解层面是根据项目管理（任务安排、责任分配、经费预算与分配、计划制订等管理工作）的实际需要，对项目工作分解结构的颗粒度进一步确定，过粗或过细都会不合适。

(4) 工作分解单元（work breakdown element，WBE）

工作分解单元是能够独立表达、独立测量、独立交付、独立评价的组成工作分解结构的基本单元。工作分解单元可分为主交付物（主成果），包括硬件（所有物质态的科技成果，例如：生物技术的干细胞、农业的种子或胚胎、病毒学中的毒株、微生物学的菌种、材料工程中的任何新材料品种等）、软件（工业App）、工艺、方法、服务、商业模式等类型；副交付物（副成果），包括标准、专利、软著、论文、报告、资料、文件、图纸、专著、合同、培训、试验等类型。

(5) 制造单元（WBE of manufacturing，9WBE）

制造单元是在工作分解单元中，技术成熟度达到9级，可以大批量工业化制造、不需要再研发的工作分解单元，一般用9WBE 表达。

（6）研发单元（WBE of R&D，9WBE）

研发单元是在工作分解单元中，技术成熟度尚未达到9级，无法大批量工业化制造，还需要继续研发的工作分解单元，一般用9WBE 表达。

（7）技术创新（technology innovation，TI）

技术创新是指一个从"思想火花（创意、灵感生成）"到"商业成功（生产力或战斗力形成、获得投资回报或成功的广泛应用）"包含了科技研发、项目管理、市场推广、生产经营等多种与科技、管理、经济相关的活动的全过程。根据定义，一个科技项目从市场或战场需求发现、论证到生产力或战斗力生成、发挥效能、获得投资回报，或非营利性项目的研发成果得到了广泛推广与应用，并获得用户普遍认可与接受的全过程，就是一个典型的技术创新的过程。

9.2　科技成果技术成熟度评价方法模型

9.2.1　技术成熟度的要素分类与对应分值

技术成熟度的级别定义包含了对各级别相对应的级别要素的定义，这些要素能够进行分类，方便技术成熟度的理解和应用，同时每类的每个要素都有其对应的分值。在实际应用过程中，可通过选择各个要素来确定技术成熟度所处的级别。

（1）技术成熟度要素分类

技术成熟度的要素一般能够分成如下八类：技术载体类、研发环境类、支撑工作类、验证结论类、经费获取类、资料完善程度类、科研管理类、质量控制类，以硬件和软件为例，每个要素对应的级别见表9.1、表9.2。

（2）技术成熟度要素分值

技术成熟度每个级别的要素对应相应的分值见表9.3，在判定成熟度的时候，可根据所实现的多个要素的得分之和来判定技术所处的级别。

表 9.1 硬件类技术成熟度要素

要素类型	要素（硬件）	技术成熟度级别													
		每个模块的分值	第一级	第二级	第三级	第四级	第五级	第六级	第七级	第八级	第九级	第十级	第十一级	第十二级	第十三级
技术载体	原理 1		√												
	技术概念 2			√											
	应用设想 3			√	√										
	模拟仿真 3				√										
	技术方案和途径 4					√									
	部件/功能模块 5						√								
	演示样机 6							√							
	工程样机 7								√						
	生产样机 8									√					
	可批量、可流程化形成的产品或系统 9					√									
研发环境	纸面/报告环境 1		√												
	实验室环境 4					√									
	典型模拟环境 5						√								
	典型使用环境 7							√							
	实际使用环境 8								√						
	实际应用环境 9										√				
	市场/用户环境 11												√	√	√

第9章 全创新链研发与创新成果成熟度评价方法和模型

续表

要素类型	要素（硬件）	第一级	第二级	第三级	第四级	第五级	第六级	第七级	第八级	第九级	第十级	第十一级	第十二级	第十三级
支撑工作	实验室环境开始建设 3			√										
	实验室环境达到一定使用要求 5					√								
	实验室环境达到使用环境要求 6						√							
	对样品进行部件/功能模块设计和加工 4				√									
	对演示样机进行部件/模块设计和加工 5					√								
	原理样机集成 4				√									
	演示样机集成 6						√							
	工程样机集成 7							√						
	生产样机集成 8								√					
验证结论	原理清晰 1	√												
	思路明确 2		√											
	可行论证 3			√										
	验证技术概念的关键功能 3			√										
	验证技术应用的关键功能与特性 4				√									
	功能/性能指标满足要求 5					√								
	功能/性能指标满足典型使用要求 7							√						

续表

要素类型	要素（硬件）	第一级	第二级	第三级	第四级	第五级	第六级	第七级	第八级	第九级	第十级	第十一级	第十二级	第十三级
验证结论	功能/性能指标满足实际使用要求8								√					
	功能/性能指标满足全部要求9									√				
	工程应用的可行性与实用性验证6						√							
	具备批量稳定生产能力与使用保障能力9									√				
经费获取	尚未获得任何性质的收入	√	√	√	√									
	取得外部研发投入5					√	√	√						
	获得试用性收入8								√	√				
	第一笔回款10										√			
	年度盈亏平衡11											√		
	收回投产投入12												√	
	收回研发投入13													√
质量控制	建立西格玛质量等级7							√						
	设计稳定9									√				
	产品生产质量指标达到6σ 11											√		
资料完善程度	草图可行5					√								
	蓝图归档6						√							
	蓝图完善7							√						

续表

技术成熟度级别

要素类型	要素（硬件）	第一级	第二级	第三级	第四级	第五级	第六级	第七级	第八级	第九级	第十级	第十一级	第十二级	第十三级
资料完善程度	工艺可行 5					√								
	工艺归档 6						√							
	工艺完善 7							√	√	√				
	资料归档 6						√							
	资料完善 7							√	√	√				
科研管理	形成成果分解结构图 2		√											
	明确关键研发单元 3			√										
	启动风险系统管理 4				√									
	形成风险管理计划文档 5					√	√	√						
	成果分解结构可用 5										√	√		
	质量管理体系完善												√	√

表 9.2 软件类技术成熟度要素表

技术成熟度级别

要素类型	要素（软件）	第一级 原理级	第二级 报告级	第三级 方案级	第四级 功能级	第五级 验证级	第六级 集成级	第七级 初样级	第八级 试样级	第九级 定型级	第十级 销售级	第十一级 盈亏级	第十二级 利润级	第十三级 回报级
技术	初步概念及其数学模拟 1	√												
载体	软件实现方案 1	√												

续表

要素类型	要素（软件）	技术成熟度级别												
		第一级 原理级	第二级 报告级	第三级 方案级	第四级 功能级	第五级 验证级	第六级 集成级	第七级 初样级	第八级 试样级	第九级 定型级	第十级 销售级	第十一级 盈亏级	第十二级 利润级	第十三级 回报级
技术载体	应用可行性方案2		√											
	软件算法及算法程序3			√										
	伪代码4				√									
	独立的功能模块4				√	√								
	整合后的功能模块4				√	√								
	软件系统或原形6						√							
	测试版本软件7							√						
	实际应用软件8								√	√	√	√		
研发环境	非纸面1	√												
	纸面运算环境2		√											
	编码环境3			√	√									
	简化环境4				√									
	具有代表性环境的处理器5					√								
	近似运行环境5					√	√							
	运行环境处理器7			√	√	√		√						
	实验室环境6						√	√						
	系统操作环境6						√		√					
	实际环境8								√					
	最终运行环境9									√	√			

第9章 全创新链研发与创新成果成熟度评价方法和模型

续表

要素类型	要素（软件）	技术成熟度级别												
		第一级 原理级	第二级 报告级	第三级 方案级	第四级 功能级	第五级 验证级	第六级 集成级	第七级 初样级	第八级 试样级	第九级 定型级	第十级 销售级	第十一级 盈亏级	第十二级 利润级	第十三级 回报级
支撑工作	初步编码 3		√	√										
	开始系统开发 3			√										
	形成初级系统建设方案 4				√									
	建立系统软件框架 5					√								
	内部接口需求分析 5					√								
	数据库结构和接口分析 6						√							
	启动验证、证实、评审工作 6						√							
	确定最终系统的操作环境 7							√						
	完成软件深度调试 8								√					
验证结论	概念的数学模拟能够通过软件实现 1	√												
	软件实现方案可行 1	√												
	编码能够证明基本原理 2		√											
	可复算替代使用 3			√										
	算法可行 3			√										
	软件满足运行需要 3			√										
	软件的基本功能能够实现 4				√									
	功能模块可行并满足要求 4				√									
	模块组件能够整合工作 6					√								
	每个独立功能的压力测试达标 7							√						
	软件的可维护性、可靠性和支撑性 8								√					

续表

要素类型	要素（软件）	第一级 原理级	第二级 报告级	第三级 方案级	第四级 功能级	第五级 验证级	第六级 集成级	第七级 初样级	第八级 试样级	第九级 定型级	第十级 销售级	第十一级 盈亏级	第十二级 利润级	第十三级 回报级
经费获取	取得外部研发投入5							√	√					
	获得试用性质的收入8							√	√	√				
	第一笔回款10										√			
	盈亏平衡11											√		
	10%利润率12												√	
	收回研发投入13													√
资料完善程度	形成软件算法大纲3			√										
	形成软件概念设计草稿4				√									
	形成软件文档5					√								
	形成设计图图草稿7						√	√						
	收集可维护、可靠性、可支持数据7							√						
	形成开发图表8							√	√					
	形成维护文件8							√	√					
	资料完善7							√		√				
科研管理	形成工作分解结构图2		√											
	明确关键研发单元3			√										
	启动风险系统管理4				√									
	形成风险管理计划文档5					√								
	工作分解结构可用5					√								
质量控制	存在设计变动6						√							
	解决大部分软件调试错误8								√					

表9.3 技术成熟度要素分值

级 别	单个要素分值	备注
第一级要素	$10^0 + 10^{-1}$	多个要素时,加和
第二级要素	$10^1 + 10^0$	多个要素时,加和
第三级要素	$10^2 + 10^1$	多个要素时,加和
第四级要素	$10^3 + 10^2$	多个要素时,加和
第五级要素	$10^4 + 10^3$	多个要素时,加和
第六级要素	$10^5 + 10^4$	多个要素时,加和
第七级要素	$10^6 + 10^5$	多个要素时,加和
第八级要素	$10^7 + 10^6$	多个要素时,加和
第九级要素	$10^8 + 10^7$	多个要素时,加和
第十级要素	$10^9 + 10^8$	多个要素时,加和
第十一级要素	$10^{10} + 10^9$	多个要素时,加和
第十二级要素	$10^{11} + 10^{10}$	多个要素时,加和
第十三级要素	$10^{12} + 10^{11}$	多个要素时,加和

9.2.2 技术成熟度的评价算法

技术成熟度的计算包含多种方式,也存在多个计算公式。

(1) 技术就绪指数(technology readiness index,TRI)

所有工作分解单元的技术就绪水平量值的加权平均值。

$$TRI = \frac{\sum_{k=1}^{9} k \times WBE(k)}{\sum_{k=1}^{9} WBE(k)}$$

式中　　k——技术就绪水平值,$k = 1 \sim 9$;

$WBE(k)$——技术就绪水平达到第 k 级的工作分解单元数量。

(2) 技术增加值(technological value added,TVA)

评价期末与期初技术就绪指数的差值。

$$TVA = TRI_t - TRI_{t-1}$$

式中　TVA——评价期内的技术增加值;

TRI_t——评价期期末的技术就绪指数;

TRI_{t-1}——评价期期初的技术就绪指数。

(3) 技术成熟度要素值 (TRL factor score, TFS)

所选取要素分值的加和, 即

$$TFS = \Sigma \text{（所选取要素对应的分值）}$$

要素计算分值对应的级别如下:

当 TFS 在 10^0 到 10^1 之间时, 技术的成熟度级别为 1;

当 TFS 在 10^1 到 10^2 之间时, 技术的成熟度级别为 2;

当 TFS 在 10^2 到 10^3 之间时, 技术的成熟度级别为 3;

当 TFS 在 10^3 到 10^4 之间时, 技术的成熟度级别为 4;

当 TFS 在 10^4 到 10^5 之间时, 技术的成熟度级别为 5;

当 TFS 在 10^5 到 10^6 之间时, 技术的成熟度级别为 6;

当 TFS 在 10^6 到 10^7 之间时, 技术的成熟度级别为 7;

当 TFS 在 10^7 到 10^8 之间时, 技术的成熟度级别为 8;

当 TFS 在 10^8 到 10^9 之间时, 技术的成熟度级别为 9;

当 TFS 在 10^9 到 10^{10} 之间时, 技术的成熟度级别为 10;

当 TFS 在 10^{10} 到 10^{11} 之间时, 技术的成熟度级别为 11;

当 TFS 在 10^{11} 到 10^{12} 之间时, 技术的成熟度级别为 12;

当 TFS 在 10^{12} 到 10^{13} 之间时, 技术的成熟度级别为 13。

9.2.3 技术成熟度的评价流程

技术成熟度的评价根据需求不一样, 会采用不同的评价流程, 如图 9.1 所示。

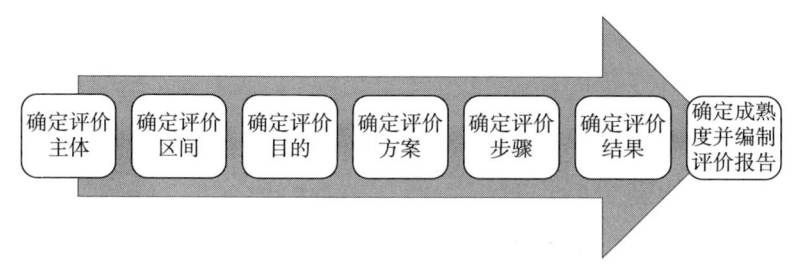

图 9.1 技术成熟度的评价流程

(1) 确定评价主体

应确定一个评价主体, 评价主体是对科研项目负责的组织或个人（国家标准委员会，2009）[199]。

(2) 确定评价区间

应确定一个评价区间。评价区间一般由起始时间和终止时间构成。根据评价区间可分为事前评价、事中评价、事后评价三种情况：①事前评价是指科研项目合同签订及签订前的各种评价；②事中评价是指科研项目合同签订后到科研项目验收时的各种评价；③事后评价是指科研项目验收后的各种评价。

(3) 确定评价目的

应确定主要评价目的。评价目的是评价方案制订的主要依据。

(4) 确定评价方案

应确定一个评价实施方案，不同的评价实施方案采用不同的计算公式。主要的评价方案包含三类：①直接通过级别内容判定并举证；②通过成熟度要素计算并分到不同的级别；③通过分解结构单元成熟度的加权计算，判定所处级别[199]。

评价实施方案应满足主要评价目的的要求。

(5) 确定评价步骤

应确定评价实施步骤。评价实施步骤应在一定范围内公开。

(6) 计算评价结果

① 数据采集。数据采集应来源于日常记录并规范保存的数据。因此，技术应根据本标准规定的术语进行日常管理，技术的基础数据之间应保持一定的逻辑关系。

② 权重确定。应根据技术类型、交付物、技术领域、工作分解结构等确定成熟度级别、成熟度要素、各要素对应的分值等。

③ 结果计算。根据评价方案，选择不同的成熟度计算公式，明确成熟度各级别、各分解模块、各要素，并根据各级别、各分解模块、各要素的分值计算成熟度所处的级别。

(7) 确定成熟度级别并编制评价报告

根据计算的结果，结合技术的实际情况，确定该技术的成熟度级别，并编制评价报告。

9.3 技术成熟度在不同领域的模型适用性研究

9.3.1 按照研究类型分类的技术成熟度研究

技术成熟度按照研究类型,可分为基础研究、应用研究和开发研究三类。

(1) 基础研究

基础研究类指进行应用基础技术的研发,从产生新想法、灵感、创意并以报告阐释概念开始,到形成论文发表并被引用、采纳,再到形成一门新的专业,将整个过程变成一套十三级的标准,见表9.4。

表9.4 基础研究十三级

成熟度级别		基础研究项目	举证要素/技术凭证	统计塔率
		里程碑定义	到达每一个里程碑的举证要素	
显性收益	第13级 回报级	在世界范围形成一门新专业	成为大学里的一个专业	1
	第12级 利润级	新知识国际推广应用,进入教科书	10^3量级应用,教科书	5
	第11级 盈亏级	新知识国内推广应用,进入大学课程	10^2量级应用,课件讲义	10
	第10级 销售级	新知识有了数个成功应用案例	10^1量级应用次数或案例	20
隐性收益	第9级 系统级	论文、著作、研究报告被引用或采纳	引用、采纳的凭证	30
	第8级 产品级	论文发表,报告立卷,著作出版	论文、报告、著作	40
	第7级 环境级	试验结果与理论相匹配、吻合	试验报告、鉴定结论	50
	第6级 正样级	实验室环境中实物功能性指标可测试	测试报告、实验报告	60
	第5级 初样级	实验室环境中部分实物仿真结论成立	部分实物仿真验证结论	70
	第4级 功能级	实验室环境中核心概念模型仿真结论成立	模型仿真验证结论	85

续表

成熟度级别		基础研究项目	举证要素/技术凭证	统计塔率
		里程碑定义	到达每一个里程碑的举证要素	
隐性收益	第3级 仿真级	被组织确定为一个值得探索的具体目标	方案：深入研究的技术方案、技术路径论证可行	90
	第2级 方案级	被同行、同事确定为一个值得探索的课题	论文：继续研究的学术价值获得初步认可并提出了研究方案、探索思路	95
	第1级 报告级	产生新想法、灵感、创意并以报告阐释概念	报告：观察到的现象、问题或需求	100
定义		\multicolumn{2}{l}{1. 基础研究是为了获得关于现象和可观察事实的基本原理的新知识（揭示客观事实的本质、运动变化规律，获得新理论、新学说）而进行的试验性或理论性研究，它不以任何专门或特定的应用或使用为目的，但一般具有广泛的应用前景 2. 基础研究项目的主要目标是获得新知识，其技术就绪水平第9级应该为新知识且被认可、被接受（杨陈，2019）[200]}	
备注		\multicolumn{2}{l}{1. 基础研究类成果的交付物主要是新知识、新理论，也需要不断得到验证或应用；8~11级为技术鸿沟，10~13级主要是应用阶段 2. 统计塔率：基础研究类的塔率更"尖"，与应用研究、开发研究相比成功率最低；表中采用模拟数据说明问题。实际使用时，要根据专业领域与应用范围的统计数据来不断迭代、修正}	

统计塔率，指的是在十三级成熟度分级的基础上，通过对统计数据的分析而得出的每个级别工作量的对应关系，经常呈正金字塔或倒金字塔形状。

（2）应用研究

应用研究类指进行的以实际应用为目的的研发，从发现新用途并形成思路性报告开始，到得到用户认可并转让，再到形成产业链并形成行业通用技术，将整个过程变成一套十三级的标准，见表9.5。

表9.5 应用研究十三级

成熟度级别		应用研究项目	举证要素/技术凭证	统计塔率
		里程碑定义	到达每一个里程碑的举证要素	
显性收益	第13级 回报级	成为行业内普及的通用技术	10^4量级应用，行业标准	10
	第12级 利润级	上千项应用，形成产业链	10^3量级应用，产品、产业链	20
	第11级 盈亏级	上百个企业或项目	10^2量级应用案例，标准化	30
	第10级 销售级	若干个企业或项目应用	10^1量级应用案例或次数，合同	40

续表

成熟度级别		应用研究项目	举证要素/技术凭证	统计塔率
		里程碑定义	到达每一个里程碑的举证要素	
隐性收益	第9级 系统级	产品、专有技术、专利技术被转让	产品设计定型，专利、样品	50
	第8级 产品级	样品得到用户认可	用户测试报告、鉴定结论	60
	第7级 环境级	中试环境中样品性能指标满足要求	样品测试指标达标、全部工艺流程确定	70
	第6级 正样级	小试环境中样品性能指标满足要求	样品测试指标达标、主要工艺流程确定	75
	第5级 初样级	相关环境中关键性能得到验证	关键性能指标、测试结论	80
	第4级 功能级	关键功能实现和实验结论成立	功能实验结论成立	85
	第3级 仿真级	在实验室环境中核心概念模型仿真结论成立	概念模型功能仿真验证结论	90
	第2级 方案级	形成特定目标的应用方案	方案，基本技术体系架构	95
	第1级 报告级	发现新用途并形成思路性报告	报告，产业、行业、市场前景	100
定义	1. 应用研究是指为了探索开辟基础研究成果可能的新用途，或者为了达到预定的目标探索应采取的新方法或新用途而进行的创造性研究，直接解决改造客观世界中的实际问题，主要针对特定的目的或目标 2. 应用研究项目的主要目标是获取新用途、新方法、新产品，介于基础研究和开发研究之间，比较接近于开发研究（陈信伟，姚佐文，2011）[201]			
备注	1. 应用研究类成果的交付物，也需要不断得到验证或应用；4～7级为技术鸿沟，10～13级主要是应用阶段 2. 统计塔率：应用研究类的塔率稍"宽"，成功率一般高于基础研究，但是低于开发研究类项目；表中采用模拟数据说明问题。实际使用时，要根据专业领域与应用范围的统计数据来不断迭代、修正			

（3）开发研究

开发研究类指进行的以技术开发并熟化为目的的研究，从发现问题和需求开始，到实际任务运行考验获得成果，再到实现利润回报，将整个过程变成一套十三级的标准，见表9.6。

表9.6 开发研究十三级

成熟度级别			开发研究项目	举证要素/技术凭证	统计塔率
			里程碑定义	到达每一个里程碑的举证要素	
显性收益	第13级	回报级	超过总投资额的利润回报	项目总收益－总投入≥0，财报、统计	30
	第12级	利润级	持续盈利	净利润≥总投入的50%，财报	35
	第11级	盈亏级	盈亏平衡	累计净利润≥0，合同、收款凭证	40
	第10级	销售级	△实现销售	销量≥盈亏平衡点数量的30%，发票	45
隐性收益	第9级	系统级	实际任务运行考验获得成功	产品第一次执行任务	50
	第8级	产品级	小批量试生产质量合格	可以交付使用的产品	55
	第7级	环境级	在实际环境中样机试验合格	现场实验或例行试验报告	60
	第6级	正样级	正样性能指标满足要求	提出性能测试指标、测试报告	65
	第5级	初样级	初样功能指标满足要求	提出功能测试的指标、测试报告	70
	第4级	功能级	▲关键功能实物验证	实验室、实物功能模型	80
	第3级	仿真级	核心技术概念仿真验证	虚拟或实物仿真概念模型	90
	第2级	方案级	提出了技术概念或开发方案	研究方案、实施方案等	95
	第1级	报告级	发现问题或需求并形成报告	发现报告、需求报告等	100
定义			1. 开发研究是指利用从基础研究、应用研究和实际经验所获得的现有知识，为了生产新的产品、材料和装置，建立新的工艺、系统和服务，以及对已经产生和建立的上述各项做实质性的改进和进行的系统性工作 2. 开发研究项目的主要目标是获取新产品，其技术就绪水平第九级应该为可以销售的产品（王骜菁，2015）[202]		
备注			1. 基础研究类成果的交付物，也需要不断得到验证或应用；7~10级为技术鸿沟，10~13级主要是应用 2. 统计塔率：开发研究类的塔率最"宽"，成功率一般高于基础研究；表中采用模拟数据说明问题。实际使用时，要根据技术领域、应用行业与市场范围的统计数据来不断迭代、修正		

9.3.2 按照技术领域分类的技术成熟度研究

技术成熟度可按照技术领域进行分类,每类技术领域会有一张技术成熟度分类表,目前选取已经形成的电子信息领域、新材料领域、航空航天领域、轨道交通领域、生物医药领域进行成熟度级别与要素分析。

(1) 电子信息领域技术成熟度研究

电子信息领域技术成熟度的每个级别约有 5 个要素,要素内容见表 9.7。

(2) 新材料领域技术成熟度研究

新材料领域技术成熟度的每个级别约有 1 个级别定义,暂时没有要素,内容见表 9.8。

(3) 航天航空领域技术成熟度研究

航空领域技术成熟度的每个级别有 3~5 个要素,要素内容见表 9.9。

(4) 轨道交通领域技术成熟度研究

轨道交通领域技术成熟度的每个级别只有 1 个级别定义,要素内容见表 9.10。

(5) 生物医药领域技术成熟度研究

生物医药领域技术成熟度的每个级别约有 4 个级别要素,要素内容见表 9.11。

9.3.3 按照交付物类型分类的技术成熟度研究

(1) 物化硬件技术成熟度研究

物化硬件技术成熟度的每个级别约有 4 个级别要素,要素内容见表 9.12。

(2) 信息化软件技术成熟度研究

信息化软件的技术成熟度的每个级别有 4~5 个级别要素,要素内容见表 9.13。

(3) 工艺方法技术成熟度研究

工艺方法技术成熟度的每个级别约有 4 个级别要素,要素内容见表 9.14。

第 9 章　全创新链研发与创新成果成熟度评价方法和模型

表 9.7　电子信息领域技术成熟度级别与要素

国标规定	奥斯陆手册	级别	简单表述	电子信息领域 硬件	要素 1	要素 2	要素 3	要素 4	要素 5
显性收益	商业成功	第十三级	回报级	研发投入收回并赚取利润	投入回报	收回研发投入	支持再次研发投入	形成完整的售后服务系统	产品的抽样检测合格率达到 6σ
		第十二级	利润级	每年有投入 10% 的利润	赚取利润，年度利润率达到 10%	能够大规模推广	批量完成用户培训	形成完整的售后服务系统	产品的抽样检测合格率达到 6σ
		第十一级	盈亏级	批量生产达到盈亏平衡点	该产品达到年度盈亏平衡	形成该产品的年度盈亏报表，能够批量生产	制定用户培训计划	形成完整的售后服务系统	产品的抽样检测合格率达到 6σ
		第十级	销售级	第一个销售合同回款	第一合同回款	第一笔合同签订	价格或功能相比存在类产品相比具有优势	能够进行售后服务，形成使用说明书、使用注意事项等一系列产品文档	产品的抽样检测合格率达到 5σ
隐性收益	产品或工艺创新	第九级	系统级	实际通过任务运行的成功考验	产品批量现场通过	在实际应用环境下进行工作	验证具备批量生产能力和保用能力	形成使用说明书、使用注意事项等一系列产品文档	产品的抽样检测合格率达到 4σ
		第八级	产品级	实际系统完成并通过实验验证	小批量生产通过试点现场使用	在实际使用环境（试点）下进行工作	验证生产样机功能性能指标满足实际使用要求	实际环境条件下运行 1000h，无故障时间 MBTF 达到一定要求，完成生产样机集成	不再发生大量的错误调试和设计更改，产品抽样检测合格率达到 3σ
		第七级	环境级	在外部环境中的系统样机试验	工程样机现场使用各项指标达到设计要求（冯婷婷等，2012）[203]	在典型使用环境（外场测试）下进行工作[202]	验证工程样机的功能性能指标满足典型使用要求[202]	形成用户评价意见和故障排除记录，完成工程样机集成[202]	蓝图、工艺、资料完善，产品的抽样检测合格率达到 2σ[202]

续表

电子信息领域

国标规定	奥斯陆手册	级别	简单表述	硬件	要素1	要素2	要素3	要素4	要素5
隐性收益	产品或工艺创新	第六级	正样级	相关环境中的系统样机演示	演示样机例试通过	在相关环境即典型模拟环境下进行工作	验证样机的功能性能指标满足要求	完成演示样机集成工作	蓝图完善,工艺和资料归档,产品的抽样检测合格率达到1σ
		第五级	初样级	相关环境中部件的仿真验证	原理样机全系统联调常温下达到设计指标	在相关环境即典型模拟环境下进行工作	部件的功能性能指标得到验证	对演示样机部件的功能模块进行设计加工	草图及工艺可行,检验1σ
	知识创新	第四级	仿真级	研究室环境中的部件仿真验证	关键部件试验实验室实测结果达标	关键部件、分机测试、例试资料归档	验证技术应用的关键功能和特性	对样品的部件和功能模块进行设计和加工,进行原理样机集成	形成功能的工作分解结构
		第三级	功能级	关键功能分析和实验结论成立	关键部件功能仿真	对关键部件的可行性进行论证	通过实验结论证实技术概念的关键功能实现	开始建设实验室环境	明确关键技术研发点
		第二级	方案级	形成了技术概念或开发方案	实施方案通过专家和组织评审	形成实施方案,技术指标	验证实施方案可行性	形成技术指标测试方案和风险管理方案	形成工作分解结构图
		第一级	报告级	观察到基本原理并形成正式报告	初步方案通过审批并正式立项	提出原理和技术概念	发现问题,提出解决方案的初步设想,并验证原理和思路可行	完成目标需求和应用前景的分析论证	了解国内外该领域现状

第 9 章 全创新链研发与创新成果成熟度评价方法和模型

表 9.8 新材料领域技术成熟度级别与要素

国际	图示		OECD	TRL级别	简称	自定义内容（1~13级）	要素1	要素2	要素3	要素4
显性收益	13	回报	商业成功	第十三级	回报级	项目总收益−总投入≥0				
	12	利润		第十二级	利润级	累计净利润≥总投入的50%				
	11	盈亏		第十一级	盈亏级	销售量达到盈亏平衡点，累计净利润≥0				
	10	销售		第十级	销售级	累计销量≥盈亏平衡点数量的30%				
	9	系统	产品或工艺创新	第九级	产业化阶段	产品生产要素得到优化，成为货架产品				
	8	产品		第八级		产品能够稳定生产，满足质量一致性要求				
	7	环境		第七级		产品通过用户测试认定，生产线完整，形成技术规范				
	6	正样		第六级	工程化阶段	试制品通过使用环境验证				
	5	初样		第五级		试制品通过模拟环境验证				
隐性收益	4	仿真	知识创新	第四级	实验室阶段	实验室制备工艺流程贯通，获得试制品，性能通过实验室测试验证				
	3	功能		第三级		将概念、原理实施于材料制备和工艺控制中，主要性能通过实验室测试验证				
	2	方案		第二级		材料设计和制备的基本概念、原理形成				
	1	报告		第一级						

表 9.9 航空领域技术成熟度级别及要素

国标		图示	OECD		TIL 级别	技术创新计量模型			级别要素/判定条件			
						简称	自定义内容（1~13级）	要素 1	要素 2	要素 3	要素 4	
显性收益	经济	13 — 回报 12 — 利润 11 — 盈亏 10 — 销售	商业成功		第十三级	回报级	稳定的利润回报	市场份额	收回投资	知名品牌	第三方评价
					第十二级	利润级	开始获利，提出下批次改进建议	商业合同	利润提升	目标状态	品牌声誉
					第十一级	盈亏级	实现盈亏平衡，建立本批次学习曲线	商业合同	开始盈利	曲线改善	市场口碑
					第十级	销售级	QCD 优化 10%，或达到预期指标	商业合同	销售收入	品管统计	检验报告
		9 — 系统 8 — 产品 7 — 环境 6 — 正样	产品或工艺创新		第九级	系统级	实际通过任务运行成功考验（飞试）	大批复制	工艺完善	系统成熟	质量达标
					第八级	产品级	实际产系统完成并通过验证（地试）	试产成功	工艺齐备	运行稳定	效果达标
					第七级	环境级	在实际环境中系统样机试验（例试）	批量运行	流程完备	系统完整	系统达标
					第六级	正样级	产品检验达到 5σ（千件）	中试运行	工艺改进	流程完整	效果达标
隐性收益	科技	5 — 初样 4 — 仿真 3 — 功能 2 — 方案 1 — 报告 EVA TVA	知识创新		第五级	初样级	军地双方批产准备状态（人机料法环）检查	功能示范	样品设计	样品制作	工艺达标
					第四级	仿真级	批产图纸、工艺、资料全面固化	试验模型	仿真验证	重复验证	样品合格
					第三级	功能级	制订问题解决方案，通过评审	功能设计	方法设计	理论验证	通过评审
					第二级	方案级	梳理上批次问题清单，各方确认	基本概念	技术原理	理论模型	解决方案
					第一级	报告级	确定上批次 QCD 定量指标	新发现	新问题	新要求	新创意

第9章 全创新链研发与创新成果成熟度评价方法和模型

表 9.10 轨道交通领域技术成熟度级别与要素

成熟度级别			Q/级别	
			里程碑/举证要素	举证要素
经济	第 13 级	回报级	收回投资并持续盈利	产品完全成熟，市场占有率进一步提升
	第 12 级	利润级	项目开始盈利	批产形成，开始大批量应用，产生收益
	第 11 级	盈亏级	公达到盈亏平衡点	实现两条新建线路应用，应用考核合格，具有100%国产化替代能力
	第 10 级	销样级	第一笔销售收入到款	完成两条大修改造线路应用考核，取得市场准入许可，用户开始应用，有合同收入
	第 9 级	系统级	实际通过任务运行成功考验	通过现场试验，取得上道试用许可
科技	第 8 级	产品级	实际系统完成并通过试验	完成安全评估，获得 SIL4 证书，具备现场试验条件
	第 7 级	环境级	在实际环境中系统样机演示	完成各种例试实验，各种指标测试合格
	第 6 级	正样级	相关环境中的系统样机试验验证	完成基于国产芯片产业化样机，正样流片，满足全部性能指标要求
	第 5 级	初样级	相关环境中的部件仿真验证	完成基于国产芯片的原理样机，初样流片，满足关键技术指标
	第 4 级	仿真级	相关环境中关键件仿真验证	完成基于国产芯片的原理验证样机，测试合格
	第 3 级	功能级	关键功能实验室验证	完成基于国产芯片的系统原理设计，关键功能模块开发，功能测试平台
	第 2 级	方案级	形成了技术概念/方案	完成基于国产芯片的功能性能需求报告，模块功能电路分解验证报告，平台接口子系统模块验证方案和关键技术攻关
	第 1 级	报告级	▲观察到基本原理并形成报告	完成基于国产芯片的可行性技术研究，竞品分析测试和对比试验

185

表 9.11 生物医药领域技术成熟度级别与要素

国标	图示	OECD	TIL级别	简称	自定义内容（1~13级）	要素 1	要素 2	要素 3	要素 4
显性收益	13 回报	商业成功	第十三级	回报级	项目总收益-总投入≥0	财会报表	管会报表	审计报告	纳税凭证
	12 利润		第十二级	利润级	累计净利润≥总投入的50%	财会报表	管会报表	审计报告	纳税凭证
	11 盈亏		第十一级	盈亏级	销售量达到盈亏平衡点，累计净利润≥0；四期临床试验通过	财会报表	管会报表	审计报告	销售台账
	10 销售		第十级	销售级	累计销量≥盈亏平衡点数量的30%	销售合同	销售发票	银行水单	财会报表
隐性收益	9 系统	产品或工艺创新	第九级	批准上市	获得国家主管机构批准上市	批准文号	生产许可	授权标准	医疗标准
	8 产品		第八级	临床三期	第三期临床试验通过验证	病例统计	病例分析	有效性达标	安全性达标
	7 环境		第七级	临床二期	第二期临床试验通过验证	病例统计	病例分析	有效性达标	安全性达标
	6 正样		第六级	临床一期	第一期临床试验通过验证	病例统计	病例分析	有效性达标	安全性达标
	5 初样		第五级	样品检测	国家指定的检测机构检测合格	实验样品	材料验证	实验合格	结果一致
	4 仿真	知识创新	第四级	设备准备	确定生产工艺，完成相应的结构设计	仿真模型	符合国标	实验成立	样品正确
	3 功能		第三级	生产许可	符合国家已颁布的医疗器械生产质量规范	理论模型	基本原理	生产许可	可行性论证
	2 方案		第二级	研发准备	形成了技术研发方案	技术方案	预期目标	理论阐述	总体构想
	1 报告		第一级	需求确认	提出新药构思、技术概念与研发构想	发现问题	发现需求	创意报告	调研报告

表 9.12 物化硬件技术成熟度

国标	图示	OECD	技术创新计量模型			级别要素/判定条件			
			TIL 级别	简称	自定义内容（1~13 级）	要素 1	要素 2	要素 3	要素 4
显性收益	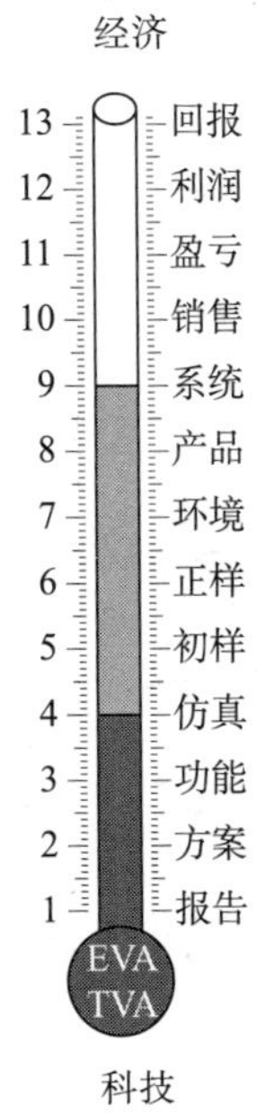 13 回报	商业成功	第十三级	回报级	累计净利润≥研发投入的100%后再投入	财会报表	管会报表	审计报告	纳税凭证
	12 利润		第十二级	利润级	年净利润≥研发投入的10%	财会报表	管会报表	审计报告	纳税凭证
	11 盈亏		第十一级	盈亏级	销售量达到盈亏平衡点，累计净利润≥0	财会报表	管会报表	审计报告	销售合账
	10 销售		第十级	销售级	累计销量≥盈亏平衡点数量的30%	销售合同	销售发票	银行水单	财会报表
	9 系统	产品或工艺创新	第九级	系统级	产品实际通过任务运行的成功考验	成批生产	设备齐全	工艺成熟	质量合格
	8 产品		第八级	产品级	小量试产合格、图纸完备、工艺完善	小量试产	工装齐备	工艺完善	质量合格
	7 环境		第七级	环境级	原型样机环境适应、整体例行试验成功	原型样机	全部测试	条件达标	测试通过
	6 正样		第六级	正样级	工艺流程完整、测试合格、图纸修改完成	性能样机	设计图纸	完整工艺	测试合格
	5 初样		第五级	初样级	完成图纸设计、关键工艺初次试验成功	功能样品	设计图纸	关键试验	验证可行
隐性收益	4 仿真	知识创新	第四级	仿真级	在实验室关键功能仿真验证能够实现	试验模型	仿真验证	重复试验	结论可行
	3 功能		第三级	功能级	关键功能经过分析论证能够实现	概念设计	解决方案	理论成立	论证可行
	2 方案		第二级	方案级	提出的技术概念、原理、方法论证可行	技术概念	基本原理	理论模型	实施方案
	1 报告 EVA TVA 科技		第一级	报告级	知识积累后有了新发现且以报告表达出来	新发现	新问题	新需求	新创意

表 9.13　信息化软件的技术成熟度级别与要素

国标规定	奥斯陆手册	级别	简单表述	软件计算/方法类	信息化软件 要素1	要素2	要素3	要素4	要素5
显性收益	商业成功	第十三级	回报级	研发投入收回并赚取利润	投入回报	收回研发投入	支持再次研发投入	形成完整的售后服务系统	软件错误率达到一定要求
		第十二级	利润级	每年有研发投入10%的利润	赚取年利润,年度利润率达到10%	能够大规模推广	批量完成用户培训	形成完整的售后服务系统	软件错误率达到一定要求
		第十一级	盈亏级	批产达到盈亏平衡点	形成该产品的年度盈亏报表,能够批量生产		制订用户培训计划	形成完整的售后服务系统	软件错误率达到一定要求
		第十级	销售级	第一个销售合同回款	第一笔合同回款	第一笔合同签订	价格或功能与同类产品相比存在优势	能够进行售后服务,形成使用说明书、使用注意事项等一系列产品文档	软件错误率达到一定要求
隐性收益	产品或工艺创新	第九级	系统级	系统通过实际运行指标合格	实际应用软件通过实际运行	在最终运行环境下工作	验证软件的实际应用效果	形成使用说明书、使用注意事项等一系列产品文档	流程归档,资料完善
		第八级	产品级	实际运行环境中指标测试合格	形成测试版本的软件,能实现几乎全部功能	在实际环境下工作	验证软件的可维护性、可靠性和可支撑性	完成软件的深度调试	完成大部分培训文件和用户使用文档
		第七级	环境级	运行环境中指标测试合格		在实验室外的运行环境下工作	每一个系统/软件接口能够在压力和异常情况下独立测试达标	确定最终系统/软件的操作环境	已经解决了大部分的错误
		第六级	正样级	模拟环境中原理或功能性指标通过	形成软件系统和原型	在模拟操作环境下工作	验证模块组件能够整合工作	建立系统软件框架和内部接口控制进程	在实验室环境中展示出软件系统和软件原型,形成文档

188

续表

国标规定	奥斯陆手册	级别	简单表述	软件/计算/方法类	信息化软件				
					要素1	要素2	要素3	要素4	要素5
隐性收益	产品或工艺创新	第五级	初样级	软件编制完成	完成整合后的功能模块的编码工作并进行测试,找出漏洞	工作环境为具有代表性环境的处理器和近似运行环境	验证功能模块可行并满足要求	建立系统软件框架和内部接口需求分析	在实验室环境中展示出整合后的功能和模块
		第四级	仿真级	软件架构完成	将算法转换成伪代码,完成数据需求和格式的分析	在简化环境下工作	验证软件的基本功能能够实现	形成初级方案,完成软件架构	在实验测试中展现独立的功能或模块,形成功能的工作分解结构,形成概念设计草稿文档
	知识创新	第三级	功能级	确认方案可行	形成软件算法大纲,证实软件能够满足运行需要	在实验室环境中的代理处理器上的运行算法程序	验证算法可行,软件可重复替代使用	开始系统建设开发	明确关键技术研发点
		第二级	方案级	形成技术方案	形成应用可行性方案并论证通过	纸面运算环境下工作	验证编码能够实现基本原理	初步编码	形成工作分解结构图
		第一级	报告级	发现数学原理或运算法则	初步方案通过单位审批并正式立项	提出原理和技术概念	验证概念的数学模拟能够通过软件实现	完成目标需求和应用前景的分析论证	了解国内外该领域现状

新兴技术监测与科技成果评价

表 9.14 工艺方法技术成熟度级别及要素

国标	图示	OECD	TIL级别	简称	自定义内容（1~13级）	要素1	要素2	要素3	要素4
显性收益 经济	回报	商业成功	第十三级	回报级	在全国推广/成功新业态/国外复制成功	知名品牌	收回投资	市场报告	第三方评价
	利润		第十二级	利润级	跨地区、跨行业复制推广成功，利润增长≥10%	商业合同	利润提升	运营团队	产业链管理
	盈亏		第十一级	盈亏级	本地、本行业复制推广成功，营收增幅≥15%	商业合同	开始盈利	品牌授权	市场份额
	销售		第十级	销售级	产品大批量销售，工艺/方法复制推广	商业合同	培训客人	品牌管理	市场战略
	系统	产品或工艺创新	第九级	系统级	具备大批量化复制条件，工艺/方法成熟	可成批复制	工艺完备	系统成熟	用户接受
	产品		第八级	产品级	完整工艺流程定型、流程完备、运行方法成型	无操作障碍	流程齐备	运行稳定	效果达标
	环境		第七级	环境级	成套工艺流程运行，实际操作环境试验合格	全程运行	全部测试	条件达标	效果达标
	正样		第六级	正样级	部分主要工艺流程试运行，流程验证可行	全能运行	流程改进	完整流程	效果达标
	初样		第五级	初样级	核心工艺/方法试验，流程可行，操作测试通过	功能示范	流程设计	关键环节	工艺达标
隐性收益 科技	仿真	知识创新	第四级	仿真级	关键功能在模拟实验中仿真验证结论成立	试验模型	仿真验证	重复验证	结论可行
	功能		第三级	功能级	关键功能，方法经过论证目前能够做到	功能设计	解决方案	理论成立	论证可行
	方案		第二级	方案级	提出满足需求或解决问题的整体方案	整体概念	基本原理	理论模型	实施方案
	报告		第一级	报告级	发现新需求或新问题目明确表达出来	新发现	新问题	新需求	新创意

第 9 章　全创新链研发与创新成果成熟度评价方法和模型

(4) 报告、政策技术成熟度研究

报告、政策等软科学技术的技术成熟度的每个级别约有 4 个级别要素，要素内容见表 9.15。

表 9.15　报告、政策等软科学技术级别及要素

国标	图示	OECD	TIL 级别	简称	知识创新计量模型 自定义内容（1~13 级）	级别要素/判定条件 要素 1	要素 2	要素 3	要素 4
显性收益	回报 政策 13	商业成功	第十三级	政令法律	政策或法律法规正式颁布生效	新专业	新领域	基础课程	全国推广
	利润 12		第十二级	满足预期	政策预期目标实现 90%，第三方评价	跨行推广	异地推广	政策指南	专业课程
	盈亏 11		第十一级	基本达标	政策预期目标实现 70%，第三方评价	实施方案	本地推广	培训教材	培训收入
	销售 10		第十级	初见成效	政策预期目标实现 50%，第三方评价	纳入教材	纳入政策	多次引用	多次宣讲
	系统 9		第九级	构成体系	本政策与其他政策无缝衔接	同行认可	政府认可	媒体认可	报告演讲
	产品 8 环境 7	产品或工艺创新	第八级	颁布政策	文件下发，推广执行，接受公开监督	论文、报告	条款可操作≥90%	知行匹配度≥70%	达到预期目标≥70%
	正样 6		第七级	试点报告	试点效果获得验证、认可	通过评审	条款可操作≥80%	知行匹配度≥60%	达到预期目标≥60%
	初样 5 仿真 4		第六级	试点方案	初次试点开始验证	多重试点 成功案例	条款可操作≥70%	验证可行	达到预期目标≥50%
隐性收益	功能 3	知识创新	第五级	文本通过	报告、政策文本通过终审	初次试点	量、质、效指标明确	事、财、人主体成立	前、中、后界面明确
	方案 2		第四级	社会意见	广泛征求社会各界意见，获得多数认可	建立模型	建立机制	逻辑成立	原理正确
	报告 1		第三级	政策初稿	参考以往政策提出政策工具、原理可行	顶层设计	流程概述	运作方式	组织架构
	EVA TVA 知识		第二级	建议方案	提出解决办法实施方案	解决方案	预期目标	理论阐述	总体构想
			第一级	研究报告	发现问题/分析需求或调研并形成报告	发现问题	发现需求	调研报告	建议报告

(5) 论文、专著技术成熟度研究

论文、专著等知识产权类的技术成熟度的每个级别有3~4个级别要素，要素内容见表9.16。

表9.16 论文、专著等知识产权类技术成熟度级别与要素

国标	图示	OECD	TTL级别	简称	自定义内容（1~13级）	级别要素判定条件			
						要素1	要素2	要素3	要素4
显性收益	学科	商业成功	第十三级	回报级	形成一个新领域，获国内外应用	新专业	新学科	新研究领域	本科生课程
			第十二级	利润级	形成一套新教材，被多个行业引用	新教材书	新专业理论	专业招生	研究生课程
			第十一级	盈亏级	形成一个新的学说或理论体系得其他行业认可	学术界认可	科技界认可	工程界认可	
		产品或工艺创新	第十级	销售级	被同行多次引用并成为热点（被SCI/EI/ISTP等学术刊物纳入索引、引用、采纳、应用）引起学者跟进研究	广为引用	纳入教材	纳入课程	媒体多重报道
			第九级	系统级	新概念、新知识获得广泛认可，著作等出版、报告刊发表在国内外顶级刊物上	新概念介绍	新知识讲解	多重案例	媒体多重报道
			第八级	产品级	论文、著作等出版、并发表在国内外顶级刊物上	论文发表	报告刊载	著作发行	学术报告
			第七级	环境级	国际同行评议获得多数认可/各界评论普遍同意或认可	同行认可	有新发现	有新观点	有新理论
			第六级	正样级	实验室环境中实物功能性能可测试/国内同行评议第三稿结论成立/修订完成第一稿	功能试验	性能试验	指标测量	验证通过
			第五级	初样级	实验室环境中半实物模拟结论成立/第一稿完成征求二稿/征求专家意见	实验模型	过程验证	结论成立	结果重复
隐性收益	知识	知识创新	第四级	仿真级	提出理论模型	模拟模型	机制验证	逻辑成立	原理正确
			第三级	功能级	提了了研究目标、基本原理或机制，核心概念	理论模型	基本原理	机制阐述	核心概念
			第二级	方案级	解决方案/目标现象/短期研究或立项报告	解决方案	预期目标	理论阐述	总体构想
		EVA TVA	第一级	报告级	发现问题/现象并提出提出报告	发现问题	发现需求	调研报告	建议报告

(6) 生产线、生产装备技术成熟度研究

生产线、生产装备等生产要素1技术成熟度的每个级别约有5个级别要素，要素内容见表9.17。

表 9.17　生产线、生产装备技术成熟度级别与要素

成熟度级别		里程碑(中国)	PMBOK	Q(技术质量)					C 经费(万元)	D 时间(月)
				要素1	要素2	要素3	要素4	要素5		
回报	13 回报级	项目总收益-总投入≥0	收尾	投资收回	明星产品	形成规模	售后服务	反馈意见		
	12 利润级	累计净利润≥投资额的50%	收尾	跟踪评价	市场占有	引导消费	售后服务	反馈意见		
	11 盈亏级	销量≥盈亏平衡点/净利润≥0	收尾	项目达产	全部回款	需求扩大	售后服务	反馈意见		
	10 销售级	累计销量≥盈亏平衡点的30%	收尾	交付使用	一笔回款	陆续增加	售后服务	反馈意见		
	9 系统级	正式交付使用/投入大批生产	监控	现场验收	专家会议	验收通过	BOT	交钥匙		
	8 产品级	通过了运行测试验收	监控	决算审计	审计批复	档案验收	验收申请	验收完成		
	7 环境级	通过了系统测试验收	监控	环境验收	职业卫生	安全验收	消防验收	档案预验		
	6 正样级	通过了单项测试验收	监控	工艺设备	配套工房	公用设备	外线验收	全线贯通		
	5 初样级	项目实施	执行	完成30%	完成60%	完成90%	完成100%	完成全部		
	4 仿真级	实施设计/方案得到批复	执行	完成初设报告编制	厂所级评审通过	集团评审通过	委托评审	政府部门/集团批复		
	3 功能级	可行性研究报告获得批复	规划	完成可研报告编制	厂所级评审通过	集团评审通过	政府部门评审	政府部门批复		
投资	2 方案级	项目建议书通过立项评审	规划	厂级评审通过	院级评审通过	集团评审通过	政府部门初审	委托评估		
	1 需求级	编制项目建议书	启动	研制项目需求	总体建设方案	总体建设方案	总体目标	路线图		
小计				按照技术条件或产品标准测试					200	36

第10章 科技成果技术成熟度评价系统应用

10.1 系统概述

10.1.1 开发目标

采用数据融合技术、数据仓库技术和数据建模技术建设大规模数据采集和汇聚平台，建设海量数据高性能处理和分析平台，构建安全脱敏的数据开放服务接口，开放面向公众的科技成果技术成熟度评价平台。

本系统提供的数据服务即平台门户，由公众、会员及管理三类门户构成，面向公众、会员及平台管理员提供服务。公众门户基于集成的科技数据资源动态发布项目、法人及人才三大科技指数，同步分析当前技术态势、科技资源分布、技术供需鸿沟，开放技术超市、提供技术供需匹配、科技数据查询、科技推荐、数据定制等服务；会员门户通过技术网店的方式向会员提供科技管理及标准化评价过程管理服务；管理门户提供用户管理、用户授权、API调用监管、作业审查、作业监控、安全监控等功能，管理日常运营、流程审核、数据维护、系统维护等内容。

10.1.2 开发背景

2017年9月26日，国务院印发《国家技术转移体系建设方案》，其中提出"推广技术成熟度评价"。本系统为国内首个以技术成熟度作为核心评价工具，基于 GB/T 22900—2009《科学技术研究项目评价通则》和 T/TMAC 002.F—2017《技术成果交易评价》开发形成的集标准化、定量化、专业化为一体的评价系统。

本系统是国家重点研发计划"科技成果与数据资源产权交易技术"支持形成的成果之一，包含了"科技成果技术成熟度评价模型方法"和"科技成果技术经济价值评价模型方法",由北京理工大学、中国科学院大学、中关村巨加值科技评价研究院、国家知识产权局知识产权发展研究中心研究并开发形成。

10.1.3 系统运营方案

（1）基本服务

免费会员。提供有关技术成熟度评价的基本服务。

（2）配套服务

建立科技评估师职业培训证书制度；提供第三方评价服务，并且配置第三方支付接口。

10.2 科技成果技术成熟度评价概述

10.2.1 评价体系

"第三方科技成果标准化评价"依据 GB/T 22900—2009《科学技术研究项目评价通则》，构建一套"标准化+专业化"的评价体系，完成对科技成果技术创新性、技术成熟度、产业化风险、专利价值、市场全价值的评价（彭文辉，于化鹏，2018）[204]。

"标准化"指通过标准化的填报表单采集评价所需的基础数据，根据标准化的分析方法形成若干张技术报表，利用标准化的运算公式得出评价指标；"专业化"指由"科技评估师"（国家职业培训证书）采集证明材料、检索专利库、查阅市场行业数据，由行业专家完成技术性分析。完成上述评价后，由一名"科技评估师"签字并负责每份报告的真实性（中国技术市场协会，2017）[205]。

10.2.2 评价流程

科技成果技术成熟度评价共分为以下四步：

第一步，提供数据（登录系统填写表单或线下提供纸质材料）。

第二步，获取自评价结果。

第三步，与一对一的"科技评估师"进行沟通，补充完善数据。

第四步，获取科技成果第三方评价报告（由科技评估师+行业专家完成）。

10.2.3 评价权威性

"科技成果第三方评价"具备三大特性，保证评价权威性。

① 评价报告依据 GB/T 22900—2009《科学技术研究项目评价通则》，并由具备国家职业培训证书的"科技评估师"和行业专家共同出具，保证评价报告的权威性。

② 本系统包含 TRL Calculator 标准数据库、技术产品工作分解结构数据库、细分行业领域市场数据库、专利分析数据库等，有效支撑评价报告结论的完整性。

③ 评价报告结论包含技术创新性、技术成熟度、产业化风险、专利价值、市场全价值的评价，保证评价报告的全面性[205]。

10.2.4 评价应用方向

"科技成果第三方评价"出具的报告能够应用在如下几方面：
① 科技成果的奖励和鉴定。
② 技术转让、咨询、服务、开发、交易前的简单了解。
③ 科技成果转化前的定价参考。
④ 科技项目投融资前的评估评价。
⑤ 其他评估评价需求。

10.3 数据管理

10.3.1 数据坐标系

（1）从项目角度的数据分类
主要考虑以下五个层面：
① 涵盖"基础研究、应用研究、开发研究"。
② 涵盖"硬件、软件、专利、标准、论文"等16种交付物。
③ 每种交付物涵盖的 TIL1～TIL13 级。

④ 考虑每个 TIL 级别的"质量 5 要素、成本 3 要素、进度 1 要素"（具体详细信息参见第 9 章）。

⑤ 考虑事前（项目指南、招投标 2 要素）、事中（进度付款、中期评估 2 要素）、事后（后评估/跟踪评价 2 要素）各要素。

(2) 从应用角度的数据分类

主要考虑以下五个层面：

① 涵盖"政产学研人金介"7 类用户，分别涉及政府、产业企业、高校、科研机构、发明人、金融投资机构、科技服务中介。

② 涵盖"高、中高、中低、低"4 类技术密集度。

③ 涵盖国民经济行业分类中的 82 类行业。

④ 围绕"项目、法人、人才"3 类技术载体评价。

⑤ 围绕"计量、评价、交易"3 类行为。

10.3.2 数据来源

(1) 国家部委开放数据

国家统计局《中国科技统计年鉴》等公布的数据（含项目、法人、人才等共性数据）；承担科技部年度企业创新调查和企业创新能力评价，共享的数据；国家科技资源共享研究中心共享的数据。

(2) 市场开放数据

来自企业、用户和行业的科技数据，将会逐渐变成实时数据。

10.3.3 数据保护

在该平台上，将采用严密的知识产权保护制度。

(1) 发布"共性"数据的条件

"政产学研人金介"7 类用户，都是数据的提供者，同时也是数据的使用者。

(2) 发布"个性"数据的条件

个性数据只有在征得数据提供者同意后才可以对外发布。凡是参加"百强"排序的用户，均视为同意发布其个性数据，在参加"百强"排序之前签约的合同中，均有约定。同时，任何个性数据的发布，都必须遵守国家法律的规定。

10.4 系统功能及实例

10.4.1 系统功能概述

平台由门户服务、成熟度评价及数据处理三个系统构成,其中成熟度评价由科技资源采集、科技资源审核、科技资源评价、科技资源发布、科技指数发布、科技资源应用、科技资源配置等业务子系统及标准管理和系统管理两个应用支持子系统构成。评价系统的支撑体系包括:科技评价成熟度体系、技术度量标准体系、科技资源分类标准体系、资源应用相关制度与标准等文件体系。技术成熟度评价系统功能结构包括:

(1) 数据前置管理

数据前置管理由采集规范管理及数据采集管理构成,通过规范可定义采用规则,并将该规则应用到采集过程中。数据采集通过数据库对接、互联网爬虫、服务器对接、文件导入工具、应用系统对接等技术实现。平台提供按照采集规范定义的科技成果、科技项目申报工具,以标准格式采集数据,形成平台中标准化数据基础。

(2) 数据审核管理

数据审核管理由数据整合管理及数据验证管理构成,通过数据集成技术整合各类采集的数据资源,并按照数据规范验证关键内容,保证数据质量。

(3) 成熟度评价管理

成熟度评价包括成果评价、项目评价,评价结论可用于支持成果转化及绩效考核。成果评价管理内容包括评价方案、评价计分、成果诊断、评价分析、专家管理及机构管理。评价管理功能支持第三方评价。

(4) 数据发布管理

按照评价结论对科技数据特征元素进行标定和评级,形成每项科技数据的技术条码,该条码集成了技术、创新等重要特征,用于科研活动创新状态的识别、计量和比较。

(5) 成熟度评价指数管理

成熟度评价指数分为项目、成果两类,指数生成管理包括指数模型、数据分析、指数测算等功能,指数发布需通过约定的审核流程。

10.4.2 用户注册

（1）系统登录入口

该科技成果评价系统已申请著作权，开发完成的软件系统配置在中关村巨加值科技评价研究院的官网，对外实现免费开放。对外服务时，本系统的名称为：科技成果（专利技术）第三方评价系统。该单位通过对外合作，也将本系统外挂于多家单位的门户网站。

本系统登录网址：http：//www.tpste.cn/，访问该网址后，即进入登录界面，如图 10.1 所示。

图 10.1　成熟度评价系统登录界面

（2）用户注册

第一次进入本系统时，需要完成信息注册，才能够使用本系统的功能，用户注册界面如图 10.2 所示。

图 10.2　用户注册界面

(3) 系统管理

用户在登录界面经过身份验证后，可以进入系统的主界面，即系统管理界面，如图 10.3 所示。在系统管理界面中，可以了解到完成的工作任务中，涉及的机构数量及评价的成果数量；新提交的任务；新需求及工作任务的完成比例情况。

图 10.3　系统管理界面

10.4.3　科技成果评价

本系统可以分别对科技成果和专利技术实现第三方评价，本书以科技成果评价为例展开说明。

用户开展科技成果的新工作任务评价时，单击界面中的"添加成果"按钮，即可进入成果相关信息的输入界面。成果相关信息包括六个部分：基本信息、知识产权、成熟度、结构信息、技术信息和市场信息。

1. 基本信息

基本信息的处理包括两个部分：基本概述信息、单位信息与成果附件。

(1) 基本概述信息

基本概述信息的输入界面如图 10.4 所示。

(2) 单位信息与成果附件

单位信息与成果附件数据输入界面如图 10.5 所示。

第 10 章 科技成果技术成熟度评价系统应用

图 10.4　基本概述信息的输入界面

图 10.5　单位信息与成果附件数据输入界面

（3）填写说明

基本信息的输入需要注意一些基本原则，相关填写说明见表 10.1，填写案例见表 10.2。

表 10.1　基本信息填写说明

成果名称	需要填写申报项目的全名称			
主交付物类别	填写申报项目最终成果的类别，根据实际成果，只填写选项中的一项			
应用市场	填写最终成果未来应用的行业领域	二级行业领域	三级行业领域	市场背景的相关介绍
产业链位置	最终成果所处的技术领域，可逐级细分	二级行业领域	三级行业领域	
基准时间	项目申报填写时间			
简介	对最终成果进行简单的描述，最好包括技术成果在应用领域的背景和技术成果的先进程度与未来一段时间内的市场份额。字数在 200 字以内			

表 10.2　基本信息填写案例

成果名称	磁吸车			
主交付物类别	物化实体			
应用市场	制造业	其他运输设备	城市轨道交通设备制造	主要应用在公共交通领域
产业链位置	车辆牵引技术	运行控制技术	车辆设计	
基准时间	2016 年 11 月 24 日			
简介	预计到 2020 年，全国拥有轨道交通的城市将达到 50 个，总里程达到近 6000 公里的规模，投资也将达 4 万亿元。其中，2014 年我国城市轨道交通投资将达到 2200 亿元，比 2013 年增加 400 亿元。我国城市轨道交通已获批复的城市已达 36 个，在建里程超过 2000 公里，"十二五"末期，我国轨道交通运营里程将超过 3000 公里。根据统计的 36 个计划建设城市轨道交通项目城市的规划，2009—2020 年，城市轨道交通新增营业里程将达到 6560 公里，截至 2020 年，我国城市轨道交通累计营业里程将达到 7395 公里。 根据《中国城市轨道交通市场调查研究与发展趋势预测报告（2015—2020 年）》数据显示：2014 年"新型城市用交通车辆"细分市场份额为 500 亿 ~600 亿元			

2. 知识产权

（1）知识产权信息输入

知识产权信息输入界面如图 10.6 所示。

图 10.6　知识产权信息输入界面

（2）知识产权信息填写说明

知识产权信息填写，需要注意一些基本原则，相关填写说明及案例见表 10.3。

第 10 章 科技成果技术成熟度评价系统应用

表 10.3 知识产权信息填写说明及案例

知识产权类型	产权号	申请时间	授权时间	公开日	许可次数	产权所有人
知识产权类型主要是专利权、商标权、著作权，请根据您拥有的类型选择填写						
专利权	×××	2012.11.02	2013.02.03	2063.02.03	2	某某某
	可添加					
	可添加					
商标权	×××	2012.11.02	2013.02.03	2063.02.03	2	某某某
	可添加					
	可添加					
可添加部分包括著作权等						

3. 成熟度

基本信息的处理包括两个部分：成熟度概述信息和成熟度详细信息。

（1）成熟度概述信息

成熟度概述信息输入界面如图 10.7 所示。

图 10.7 成熟度概述信息输入界面

（2）成熟度详细信息

成熟度详细信息输入界面如图 10.8 所示。

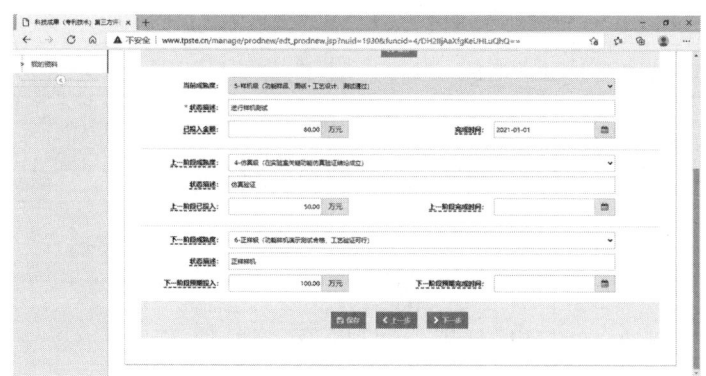

图 10.8 成熟度详细信息输入界面

(3) 成熟度信息填写说明

成熟度信息的填写需要注意一些基本原则,填写说明见表 10.4,填写案例见表 10.5。

表 10.4 成熟度信息填写说明

阶段	成熟度级别	状态描述(填写)	总投入(填写)	时间
当前成熟度级别所处阶段	根据申报项目当前的技术状态,并结合十三级的描述填写成熟度级别	对这一级别的科技成果的技术状态进行简单的描述(不超过30个字),可结合十三级的描述填写	此申报成果研究到当前状态共花费的资金总额	显示基准时间(不用填写)
上一阶段	到当前成熟度前一级别			
下一阶段	当前成熟度后一级别			

表 10.5 成熟度信息填写案例

阶段	成熟度级别	状态描述(填写)	总投入(万元)	时间
当前成熟度级别所处阶段	5	饮水机初样完成,交由爱凯公司进行测试	100	显示基准时间
上一阶段	到当前成熟度前一级别	完成饮水机仿真实验	50	
下一阶段	当前成熟度后一级别	发表《光子臭氧直饮水机的研制和探索》并完成饮水机功能优化	200	

4. 结构信息

结构信息的处理包括两个部分：结构概述信息和结构详细信息。

（1）结构概述信息

结构概述信息输入界面如图 10.9 所示。

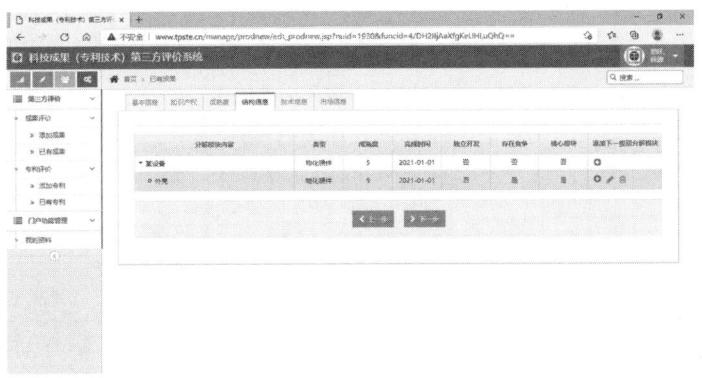

图 10.9　结构概述信息输入界面

（2）结构详细信息

结构详细信息输入界面如图 10.10 所示。

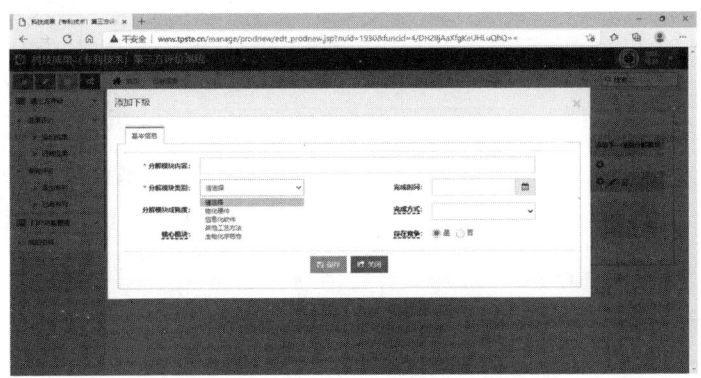

图 10.10　结构详细信息输入界面

（3）结构信息填写说明及案例

科技成果结构信息填写需要注意一些基本原则，填写说明见表 10.6，填写案例见表 10.7。

表 10.6　结构信息填写说明

一级 WBE（名称）	直接显示成果名称
二级 WBE（编码）	1.1
二级 WBE（名称）	将申报项目的最终成果按模块分解。例如飞机，有发动机、机身、内饰、传电等模块。有多少个模块就添加多少个二级 WBE
成熟与否	判断此项技术是不是成熟技术，如果还在研发过程中为不成熟技术
外协与否	判断此项技术是不是外协，如果需要对外购买为外协，自给自足则不是外协
三级 WBE（编码）	1.1.1
三级 WBE（名称）	将申报项目的最终成果二级 WBE 按模块继续分解。例如飞机机身，有机体、机翼、尾翼、起落架等模块。有多少个模块就添加多少个三级 WBE
成熟与否	判断此项技术是不是成熟技术，如果还在研发过程中为不成熟技术
外协与否	判断此项技术是不是外协，如果需要对外购买为外协，自给自足则不是外协

表 10.7　结构信息填写案例

一级 WBE	二级 WBE		成熟与否	外协与否	三级 WBE		成熟与否	外协与否
	编码	名称			编码	名称		
直接显示成果名称	1.1	油门踏板	成熟	外协	1.1.1	刹车灯	成熟	外协
					1.1.2	连杆	成熟	外协
					可添加	可添加	可添加	可添加
	1.2	控制装置	否	否	1.2.1	壳体	不成熟	否
					1.2.2	滑动支杆	不成熟	否
					1.2.3	磁铁 I	不成熟	否
	1.3	电容器	成熟	否				
	可添加							

5. 技术信息

技术信息的处理包括两个部分：技术概述信息和技术详细信息。

（1）技术概述信息

技术概述信息输入界面如图 10.11 所示。

第 10 章 科技成果技术成熟度评价系统应用

图 10.11 技术概述信息输入界面

（2）技术详细信息

技术详细信息输入界面如图 10.12 所示。

图 10.12 技术详细信息输入界面

（3）技术信息填写说明及案例

科技成果技术信息填写需要注意一些基本原则，填写说明见表 10.8，填写案例见表 10.9。

表 10.8 技术信息填写说明

	1. 对比参照物
已有技术	填写与申报项目功能相同或类似的技术（国际通用和国内通用的技术）
	可添加
已有产品	填写与申报项目功能相同或类似的产品（国际通用和国内通用的产品）
	可添加

续表

2. QCD 提升（选择上述产品或技术的其中一项；如有多项需要填写本表格以下部分可以复制后填写）

	QCD 提升对象名称：			
	① 性能指标提升			
性能指标提升	性能指标提升请按照技术指标如实填写	参照指标值请如实填写	本指标值请如实填写	提升程度（自动计算，由填写人确认）可添加
	② 成本优势			
成本优势	参照物成本如实填写	本技术成本如实填写	提升程度（自动计算，由填写人确认）	
	③ 使用周期优势			
使用周期优势	参照使用周期如实填写	本技术使用周期如实填写	提升程度（自动计算，由填写人确认）可添加	

表 10.9　技术信息填写案例

	1. 对比参照物			
已有技术	高铁			
	可添加			
已有产品	大客车			
	可添加			
	（1）QCD 提升对象名称：高铁			
	① 性能指标提升			
性能指标提升	传输速率（秒）	20	10	提升程度（自动计算）
	差错率	0.01	0.005	
	② 成本优势（万元）			
成本优势	1000	200	提升程度（自动计算）	
	③ 使用周期优势（年）			
使用周期优势	10	20	提升程度（自动计算）	
	（2）QCD 提升对象名称：大客车 QCD 提升			
	填写内容参见：" （1）QCD 提升对象名称：高铁"			

6. 市场信息

（1）市场信息输入界面

市场信息输入界面如图 10.13 所示。

第 10 章　科技成果技术成熟度评价系统应用

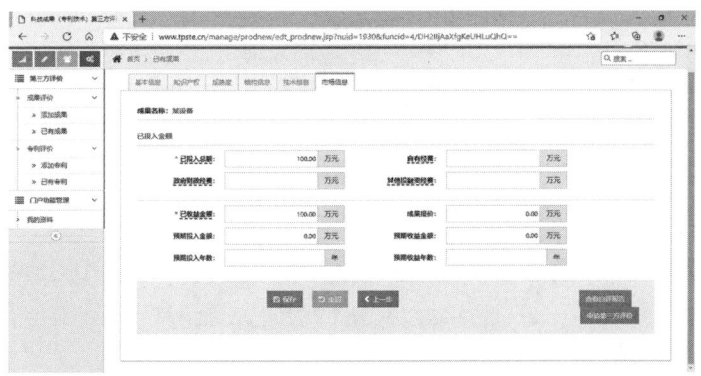

图 10.13　市场信息输入界面

（2）市场信息填写说明及案例

科技成果市场信息填写说明及案例见表 10.10。

表 10.10　市场信息填写案例

栏目	填写说明	填写案例
已投入金额（万元）	请根据实际情况填写以上内容	50
已收益金额（万元）	直接填写	20
预期投入（万元）	直接填写	100
预期收益（万元）	直接填写	2000

说明：图 10.13 中其他信息的输入，可根据需要和实际情况填写。

10.4.4　自评价报告

用户完成上述信息输入之后，有两个途径获得评价结果：一是选择在线的自评价报告查询；二是申请第三方评价。在目前的科技成果评价活动中，一般是定性和定量相结合的评价，产生的评价结论应该会相对客观一些。如果用户只是需要对科技成果或专利作简单的了解，在线的自评价报告是一个比较好的选择。

（1）自评价简要报告

用户完成上述所有信息输入后，单击"查看自评价报告"，即可查看系统的自评价结果，如图 10.14 所示。

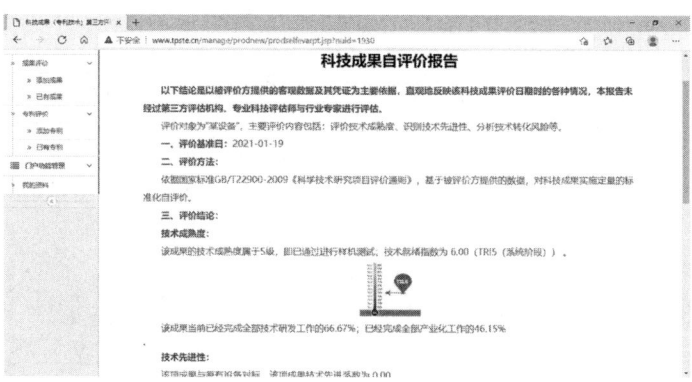

图 10.14　用户自评价简要报告界面

（2）自评价详细报告

在用户自评价简要报告界面，单击"自评价报告详细内容"，即可查看系统的自评价详细内容，如图 10.15 所示。

图 10.15　自评价详细报告界面

第 11 章 科技成果技术成熟度方法模型的科技项目评价应用

中关村巨加值科技评价研究院按照《国务院关于优化科研管理提升科研绩效若干措施的通知》（国发〔2018〕25 号）（以下简称 25 号文）提出的一表多用、对关键节点实行里程碑式管理、减少科研项目实施周期内的评估、检查、抽查等活动的要求，对"FPGA 芯片研发项目"进行以技术成熟度评价为核心的事前（项目指南、项目申报、专家论证、任务书签定四个环节）第三方标准化评价，并将评价结果用于该项目的全周期（成熟度 1~13 级）、全时态（事前+事中+事后）、全角色（甲方+乙方+丙方）、全标的（主交付物+副交付物）管理。

11.1 试点目标

（1）事前"标准化表达"

① 为"项目申报"提供自评价的方法与工具。培训项目负责人学会使用三张《技术报表》对科研项目进行标准化表达，让项目负责人掌握项目量化管理的工具与方法，并在项目全寿命周期对项目实施量化管理。辅导项目负责人编制本项目的三张《技术报表》并完成"项目申报"。项目申报书中的三张《技术报表》的填报，本身就相当于一份自评价报告。

② 为"项目论证会"提供第三方标准化评价报告。为"项目论证会"上的专家提供两份评价报告：一份是项目申报书中的三张《技术报表》，相当于自评价报告；另一份是第三方标准化评价报告，相当于医院检验科的报告。论证专家根据两份报告提出自己的修改意见。类似医生根据病人"自述"和医院的各种化验单，然后开处方。

③ 为"项目任务书"提供三张《技术报表》。经过"项目论证会"上的专家修改过的三张《技术报表》，可以作为"项目任务书"的附件。

(2) 事中"结构化统评"

① 为项目"立体统计"提供方法和工具。质量成本进度表（QCD）也是一个立体统计工具。在项目执行的过程中，只需要每个课题的负责人向项目负责人报告、项目负责人向管理方报告达到哪个级别的目标即可。

② 为项目"阶段评价"提供方法和工具。质量成本进度表（QCD）也是一个阶段评价表。在每一个里程碑上，都设置 3~5 个小里程碑，作为阶段目标达到的检验标志。只需要举证里程碑的完成情况即可。

③ 为项目"里程碑付款"提供技术凭证。质量成本进度表（QCD）也是一个里程碑付款的技术凭证。每完成一个里程碑，就有相应的里程碑付款。也可以按照每个年度几个里程碑之和，在适当的节点一次性付款。

(3) 事后"学习型曲线"

① 为项目"考核体系"提供简化工具。质量成本进度表（QCD）也是一个最终考核表。在到达最后一个里程碑后，需要算总账。在前几个里程碑没有扎实完成的工作，在后续里程碑上必然通不过。

② 为项目"政策体系"提供简化工具。质量成本进度表（QCD）也是一个政策兑现表。最终一个里程碑完成，不但需要付款，其相应的政策也应该兑现到位。

③ 为项目"学习曲线"提供"数据支持"。质量成本进度表（QCD）也是一个学习曲线表。该项目研制"事前、事中、事后"三个阶段的三张《技术报表》的数据，代表不同时态的数据，可以据此描绘一条学习曲线。

11.2 试点结果样例

本次试点选取"FPGA 芯片研发项目"进行具体分析，结果见表 11.1~表 11.4。

表 11.1 标准化评价结论及建议

栏目	项目名称	项目负责人及团队	项目承担单位
	FPGA 芯片研发项目	项目负责人：×× 项目团队：101 人	××
评价目的	能否满足指南要求、实现进口替代、摆脱"卡脖子"困境	项目负责人与团队能否胜任研发工作任务	项目承担单位是否具备实现预期目标的条件

第11章 科技成果技术成熟度方法模型的科技项目评价应用

续表

栏目	项目名称	项目负责人及团队	项目承担单位
	FPGA芯片研发项目	项目负责人：×× 项目团队：101人	××
评价要求	25号文第（十一）条：技术和产品开发类项目重点评价新技术、新方法、新产品、关键部件等的创新性、成熟度、稳定性、可靠性，突出成果转化应用情况及其在解决经济社会发展关键问题、支撑引领行业产业发展中发挥的作用	25号文第（九）条：对全时全职承担任务的团队负责人实行年薪制。协商确定人员名单和年薪标准并报科技部、人力资源和社会保障部、财政部备案。年薪所需经费在项目经费中单独核定，在本单位绩效工资总量中单列，相应增加单位当年绩效工资总量	25号文第（十六）条：完善鼓励法人担当负责的考核激励机制。以科研机构评估为统领，协调推进项目评审、人才评价、机构评估相关工作，形成合力，压实项目承担单位对科研项目和人才的管理责任
评价结论	本项目产业化交付物为FPGA芯片，在生产力成熟度TIL1～13级上的每一个里程碑的QCD（质量成本进度）指标定义明确、合理、可考核，满足要求	项目负责人的学历、资历、能力，具备带领团队完成这个攻关任务的潜力。项目团队学历、知识、年龄结构比较合理	企业内部"人机料法环"五大硬实力基本具备，"权责利职绩"五大软实力基本上属于管理A类标准（文字要求），实际操作的管理B类标准（架构要素）和C类标准（计量指标）尚未形成体系
存在的问题	成熟度、稳定性、可靠性不够高	团队隐性技术显性化率、软件化率不能持续提升，缺乏按知分配的有效工具和方法	企业缺乏推动项目高质量发展的标准体系、指标体系、统计体系、考核体系、分配体系
影响因子	60%	20%	20%
具体建议	预期目标成熟度至少达到TIL13级，产品质量应该达到5σ	单独为项目团队制定激励与约束机制，实行按知分配	成立项目办，推行标准化管理实施细则，确保项目团队工资总额

表 11.2 样表：××芯片 WBS 表

编号	交付物 主交付物/产品 硬件或软件	副交付物/知识产权 技术标准	副交付物/知识产权 管理标准	副交付物/知识产权 知识产权	副交付物/知识产权 工业App	交付物分类 WBE分类 9WBE(119) 自制	9WBE(119) 国内配套制造	9WBE(119) 国际配套制造	9WBE(59) 自主研发	9WBE(59) 国内合作研发	9WBE(59) 国际合作研制	直接费用概算(万元) 9WBE 采购或自制费用	9WBE 研制的直接费用
	离散制造：产品 流程制造：产品形成过程的主要阶段+母机的变化部分(含测试平台等)	基础类 / 产品类 / 方法类	管理A类 / 管理B类 / 管理C类	专利 / 论文或著作 / 电路布线 / 软著	智慧研发 / 智慧生产 / 智慧服务 / 智慧管理								
1	课题总交付物名称(FPGA芯片)												
1.1	可编程部分												
1.1.1	CLB(可编程逻辑模块)	3				1							30
1.1.2	I/O(可编程输入输出)		4							1		20	
1.2	时钟架构												
1.2.1	PLL(相位锁环)			3		1							30
1.2.2	DLL(数字延迟锁环)								1				
1.3	主控配置模块												
1.3.1	主控模块	3			1		1					20	
1.3.2	复位配置		4		1		1					20	
小计1		3		3	3							80	60
小计2	直接费用概算											140	
小计3	间接费用概算											20	
合计	总费用概算(200套)											160	
国拨	国拨费用											80	
备注	1. 站在一个总设计师/项目负责人的角度填表(打通软硬件，母子系统，QCD之间的数据与信息共享通道，消除沟通障碍) 2. WBE的"颗粒度"匹配。直接费用(设备费+材料费2项)+间接费用(差旅费+测试费+国际合作费+动力费+会议费+出版费+劳务费+专家咨询费+管理费9项)=财政部11项成本 3. ★：该WBE为此项目要取得技术突破的难点。通常WBS反映法人的责任，WBE反映部门或课题组的责任												

第 11 章 科技成果技术成熟度方法模型的科技项目评价应用

表 11.3 样表：××芯片 QCD 表

	成熟度级别		Q/级别			C/万元			D/时间
			里程碑/交付物/技术凭证		经费总概算	9WBE 经费概算	9WBE 经费概算	财政补贴概算	完成结点日期
			不同项目可换不同模板	交付物					
经济	第 13 级	回报级	项目总收益-总投入≥0	系累计销售 85 套，收回全部投入	××	××	××	××	20301231
	第 12 级	利润级	累计净利润≥总投入的 50%	累计销售 30 套，实现 30%~50% 的累计净利润	××	××	××	××	20291231
	第 11 级	盈亏级	销量≥盈亏平衡点或累计净利润≥0	累计销售 10 套，达到年度盈亏平衡点	××	××	××	××	20281231
	第 10 级	销售级	销量≥盈亏平衡点数量的 30%	累计销售 2 套，正式回款	××	××	××	××	20270630
	第 9 级	系统级	实现大批量商业化生产，产品条件完备	产品质量合格，具有批量生产条件，获得入网许可	××	××	××	××	20261231
	第 8 级	产品级	小批试产合格，生产条件完备，工艺成熟	△实际工况下运行，实现小批量加工，具备厂房	××	××	××	××	20251130
	第 7 级	环境级	工程样机系统运行，例行环境试验合格	外部环境测试通过，×× 演示，工艺验证可行	××	××	××	××	20240930
	第 6 级	正样级	功能样机演示测试合格，工艺验证可行	实现整套系统的×× 演示	××	××	××	××	20230630
	第 5 级	初样级	功能样品、图纸+工艺设计、测试通过	初步样品完成，×× 完成核心功能单元设计并测试通过	××	××	××	××	20221231
	第 4 级	仿真级	关键功能，方法经过论证目前能够做到	▲系统的关键功能单元验证可实施	××	××	××	××	20220630
	第 3 级	功能级	在实验室的原理模型仿真验证关键功能	进行计算机仿真，关键功能分析验证结论成立	××	××	××	××	20220330
	第 2 级	方案级	提出了满足需求或解决问题的技术方案	形成整个系统的建设方案	××	××	××	××	20191031
科技	第 1 级	报告级	项目总收益-总投入≥0	形成需求分析报告	××	××	××	××	20190731
	小计				××	××	××	××	
					知识产权	技术标准（个）			3
						管理标准（个）			4
						专利/软著（个）			3
						工业 App（个）			3

项目边界	产品名称与型号	FPGA 芯片
	项目比较基准	频率××MHz；功耗××
	QCD 优化指标	Q 产品质量水平指标达到××
	测试标准与方法	参照 GJB 7400 N1 级标准

备注：1. ▲：目前级别；△：预期目标级别；□：项目区间。必须在一张表中填写，不可续页
2. 灰色区域是需要填写的内容。▲－△：未来转化、产业化

表11.4 样表：××芯片TRC表

级别	技术风险		市场风险		管理风险	
	技术风险底数 TTL Tolerable Limit	技术风险指数 RCI Risk Control Index	竞争风险指数 PCI Project Competition Index	对外依存指数 FDI Foreign Dependence Index	技术隐性化风险指数 TTI Team Tacit Risk Index	企业创新生态指数 IEI Innovation Eco-system Index
计算方法	关键WBE中最低成熟度的级别	$\sum$TIL1~9的WBE数量/$\sum$TIL1~13的WBE数量	$\sum$竞争类工作分解单元WBE/$\sum$WBE	$\sum$国际采购关键WBE总数/项目WBE总数	$\sum$显性化、软件化的技术个数/$\sum$全部技术个数	按知分配金额/（按劳分配+按知分配）总额
指标设计	反映项目研发过程中研发WBE占比	反映项目研发过程中研发WBE占比	反映一项目研发过程中的竞争风险	反映项目研发过程中的对外依存度	反映团队成员隐性技术显性化、软件化水平	反映企业内部对隐性技术显性化有没有一套激励制度
V级	★TIL1~2	>50%~90%	>60%	>60%	0~20%	★0~5%
IV级	TIL3~4	★>30%~50%	>50%~60%	>40%~60%	★>20%~40%	>5%~10%
III级	TIL5~6	>20%~30%	>40%~50%	>20%~40%	>40%~60%	>10%~20%
II级	TIL7~8	>10%~20%	>30%~40%	>5%~20%	>60%~80%	>20%~30%
I级	TIL9~13	1%~10%	★≤30%	★0~5%	>80%	>30%~40%
评估结论及风险控制建议	通过WBS表发现××项目有××关键技术，现有突破的技术均在TIL3级以下，对整体影响较大，应重点激励		该产品处于相对垄断的市场，与国外产品相比处于竞争劣势	该项目尽管设计具有自主知识产权，但关键内容等还需依赖国际资源	如何有效地将每个人手中的隐性技术显性化，形成显性技术定势积累效应成为关键的机会较大	单位内部对于团队每个人隐性技术显性化进行按知分配将成为关键（应该每年递增5%）
总评估结论	1. 该项目风险较大，意味着时间与经费可能会超过预算，如果能够消除管理风险，则该项目成功的机会较大 2. ★——现实风险；☆——潜在风险，随条件改变而变化的风险 3. 承担单位及其上级管理部门均应考虑给隐性技术显性化设立专项基金，鼓励隐性技术显性化					

第 12 章 科技成果技术成熟度评价总结与展望

本书介绍的技术成熟度研究借鉴国外经验，又结合了国内需求，具有一定的创新性。

12.1 采用了工作分解结构函数表技术

科技成果工作分解结构函数表（简称 WBS 表）见表 12.1，是科技成果管理的第一张技术报表。该技术报表用一张具有函数关系的表格，能够动态反映科技成果技术状态。

表 12.1 科技成果工作分解结构函数表

编号	交付物				交付物分类					直接费用概算	
	主交付物/产品	副交付物/知识产权			WBE 分类						
	硬件或软件	技术标准	管理标准	知识产权	工业App	9WBE	9WBE	9WBE	9WBE	9WBE	9WBE
	离散制造：产品的组成部分 流程制造：产品形成过程的主要阶段+母机的变化部分（含测试平台等）	基础类 产品类 方法类	管理A类 管理B类 管理C类	专利 论文/著作 电路布线/软著	智慧研发 智慧生产 智慧服务 智慧管理	自制	国内配套制造	国际配套制造	自主研发	国内合作研发	采购或自制费用	研制的直接费用
1											
1.1											
1.1.1											
1.1.2											
1.2											
1.2.1											
1.2.2											
……											

续表

编号	交付物				交付物分类					直接费用概算	
	主交付物/产品	副交付物/知识产权			WBE 分类						
	硬件或软件	技术标准	管理标准	知识产权	工业App	9WBE	9WBE	9WBE	9WBE	9WBE	9WBE
	离散制造：产品的组成部分 流程制造：产品形成过程的主要阶段+母机的变化部分（含测试平台等）	基础类产品类方法类	管理A类 管理B类 管理C类	专利 论文/著作 电路布线/软著	智慧研发 智慧生产 智慧服务 智慧管理	自制	国内配套制造	国际配套制造	自主研发	国内合作研发	采购或自制费用	研制的直接费用
小计1											
小计2	直接费用概算										
小计3	间接费用概算	概算一个总数									
合计	总费用概算	直接费用（设备费＋材料费2项）＋间接费用（差旅费＋测试费＋国际合作费＋动力费＋会议费＋出版费＋劳务费＋专家咨询费＋管理费9项）＝财政部门11项成本										
国拨	国拨费用										
备注	1. 站在一个总设计师/项目负责人的角度填表（打通软硬件、母子系统、QCD 之间的数据与信息共享通道、消除沟通障碍） 2. WBE 的"颗粒度"应与合同责任的"颗粒度"匹配。通常 WBS 反映法人的责任、WBE 反映部门或课题组的责任 3. ★—该 WBE 为此项目要取得技术突破的难点 4. 可续页										

（1）纵坐标

纵坐标是一个复合函数，是根据 GJB 2116A—2015《武器装备研制项目工作分解结构》的基本定义，以工作分解结构 WBS 为起点，按照推动科技成果监管高质量发展的要求，构建的基于 WBS 的多种数据标准化分类方法和数据采集方法，为持续提升科技成果结构化数据率奠定一个基本秩序。纵坐标采集数据的基本要求：一是确定主交付物为项目的直接组成部分，主要是为了建立钩稽嵌套关系；二是确定交付物的颗粒度以明确承担责任的最小单元为宜，减少过粗过细带来的不必要的浪费；三是确定交付物的工作分解层面 WBL。这是一个科技成果监管的基础工作。

(2) 横坐标

横坐标是一个复合函数。其数据采集的基本要求：一是将交付物分为主交付物（硬件＋软件）和副交付物（技术标准＋管理标准＋专利＋软著＋工业App）；二是将主交付物分为制造模块（9WBE）和研发模块（9WBE）核算数量；三是将主交付物分为制造模块和研发模块核算经费；四是将制造模块的经费与市场采购询价挂钩；五是将研发模块经费与财务成本核算挂钩；六是主交付物的分解合成与经费的分解合成无缝对接。

(3) 坐标系

坐标系是一个复合函数。其数据采集的基本要求：一是在坐标系中，填写任何一个点的坐标值，都受上下左右逻辑关系的制约；二是这种钩稽嵌套关系，能够让采集的数据更加科学；三是该坐标系是一个反复迭代的过程；四是该坐标系能够反映项目的全貌；五是该坐标系是一个纵横坐标建立的函数关系的总和，应与现有财务制度核算无缝对接；六是每一个点的数据都具有钩稽嵌套关系，都具有平衡关系，都能说明一类问题，都对可行性研究结论产生影响；七是该坐标系具有纵向可合成、横向可对比的计算功能；八是该坐标系具有自上而下层层分解、自下而上层层合成的功能；九是该坐标系能够逐层建立。

12.2　采用了质量成本进度函数表技术

科技成果项目质量成本进度函数表（简称 QCD 表）见表 12.2，是科技成果管理的第二张技术报表。本函数表的设计原则如下：

(1) 纵坐标

纵坐标是一个复合函数，是统一度量衡。纵坐标是根据 GB/T 22900—2009《科学技术研究项目评价通则》的基本定义，按照推动科技成果监管高质量发展的要求，构建的基于 TIL 的多种数据标准化分类方法和数据采集方法，为持续提升科技成果结构化数据率奠定一个基本秩序。纵坐标采集数据的基本要求：一是任何一个项目，都是可以用 TIL1～13 级来表达的，TIL1～13 级是指将整个技术创新的全过程标准划分为 13 个级别；二是每一个里程碑上，可以设置 3～5 个举证要素；三是所有副交付物也可以设置 TIL1～13 级。需要补充说明的是，由于科技成果的技术创新程度不一样，所以由低到高的标准化结果不一定都能够达到最高的第 13 级。

表 12.2　科技成果项目质量成本进度函数表

成熟度级别		Q/级别		C/万元				D/时间
		大里程碑	里程碑完成主要标志	经费总概算	9WBE 经费概算	9WBE 经费概算	财政补贴概算	完成结点日期
		不同项目可换不同模板	至少一个标志性要素					
生产力  科技	第 13 级	回报级						
	第 12 级	利润级						
	第 11 级	盈亏级						
	第 10 级	销售级						
	第 9 级	系统级						
	第 8 级	产品级						
	第 7 级	环境级						
	第 6 级	正样级						
	第 5 级	初样级						
	第 4 级	仿真级						
	第 3 级	功能级						
	第 2 级	方案级						
	第 1 级	报告级						
小计								
项目边界	产品名称与型号			知识产权	技术标准（个）			
	项目比较基准				管理标准（个）			
	QCD 优化指标				专利/软著（个）			
	测试标准与方法				工业 App（个）			
备注	1. ▲：目前级别；▲ - △：项目区间；△：预期目标级别；△ -：未来转化、产业化；							
	2. 灰色区域是需要填写的内容。必须在一张表中填完，不可续页							

（2）横坐标

横坐标是一个复合函数，是权责发生制，是根据《中华人民共和国预算法》提出的"权责发生制"要求建立的，是指任何一个科技成果，甲乙丙三方总是围绕 QCD 展开博弈，也是最终必须在合同中明确的，构建了基于 QCD 的多种数据标准化分类方法和数据采集方法，为持续提升科技成果结构化数据率奠定一个基本秩序。纵坐标采集数据的基本要求：一是在一个项目上落实权责发生制的具体方式是将项目的 QCD 三要素不可分割地表达，一般情况下，不管技术质量 Q、成本预算 C、进度计划 D 三个要素的哪一个，都应该是 QCD 三个要素，不能拆开；二是一个项目的可行性研究报告结论可行，一定是根据一个项目的 QCD 三要素综合考虑得出来的结论，而且这三要素指标都是可以在项目执行的过程中得到验证的；三是里程碑是指 QCD 三个要素进行表述，互相之间要契合。

（3）坐标系

坐标系是一个复合函数，是根据 GB/T 22900—2009《科学技术研究项目评价通则》和《中华人民共和国预算法》提出的"权责发生制"要求，按照推动科技成果监管高质量发展的要求，构建的基于 TIL×QCD 的多种数据标准化分类方法和数据采集方法，为持续提升科技成果结构化数据率奠定一个基本秩序。坐标系采集数据的基本要求：一是坐标系反映纵横坐标的所有函数关系，应与项目执行期间的技术质量部门（Q）、财务管理部门（C）、计划管理部门（D）形成无缝对接。每一个点的数据都具有钩稽嵌套关系，都具有平衡关系，都能说明一类问题，都对可行性研究结论产生影响。表 12.2 具有纵向可合成、横向可对比的计算功能。

12.3　采用了项目全面风险控制函数表技术

科技成果全面风险控制表（TRC 表/Total Risk Control）是科技成果管理的第三张技术报表，见表 12.3。本函数表的设计原则如下：

（1）纵坐标

纵坐标是风险级别，是指任何一个项目，可以将风险等级分为五级：Ⅰ级代表几乎没有风险；Ⅱ级代表有一定的风险；Ⅲ级代表风险比较大，但可控；Ⅳ级代表风险比较大，不可控；Ⅴ级代表风险很大。每一个项目都需要标注风险级别。

表 12.3　科技成果全面风险控制表

风险指标及级别		技术风险		市场风险		管理风险	
		技术风险底数 TTL	技术风险指数 RCI	竞争风险指数 PCI	对外依存指数 FDI	团队技术隐性指数 TTI	企业创新时态指数 IEI
		Technology Tolerable Limit	Risk Control Index	Project Competition Index	Foreign Dependence Index	Team Tacit Risk Index	Innovation Eco-system Index
指标体系	计算方法	关键 WBE 中最低成熟度的级别	∑TIL1～8 的 WBE 数量/∑TIL1～13 的 WBE 数量	∑竞争类工作分解单元 WBE/∑WBE	∑国际采购关键 WBE 总数/∑WBE	∑显性化、标准化与软件化的技术个数/∑全部技术总个数	按知分配金额/(按劳+按知+按资)分配总额
	指标设计	反映项目研发过程中最短板	反映项目研发过程中研发 WBE 占比	反映一个项目研发过程中的竞争风险	反映项目研发过程中的对外依存度	反映团队成员隐性技术显性化、软件化的水平	反映企业内部对隐性技术显性化的激励制度
风险等级	Ⅴ级	TIL1～2	50%～90%	>60%	>60%	0～20%	0～5%
	Ⅳ级	TIL3～4	30%～50%	50%～60%	40%～60%	>20%～40%	5%～10%
	Ⅲ级	TIL5～6	20%～30%	40%～50%	20%～40%	>40%～60%	10%～20%
	Ⅱ级	TIL7～8	10%～20%	30%～40%	5%～20%	>60%～80%	20%～30%
	Ⅰ级	TIL9～13	1%～10%	≤30%	0～5%	>80%	30%～40%
结论建议	全面风险评估结论及建议						
	风险控制建议						
备注		1. 阴影区，风险过大 2. 结论与建议比较具体，不可续页 3. 可根据项目实际情况，增减风险评估指标					

(2) 横坐标

横坐标是风险类型，是指任何一个项目，可以将风险类型分为技术风险、市场风险和管理风险三个层面。其中：技术风险和市场风险都是直接从工作分解结构函数表和质量成本进度函数表计算出来的；管理风险是根据三张技术报表的一次数据到合同附件的过程，再根据留痕数据和个人判断标定的。

12.4　技术成果量化评价技术

（1）事前量化表达的工具与方法

标准体系：技术标准（基础类＋产品类＋方法类）＋管理标准［管理 A 类（要求类）＋管理 B 类（要素类）＋管理 C 类（指标类）］。每一个科技成果，都应在事前、事中、事后建立本项目标准体系。

指标体系：按照《中华人民共和国合同法》的要求，如果标准体系不缺项，在每一个合同签订之前，可要求乙方提供技术报表。

（2）事中量化评价工具与方法

统计体系：事中（合同执行中/乙方责任 100%，是指不管甲方如何刁难，乙方负有绝对责任）。在目前所有做法都不做大改变的前提下，乙方仅仅需要按照 "1＋3＋1" 的数据结构进行工作，接受甲丙双方在每一个里程碑上的 "试验鉴定"。每个里程碑的实现，都需要甲乙丙三方在 "较量" 中完成。在合同执行期间，QCD 是不可分割的。

评价体系：现代绩效评价＝标准化评价（印痕法评价）80%＋专业化评价（摸象法评价）20%。

（3）事后量化考核工具与方法

考核体系：给出一个考核体系。甲乙丙三方内部和相互之间的考核，都是按照 TIL1～13 级考核的。每个级别上的积分是不一样的。

第四篇　科技成果技术经济价值评价方法及应用

第13章 科技成果技术经济价值评价理论方法

13.1 国内外技术经济价值评价的方法

目前国内外主流的关于技术经济价值的评价方法主要有如下几种：

(1) 预期收益法

资产评估的收益法又称收益还原法或收益本金化法，是国际上公认的无形资产评估基本方法之一（李锡都，2005）[206]。

资产评估是通过估算被评估资产对象在未来期间的预期收益，选择使用一定的折现率，将未来收益——折成评估基准日的现值，用各期未来收益现值累加之和作为评估对象重估价值的一种方法（陈静，杜海涛，2014）[207]。其适用条件要求是：评估对象使用时间较长且具有连续性，能在未来几年内取得一定收益；评估对象的未来收益和评估对象的所有者所承担的风险能用货币来衡量。资产评估的收益法涉及预期收益额、未来收益期、折现率这三个基本参数。收益法的核心问题就是确定预期收益额、未来收益期、折现率[206]。

(2) 成本法

成本法是计算替代或重建某类无形资产所需的成本。该法适用于那些能够提到的无形资产的价值计算，也可估算因无形资产使生产成本下降，原材料消耗减少或价格降低，浪费减少和更有效利用设备等所带来的经济收益，从而评估出这部分无形资产的价值。但由于受某种无形资产能否获得替代技术或开发替代技术的能力以及产品生命周期等因素的影响，使得无形资产的经济收益很难确定，使得此法在应用上受到限制（游静等，2018）[208]。

(3) 市场法

市场法，又称现行市价法，即在市场上寻找一个或几个参照物的近期交易价格，据以分析、推断、估算资产价值的方法（黄鸣强，2013）[209]。

13.2 技术经济价值评价的主要应用方向

目前的技术经济价值评价主要应用在如下几方面：

（1）无形资产的投资入股

主要应用在知识产权和无形资产作价入股的时候，需要由第三方进行技术经济价值的评估，作为工商注册的支撑。

（2）无形资产的转让与处置

主要应用在两个单位之间进行无形资产转让或具备法律效益的无形资产处置时，需要进行第三方的技术经济价值的评估，作为定价参考，并降低法律风险。

（3）技术成果的奖励和鉴定

主要应用在部分技术成果的评奖和鉴定上，大部分的奖励都是通过专家评价的方式进行，只有部分省市层面的奖励和鉴定需要关于技术经济价值的评价报告。

（4）技术转让、咨询、服务、开发、交易

主要应用在社会层面广泛的对技术成果的价值判断上，多数是作为一种参考。

（5）技术成果转化前的定价参考

主要应用在技术成果转移转化过程中，关于交易价格、投资价格等的一种参考。

（6）科技项目投融资前的评估评价

主要应用在对科技项目进行的投融资的事前、事后评估上，主要针对的是科技项目形成的对知识产权的评估。

13.3 技术成果技术经济价值构成

不同技术成果的技术经济价值分析方法存在差异，我们通过研究，将技术成果分为三类：

13.3.1 应用基础研究成果

分析应用基础研究成果的技术经济价值时，主要从如下几个方面进行：

① 团队前期基础，指分析技术成果研发团队前期已经具备的研究基础，包括：核心研发人员履历、团队获奖情况、团队知识产权、团队相关研究成果、团队成员构成、团队年龄结构、团队科研经历、团队成员投入等。

② 前期研发投入，指核算从研发初始阶段算起，截至成果当前所处阶段之前，已经发生的全部研发类投入。

③ 当前研发投入，指核算成果当前所处阶段，也就是成果当前时间前后一段时间内，进行研发的投入。

④ 未来产品产业化市场规模，指分析成果未来形成产品后，该产品所面向市场的规模，以及当前主要产品的市场比例等。

⑤ 未来产品产业化市场前景，指分析成果未来形成产品后，该产品的预期年收入、预期利润率、预期市场占有率等。

⑥ 未来产品市场用户，指分析成果未来形成产品后，该产品面向用户的群体数量、群体特征等。

⑦ 未来实现产业化的预期投入，指分析成果从当前阶段到未来预期产业化过程中的研发投入＋生产性投入。

⑧ 当前所处的成熟度阶段，指分析成果在当前所处的成熟度阶段。

13.3.2 关键技术研发成果

分析关键技术研究的成果时，主要从如下几个方面进行：

① 前期研发投入，指核算从研发初始阶段算起，截至成果当前所处阶段之前，已经发生的全部研发类投入。

② 当前研发投入，指核算成果当前所处阶段，也就是成果当前时间前后进行研发的投入。

③ 未来产品产业化市场规模。指分析成果未来形成产品后，该产品所面向市场的规模，以及当前主要产品的市场比例等。

④ 未来产品产业化市场前景。指分析成果未来形成产品后，该产品的预期年收入、预期利润率、预期市场占有率等。

⑤ 未来产品市场用户。指分析成果未来形成产品后，该产品面向用户的

群体数量、群体特征等。

⑥未来实现产业化的预期投入。指分析成果从当前阶段到未来预期产业化过程中的研发投入+生产性投入。

⑦技术现状与成熟度分析。指分析成果当前所处的成熟度级别，同时分析成果的技术指标、管理指标、效益指标等，综合分析技术成果当前的情况。

⑧技术团队分析。指分析成果的技术研发团队的核心研发人员履历、团队获奖情况、团队知识产权、团队相关研究成果、团队成员构成、团队年龄结构、团队科研经历、团队成员投入等。

13.3.3 成果转化与产业化研究

分析成果转化与产业化研究时，主要从如下几个方面进行：

（1）市场同类产品比较

指分析与该成果所形成产品功能一致或详细的市场同类产品，分析其技术指标、性能、功能、成本、周期等内容。

（2）技术参照与指标

①技术参照标准。技术参照标准为能够说明该成果技术先进性的相关参照物，可以为技术标准、已有产品、现有技术等。

②关键技术指标。关键技术指标为能够表明该项目与成果技术性能及应用水平的量化指标，项目与成果按照核心指标的类别依次列出。项目与成果技术指标的对比需要参照现有的指标和标准体系，体现出该项目与成果在技术层面上的优势。对比的参照物包括原市场产品、各类标准、其他技术，新技术无对比参照。项目与成果的核心指标指能够体现核心性能或主要突破点的技术数据，需要体现其优于现有技术的信息点，避免在项目与成果中出现概念性的表述。

③创新点。创新点指该项目与成果的非量化指标性突破，指集成性、应用性的突破点。创新点的描述需要有对比和参照，需要区分参照的对象，并说明该项目与成果与之相比的优势点，避免在项目与成果中出现概念性的表述。

（3）前期研发投入

指核算从研发初始阶段算起，截至成果当前所处阶段之前，已经发生的全部研发类投入。

（4）当前研发投入

指核算成果当前所处阶段，也就是成果当前时间前后进行研发的投入。

（5）未来产品产业化市场规模

指分析成果未来形成产品后，该产品所面向市场的规模，以及当前主要产品的市场比例等。

（6）未来产品产业化市场前景

指分析成果未来形成产品后，该产品的预期年收入、预期利润率、预期市场占有率等。

（7）未来产品市场用户

指分析成果未来形成产品后，该产品面向用户的群体数量、群体特征等。

（8）未来预期投入

指分析成果从当前阶段到未来预期产业化过程中的研发投入 + 生产性投入。

（9）技术团队与市场团队分析

指分析成果的技术研发团队和市场开发团队的总体情况，包括核心研发人员履历、研发团队获奖情况、研发团队知识产权、研发团队相关研究成果、研发与市场团队成员构成、研发与市场团队年龄结构、研发与市场团队科研经历、研发与市场团队成员投入、市场团队分工等。

（10）当前所处状态的成熟度分析

指分析成果转化与产业化的当前状态，资料是否齐全，生产线等是否建设完成，是否有质量控制体系等，分析其所处的成熟度级别。

第14章 全创新链研发与创新成果与技术经济价值评价模型和方法

14.1 技术经济价值评价模型

14.1.1 成果预期投入模型

根据前文的研究,将成果分成三类:应用基础研究、关键技术研发、成果转化与产业化。

1. 参数设定

参数设定见表14.1。

表14.1 参数设定

设定类型	设定内容	设定值
投入	应用基础研究前期投入	A1
	关键技术研发前期投入	A2
	成果转化与产业化前期投入	A3
	应用基础研究的当前投入	B1
	关键技术研发的当前投入	B2
	成果转化与产业化的当前投入	B3
	应用基础研究的未来预期投入	C1
	关键技术研发的未来预期投入	C2
	成果转化与产业化的未来预期投入	C3
其他	技术成果研发周期内的生产资料价格上涨指数	10%
	技术成果平均可使用年限	成果转化与产业化之后的15年
	研发周期内技术成果平均投入产出效率	3.5

第 14 章　全创新链研发与创新成果与技术经济价值评价模型和方法

续表

设定类型	设定内容	设定值
时间	应用基础研究的前期过程时间	N1
	关键技术研发的前期过程时间	N1 + N2
	成果转化与产业化的前期过程时间	N1 + N2 + N3
	应用基础研究的当前时间	N2
	关键技术研发的当前时间	N3
	成果转化与产业化的当前时间	N4

2. 技术经济价值计算模型

（1）成本法技术经济价值计算

① 成果转化与产业化三年后

已知数据包括：A3、B3、C3，A3 = A1 + B1 + B2，求 Q1，Q1 为成果转化与产业化三年后的技术经济价值。

$$Q1 = [(A3 + B3) \times (1 + 10\%)^3 + C3/3 \times (1 + 10\%)^2 + C3/3 \times (1 + 10\%) + C3/3] \times (15 - 3)/15$$

② 成果转化与产业化阶段

已知数据包括：A3、B3、N4，A3 = A1 + B1 + B2，求 Q2，Q2 为成果转化与产业化阶段的技术经济价值。

$$Q2 = [(A3 \times (1 + 10\%)^{N4} + B3/N4 \times (1 + 10\%)^{(N4-1)} + B3/N4 \times (1 + 10\%)^{(N4-2)} + \cdots]$$

③ 关键技术研发阶段

已知数据包括：A2、B2、N3，A2 = A1 + B1，求 Q3，Q3 为关键技术研发阶段的技术经济价值。

$$Q3 = [(A2 \times (1 + 10\%)^{N3} + B2/N3 \times (1 + 10\%)^{(N3-1)} + B2/N3 \times (1 + 10\%)^{(N3-2)} + \cdots]$$

④ 应用基础研究阶段

已知数据包括：A1、B1、N2，求 Q4，Q4 为关键技术研发阶段的技术经济价值。

$$Q4 = [(A1 \times (1 + 10\%)^{N2} + B1/N2 \times (1 + 10\%)^{(N2-1)} + B1/N2 \times (1 + 10\%)^{(N2-2)} + \cdots]$$

（2）市场法技术经济价值计算

① 成果转化与产业化三年后

已知数据包括：A3、B3、C3，A3 = A1 + B1 + B2，求 Q1，Q1 为成果转化与产业化三年后的技术经济价值。

$$Q1 = (A3 + B3) \times (15 - 3)/15 \times 3.5$$

② 成果转化与产业化阶段

已知数据包括：A3、B3、N4，A3 = A1 + B1 + B2，求 Q2，Q2 为成果转化与产业化阶段的技术经济价值。

$$Q2 = (A3 + B3) \times (15 - 3 + N4)/15 \times 3.5 \times (3 + N4)/N4$$

③ 关键技术研发阶段

已知数据包括：A2、B2、N3，A2 = A1 + B1，求 Q3，Q3 为关键技术研发阶段的技术经济价值。

$$Q3 = (A2 + B2) \times (15 - 3 + N4 + N3)/15 \times 3.5 \times (3 + N4 + N3)/N3$$

④ 应用基础研究阶段

已知数据包括：A1、B1、N2，求 Q4，Q4 为关键技术研发阶段的技术经济价值。

$$Q4 = (A1 + B1) \times (15 - 3 + N3 + N2 + N4)/15 \times 3.5 \times (3 + N4 + N2 + N3)/N2$$

（3）预期收益法技术经济价值计算

① 成果转化与产业化三年后

已知数据包括：A3、B3、C3，A3 = A1 + B1 + B2，求 Q1，Q1 为成果转化与产业化三年后的技术经济价值。

$$Q1 = (A3 + B3 + C3)/(1 + 10\%)^3$$

② 成果转化与产业化阶段

已知数据包括：A3、B3、N4，A3 = A1 + B1 + B2，求 Q2，Q2 为成果转化与产业化阶段的技术经济价值。

$$Q2 = (A3 + B3 + C3)/(1 + 10\%)^{N4}$$

③ 关键技术研发阶段

已知数据包括：A2、B2、N3，A2 = A1 + B1，求 Q3，Q3 为关键技术研发阶段的技术经济价值。

$$Q3 = (A2 + B2 + C2)/(1 + 10\%)^{N3}$$

④ 应用基础研究阶段

已知数据包括：A1、B1、N2，求 Q4，Q4 为关键技术研发阶段的技术经济价值。

$$Q4 = (A1 + B1 + C1)/(1 + 10\%)^{N2}$$

14.1.2 技术成果投入产出效率模型

计算科研项目与技术成果的投入产出效率是评价的基本方法。科研项目投入产出率等于科研项目技术隐性收益、技术显性收益完成率与科研项目投入完成率之比，具体见下式：

$$r = (w_1 X_t + w_2 Y_t)/Z_t$$

式中：

r——科研项目投入产出率，$r \geq 0$；

t——评价期内的某时间点；

w_1——技术显性收益权重，$0 \leq w_1 \leq 1$；

X_t——评价期内的技术显性收益完成率，用评价期内已实现的经济效益与预期实现的经济效益的比率来表示；

w_2——技术隐性收益权重，$0 \leq w_2 \leq 1$，且满足 $w_1 + w_2 = 1$；

Y_t——评价期内某时间点技术隐性收益完成率，用评价期内已实现的技术增加值与预期完成的技术增加值的比率来表示；

Z_t——评价期内某时间点科研项目投入完成率，用评价期内实际投入与计划投入的比率来表示。

w_1 和 w_2 的取值有下述三种情况：

在评价期内某时间点上，对科研项目的技术显性收益没有预期目标时，$w_1 = 0$，$w_2 = 1$；

在评价期内某时间点上，对科研项目的技术隐性收益没有预期目标时，$w_1 = 1$，$w_2 = 0$；

在评价期内某时间点上，对科研项目的技术显性收益和技术隐性收益同时有预期时，$0 < w_1 < 1$，$0 < w_2 < 1$。

当 $r < 1$ 时，表明该科研项目尚未达到预期目标。说明科研项目投入、技术隐性收益、技术显性收益三个要素目标值与完成值比例之间的匹配程度尚未达到预期；

当 $r=1$ 时，表明该科研项目已经达到预期目标。说明科研项目投入、技术隐性收益、技术显性收益三个要素目标值与完成值比例之间的匹配程度完全符合预期；

当 $r>1$ 时，表明该科研项目已经超过预期目标。说明科研项目投入、技术隐性收益、技术显性收益三个要素目标值与完成值比例之间的匹配程度已经超过预期。

14.1.3 成果收益系数模型

该函数的数据来源为：
① 效益指标中已经发生的收益（设为 b）。
② 设成果成熟度为 RL。

成果收益系数的 x 轴、y 轴分别为金额和级别，函数关系为：

$$y + n_3 = \frac{n_1}{n_2 x + 1}$$

其中，n_1 为细分领域的影响因子，在函数关系中主要影响曲线的弯曲度和走向；n_2 为所处级别的影响因子，用来进一步区分同领域成果目前状态和总收益的映射关系，在函数关系中细微影响曲线的弯曲度和走向；n_3 为变量，用来定位曲线，通过取值点计算得出。

就成果目前状态而言，已经发生的市场收益为 b，即 $x=b$；成果目前所处的成熟度级别为 RL，即 $y=RL$。代入以下公式，算出 n_3：

$$RL + n_3 = \frac{n_1}{n_2 b + 1}$$

$$n_3 = \frac{n_1 - RL - n_2 bRL}{n_2 b + 1}$$

成果的总收益为成果的隐性收益 + 显性收益，是成果目前状态点对金额的映射，反映在函数关系上就是该曲线和 x 轴的交点，即 $y=0$ 时的 x 值。

$$n_3 = \frac{n_1}{n_2 x + 1}$$

代入上式求得的 n_3 值为

$$n_3 = \frac{n_1 - RL - n_2 bRL}{n_2 b + 1} = \frac{n_1}{n_2 x + 1}$$

设 $n_2 = 1$，得出 x 为

$$x = \frac{n_1 b + bRL + RL}{n_1 - bRL - RL}$$

x 值就是该成果的收益系数，即 K_1，则

$$K_1 = \frac{n_1 b + bRL + RL}{n_1 - bRL - RL}$$

14.1.4 成果与预期量模型

预期量包括四个内容：预期达到 9 级的时间；预期达到 9 级时需要的投入；预期达到 13 级的时间；预期达到 13 级所需要的投入/产生的收益。

预期量的 x 轴、y 轴分别为时间和金额，依托函数关系为

$$y = k_2 (x + k_1)^{k_4} - k_3$$

该函数代表了两种关系：时间和投入的关系；时间和市场收益的关系。

函数关系的数据来源（表 14.2）为：

① 基本信息中的立项日期和成果完成时间的差值（设为 $-t_1$）。
② 基本信息中的成果完成时间（设为时间零点）。
③ 效益指标中预期发生的研发投入时间（设为 t_2）。
④ 效益指标中预期发生的收益时间（设为 t_3）。
⑤ 效益指标中已经发生的研发投入（设为 a）。
⑥ 效益指标中已经发生的收益（设为 b）。
⑦ 效益指标中预期发生的投入数额（设为 c）。
⑧ 效益指标中预期发生的收益数额（设为 d）。
⑨ 设成果成熟度为 RL。

表 14.2 函数关系

函数关系	$-t_1$	0	t_2	t_3
时间和投入的关系	0	a	c	
时间和市场收益的关系	0	b		d

即，投入函数关系有三个点：$(-t_1, 0)$、$(0, a)$、(t_2, c)；收益函数关系也有三个点：$(-t_1, 0)$、$(0, b)$、(t_3, d)。

函数关系中 k_4 系数为定值，通过对多个成果取值点的离散描绘得出均值，用来描绘出对应的幂值关系。根据实际成果的测算，k_4 取值根据成果成熟度的不同而有所区分。

k_1、k_2、k_3 为变量，通过上述三个点及 k_4 计算得出，函数公式见表 14.3。

表 14.3 函数公式

RL	函数	k_1	k_2	k_3	k_4
1~7	投入函数	t_1	$\dfrac{a}{t_1}$	0	1
1~7	收益函数	0	0	0	0
8~10	研发函数	$\dfrac{a(t_1^2 - t_2^2) - ct_1^2}{2ct_1 - 2a(t_1+t_2)}$	$\dfrac{ct_1 - a(t_1+t_2)}{t_1^2 t_2 + t_2^2 t_1}$	$a - \dfrac{[a(t_1^2 - t_2^2) - ct_1^2]^2}{[4ct_1 - 4a(t_1+t_2)](t_1^2 t_2 + t_2^2 t_1)}$	2
8~10	收益函数	$\dfrac{b(t_1^2 - t_3^2) - dt_1^2}{2dt_1 - 2b(t_1+t_3)}$	$\dfrac{dt_1 - b(t_1+t_3)}{t_1^2 t_3 + t_3^2 t_1}$	$b - \dfrac{[b(t_1^2 - t_3^2) - dt_1^2]^2}{[4dt_1 - 4b(t_1+t_3)](t_1^2 t_3 + t_3^2 t_1)}$	2
11~13	研发函数	$\dfrac{c-a}{t_2}$	$\dfrac{at_2}{a-c}$	0	1
11~13	收益函数	$\dfrac{d-b}{t_3}$	$\dfrac{bt_3}{b-d}$	0	1

预期达到 9 级的时间 x、预期达到 9 级时需要的投入 y，这两个预期量仅针对 1~7 级之间的成果。

预期达到 9 级时间 $x = \dfrac{9t_1}{RL} - t_1$。

将 $x = \dfrac{9t_1}{RL} - t_1$ 代入 $y = k_2(x + k_1)^{k_4} - k_3$，得 $y = \dfrac{9a}{RL}$，即预期达到 9 级时需要的投入。

预期达到 13 级的时间、预期达到 13 级所需要的投入/产生的收益，这两个预期量针对 8~13 级之间的成果。

13 级的定义为完全收回研发投入，即总投入 = 总收益，因此投入函数、收益函数的交叉点为预期的目标点（如无交叉点说明投入产出效率过低，用投入产出效率系数来评价），目标点在 x 轴上的映射为预期达到 13 级的时间，目标点在 y 轴上的映射为预期达到 13 级所需要的投入/产生的收益。

14.2 技术经济价值评价过程

14.2.1 采集数据

(1) 基础数据

采集的基础数据见表14.4。

表14.4 技术经济价值评价的基础数据

一级分类	二级分类
基本信息	技术成果名称与交付物类型
	技术成果交付物类型
	细分应用行业与技术领域
	技术成果完成日期
	技术成果完成单位与完成人
知识产权信息	知识产权类型
	知识产权名称
	知识产权号
结构信息	当前成熟度阶段
	技术成果分解结构
技术信息	参照物名称与类型
	技术指标优化
	使用周期优化
	成本优化
	技术创新点
市场信息	已投入金额
	已收益金额
	预期收益金额和年数
	预期投入金额和年数

(2) 外部数据

外部数据指除基础数据之外的，由科技评估师采集的数据，见表14.5。

表 14.5 技术经济价值评价的外部数据

信息分类	信息内容
专利详细信息	从专利数据库中查询技术成果相关专利信息
企业信用信息	从企业信用信息库中查询技术成果"供给方"的相关信用信息
市场行业信息	从行业信息库与市场分析报告中查询技术成果细分市场份额及相关市场数据
技术产品标准信息	从技术、产品、标准库中查询的和技术成果相关的技术指标、技术标准、技术产品数据

14.2.2 确定技术成果在不同阶段的成本

对该项技术成果的投入和时间进行核算。

A1 为应用基础研究的前期投入，主要包括人工费、差旅费、会议费、专家费等，过程时间为 N1；

A2 为关键技术研发的前期投入，主要包括人工费、实验设备、专家费、材料费、国际合作费、水电费等，过程时间为 N1 + N2；

A3 为成果转化与产业化的前期投入，主要包括生产性费用、基建费、技改费、人工费等，过程时间为 N1 + N2 + N3；

B1 为应用基础研究的当前投入，过程时间为 N2；

B2 为关键技术研发的当前投入，过程时间为 N3；

B3 为成果转化与产业化的当前投入，过程时间为 N4。

14.2.3 技术创新成熟度级别计算

结合技术创新成熟水平判定要素与专家判断结论，对该技术成果的技术创新成熟水平（TIL）进行评价，给出该技术成果所处的技术创新成熟水平具体级别，说明所处技术创新成熟水平级别到可批量生产、大规模交付市场应用、实现产业化的目标的距离还有多远。技术成果交易评价的成熟度在国家标准 GB/T 22900—2009《科学技术研究项目评价通则》的基础上进行了更进一步的细化，更适合可交易的技术成果。该成熟度标准为通用标准，在不同领域的使用还需参照具体技术领域的成熟度定义与要素。

技术创新成熟水平单位为"级"，范围为 1~13，通过级别要素来具体判定。

14.2.4 专利产权价值度计算

采用知识产权价值维度分析的方法，通过专利保护占比、专有技术占比、专利时效性、专利国际化率、专利转让率、其他知识产权保护率等多个维度分析成果相关知识产权的保护程度，综合评估得出成果的产权价值度。

专利价值度越高，说明技术成果的专利（知识产权）价值越高，专利（知识产权）对技术成果交易和产业化的法律保护面更广，保护力度更大。

14.2.5 确定技术成果产业化风险的系数

应用技术成果QCD一体化数据指标分析与评价模型，评价该项技术成果在未来交易或产业化进程中可能存在的技术风险和市场风险，给出具体的风险级别及风险说明。

转化风险一般包括：技术研发风险、市场竞争风险、对外依存风险等。

① 技术研发风险指因为技术成果中包含不成熟的技术模块，需要持续研发，从而给成果交易和产业化带来的不确定风险。

② 市场竞争风险指因为技术成果中包含与市场其他产品存在同质化竞争关系的技术模块，从而给成果交易和产业化带来的竞争风险。

③ 对外依存风险指因为技术成果中包含通过外协、委托开发或外部采购而来的技术模块，从而给成果交易和产业化带来的不可控风险。

14.2.6 计算不同阶段技术成果的技术经济价值

根据上述数据内容和模型算法，应用技术成果预期投入模型来计算不同阶段技术成果的技术经济价值。

14.2.7 汇总形成技术经济价值分析报告

根据上述内容与技术经济价值，形成整体的"技术成果经济价值评价报告"，形成定性+定量结合的分析评价结论。

14.3 技术经济价值评价模型理论依据分析

本研究参照无形资产评估的工具与方法建立了模型与方法，其中各个关键点都会和理论层面有所对应。

14.3.1 成果评价的基本理论依据

科技成果技术经济价值评价的基本理论依据是技术经济学的理论与方法。其中技术进化论包含三种解释，即技术轨道说、技术组合说及技术替代说。

（1）技术轨道说

该论述说明成果的延承性，即成果的技术进步必然是通过一定的轨道发展而来的。提出技术轨道说的专家包括：纳尔逊、温特、多西等。该理论说明某一技术领域若有大的进展，当这一进展在某一时间段相对稳定时，相应的技术体系就能够形成一种技术范式，这种技术范式会长期支配该领域的技术活动，就会形成一条技术轨道，创新者顺其上而行，会高效率低成本地推出层出不穷的技术创新（杨中楷，2016）[210]。

该理论支撑了成果填报规范里的选取参照物部分和成果收益系数的模型。绝大部分技术成果要想展示其在技术领域有所进步，必须要举证它比其他产品、标准、技术在某些方面有所提升，提升了多少；统一领域的成果具有一定的相似性，这种相似性在对其进行分析时有所体现。

（2）技术组合说

该论述说明了成果的可组合性，证明成果分解结构的必要性。技术组合说是指不同领域、行业的技术按照一定的联系或机理组合后，能形成新的技术，进而产生技术的进化。组合多项技术往往能够形成新的技术，多数技术都有其单独使用所无法克服的固有缺陷，而将其组合起来使用，往往可能克服这些缺陷，从而从另外的角度实现指标的优化（刘瑶，2015）[211]。

该理论支撑了成果分解结构的必要性。该理论对于技术成果的评价有两个主要作用：其一是说明技术成果（技术）需要类似于实物的成果分解结构；其二是独立的成果之间存在联系，可以将多个技术成果组合形成新的可供转化的交付物，而解决这种联系的就是成果的编码。上述两者从两个方面一起证明了成果交付物的使用价值，即要么独立可转化，要么组合可转化。

（3）技术替代说

该论述说明了成果的进步性，技术轨道说证明的是成果参照指标的可填写性，而技术替代说证明的是成果参照指标的存在性。技术进化是新技术替代老技术的结果，因为有了替代才有了技术的进化。技术替代是跳跃的，主要发生在产业层面，因为会产生额外的成本，所以会遭遇惰性的阻碍，但是一旦获得认可又存在加速趋势。

该理论和技术轨道说共同支撑了成果填报规范里的选取参照物部分。同时证明了技术转化预期量的计量模型必然是非直线递增。

（4）技术增长理论

技术增长理论是宏观地表述技术积累量和时间的关系，经过了最初的线性，到后来的指数函数再到之后的维尔赫尔斯特-帕尔定律。这些函数的输入量包括时间、（国家/行业）上限、参数等，输出量都是技术积累量。最终的函数曲线是S形，即某领域最开始的技术增长很慢，之后快速增长，在趋近最大值的时候又将趋缓。

技术增长理论解决的是宏观技术增长的问题，体现在技术成果转化上则有两点：①转化预期函数为曲线，且存在上限；②成果收益计算时需要考虑行业的限制。

（5）技术发展的组织模式

技术发展的组织模式包括培根模式和斯密模式，分别指国家指导的基础研究模式和企业主导的应用研究模式。这两种模式及其融合的必要性证明了技术成果评价的应用价值。

（6）技术发展预测的方法论

技术发展预测指技术发展有其内在规律性，在一定程度上为可预测的。

① 专家预测法。专家预测法为最常用的方法，主要是以专家的经验判断作为依据。专家预测法是一种定性的预测方法，最著名的有德尔菲法、主观概率预测法等。

本次的研究打破了这一方法，创新性地采用了标准判断+专家判断的形式，在判断环节引入专家，而不让其直接参与技术成果的评价环节。

② 先导指标预测法。先导指标预测法是根据某些具有先兆性功能的指标的实际变化情况，来预测技术的发展情况。难点是指标的选取和预测的时间。

该方法用于模型中预期量的计算，选取的指标是两个具有关键说服力的指标：一是技术收益；二是经费，包括投入和产出。

③ 类比推理预测法。类比推理预测法指不同领域的技术发展规律往往具有相似性，故利用类比推理原则，可以从相似性来判断未来趋势。类比推理预

测法没有严格的逻辑基础,但是在实践中经常使用,其不足之处在于需要大量的代表性案例。

该方法和技术轨道说都是成果收益系数计算模型的理论基础,即同类的技术有相似性,能够在一定的区间内绘出一条曲线,反映该类成果的投入和收益关系,并可以用来进行预期,例如成果收益模型中的 n_1 系数。

④ 时间序列预测法。时间序列预测法指不考虑其他变量,单单考虑时间和技术发展的规律,目前主要有博克斯-詹金斯法、门限自回归模型、自适应过滤法和频谱分析法等。时间预测法的不足之处在于要求技术的变化是平稳的并同时要求有较长的历史数据。

该方法证明了时间是技术发展和成果评价的一个核心轴,体现在了预期量模型中的时间参数,但是没有作为唯一的变量。

⑤ 因果关系预测法。因果关系预测法为一种自定义方法,自定义因变量和自变量。该方法其实是证明技术发展和某些变量之间存在一种因果关系,常用的有单方程回归分析、联立方程回归模型等。其不足之处在于变量的有效选取难度较大。

该方法体现在成果收益系数的计算和预期量的计算模型上。

其他相关的算法包括马尔科夫预测法、人工神经元网络预测法等。

14.3.2　16 类技术成果产业化交付物的理论依据

在成果评价的模型里,我们将所有科技活动的产出按照可交付物分为 16 类:硬件、软件、标准、专利、工艺、方法、试验、图纸、文件、报告、商业模式、合同、服务、培训、论文、著作。其中有些作为主成果,有些作为副成果,有些作为成果成熟度阶段标志。

其理论基础是熊彼特的创新理论。熊彼特认为技术创新必须能够应用并市场化,他在《经济发展理论》中将创新分为五种:①一种新的、未使用过的产品;②新的未生产的技术;③开辟新的市场;④新的原料及半成品供应来源;⑤新的生产经营组织。这五种对应到可交付的技术成果部分则可分为 16 类(李甲,2012)[212]。

14.3.3　技术成果产业化十三级量表的理论依据

技术成果的产业化评价模型来源于 GB/T 22900—2009《科学技术研究项

目评价通则》，是将技术成果按照成熟度分级的一种做法，分为十三级。

其理论基础是经济发展与合作组织提出的技术创新和知识经济的概念，即技术创新是从新思想的产生、产品设计、生产制造到市场化和产业化的过程，也是一种技术扩散的过程。代表性的理论包括"链环—回路创新模型"（工业系统和科研系统相互作用），表明技术创新不仅是一个流水线，在各个环节都存在反馈。十三级成熟度模型设计的时候应用要素的方法判断，要素中存在链环和回路（张晨妤，2014）[213]。

14.3.4 成果分解结构的理论依据

成果分解结构是将技术成果按照其组成结构分解。根据成果大小和需要分解到第 2~4 层。成果分解结构的概念来源于工作分解结构，即 WBS，在本模型中特指成果的整体结构和分解的层面。其理论基础是技术组合说和工程应用。

14.3.5 目前应用状态和成果推广形式

目前应用状态和成果推广形式是对可转化成果目前转化状态和未来转化路径的一种描述和评价。

其理论基础是技术扩散及转移理论，技术扩散及转移包括纯粹技术转移和依附性转移等。技术扩散的方式根据媒介的不同而变化。技术扩散学的著名学者和理论包括：泰特、夏平、鲍瓦斯、模仿法则、S 形扩散曲线等。技术转移有四大特点：①总是由先进国家到落后国家；②转移中往往设置壁垒；③跨国公司内部转移为主要形式；④转移效率与转移网络的机制和结构有很大关系。

技术扩散和转移理论可以作用于成果转化评价，证明了成果扩散状态和转化方式可列举。扩散状态包括应用、行业推广、跨领域推广等；转化方式包括成果交易、解决方案提供、资料传输、应用扩散等。上述 4 个特点同时也说明成果转化方法的研究和机制的建设有很大的实际价值。

14.3.6 预期量的算法依据

预期量是对成果未来技术成熟、收回研发投入两个点的预判断。其理论基础是技术替代说、先导指标计算法、时间序列预测法等。该部分指根据现阶段成果的情况计算其所取得的总收益（隐性收益+显性收益）和投入产出效率。其理论基础除了上述介绍的技术轨道说、技术增长理论、先导指标预测法、类比推理预测法、因果分析预测法外，还包括1973年诺贝尔奖获得者里昂惕夫提出的经济学模型：投入产出分析法，只不过在技术成果评价部分，改写了其中关于产出的定义。

第 15 章 科技成果技术经济价值评价系统开发

科技成果技术经济价值评价系统的主要架构如图 15.1 所示。

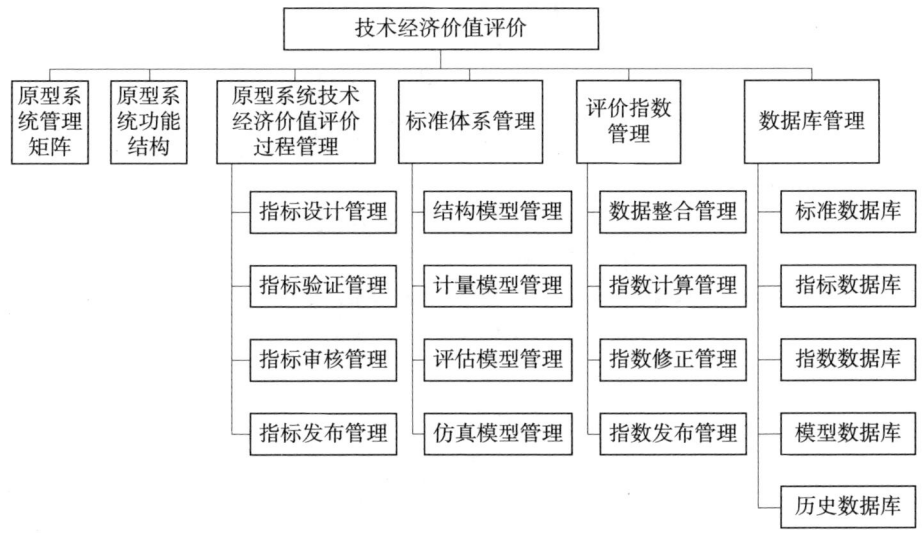

图 15.1 技术经济价值评价系统架构

15.1 技术经济价值评价过程管理子系统

系统功能所有的指标，都来自过程管理的数据采集，过程管理的核心是指标体系管理。指标体系子系统主要由指标设计、指标验证、指标审核、指标发布等管理功能构成，指标体系用于支撑系统中各类目标、模型、评估、监测管理功能，是实现量化表达和评价的基础，见表 15.1。

表 15.1　技术经济价值评价过程管理子系统功能描述

序号	功能名称	功能描述	数据实体	备注
1	指标设计管理	指标设计功能用于管理指标的定义、属性、计算方法、使用条件、适用范围及评价标准，是建立指标体系的基本功能。支持多级别、多类型指标的设计。包括添加、修改、删除、查询等功能。实质上是将所有能够标准化的业务（作业+项目），最终都变成数字来运算。最初的标准化表述非常重要	技术价值评价过程管理	
2	指标验证管理	指标验证功能基于样本数据对已定义的指标算法进行验证，通过数种验证结论修正算法、明确使用条件。可按指标条件采集并对样本数据分类，验证结论与实际数据的对比偏差，提出修正方案。包括验证、修正、确认功能		
3	指标审核管理	经过验证的指标，通过约定的规则及流程审核后即可纳入应用环节。记录指标审核意见，并支持多次审核过程，审核过程中锁定指标修正、验证工作。包括提交、审批、确认、驳回等功能		
4	指标发布管理	对已审核通过的指标进行发布管理，发布的指标可投入应用。相关单位经过筛选和确认后，可通过发布动作将指标发布到公示区，系统用户可根据不同的分配权限查阅指标内容。包括发布、变更、确认、跟踪、修正等功能		

15.2　技术经济价值评价标准体系管理子系统

本系统主要由结构模型、计量模型、评估模型、仿真模型等管理功能构成，模型用于支撑系统中各类评估、分析和监测等功能，是实现技术经济价值评价的基础，见表 15.2。

表 15.2 技术经济价值评价标准体系管理子系统描述

序号	功能名称	功能描述	数据实体	备注
1	结构模型管理	结构模型管理，又称基于 WBS 模式的分解标准，用于管理内容的客观表达。一般可用表格或树状图表示。适用成果表达的 WBS 可定义为：13 级分解成果构成内容所形成的表达内容层次关系的结构。主要包括：需求结构标准、规划结构标准、计划结构标准、项目结构标准。含结构添加、修改、删除、查询等功能	标准体系管理	
2	计量模型管理	计量模型管理使用技术成熟度计量标准，测量项目的技术就绪状态，以 13 个等级表达项目全生命周期中典型阶段划分，其中 1~9 级反映技术进步过程，即技术成熟度增长过程，10~13 级反映成果转化过程，即商业成功过程。模块含有结构添加、修改、删除、查询、查重等功能		
3	评估模型管理	评估模型管理是针对项目的质量、成本、进度三要素（QCD：Quality, Cost, Delivery）进行管理，其中进度指交付物提交时间功能说明。QCD 用于说明 WBS（WBE）的质量成本及进度的计划指标或完成情况，其中质量标准可以按成果分类划分，通过分类特征技术指标定义来限定质量考核范围。含有添加、修改、删除、查询等功能		
4	仿真模型管理	针对不同的目的、对象建立不同的数学模型进行模拟推演形成不同的仿真模型；并根据推演的结果不断修正。包括增加、验证、修正、确认、提交等功能		

15.3 指数管理子系统

指数管理子系统主要由数据整合、指数计算、指数修正、指数发布等管理功能构成，融合指数通过对已有指数的管理，为科技计划制订及绩效评价、推进技术市场供给侧创新、实现技术资源最优配置、提升经济增长的质量和数量提供决策支撑，见表 15.3。

表15.3 指数管理子系统描述

序号	功能名称	功能描述	数据实体	备注
1	数据整合管理	数据整合管理融合指数支撑数据的采集、清洗、挖掘以及过滤等方法,是融合指数发布的基础。支持多类融合指数数据的整合,如军队部门、政府部门等,并定义指数的内容和应用范围。包括抓取、删除、清洗、查询等功能	指数管理	
2	指数计算管理	融合指数计算管理涵盖计算公式定义,公式验证以及公式确认等功能,用于支撑指数发布及相关业务统计分析报表的测算,也对监测整体规划路线具有辅助作用。包括添加、修改、删除、查询、确认等功能		
3	指数修正管理	已确认的融合指数在不同环境、不同时期以及不同需求的条件下,需要对指数内容和范围进行修正管理。需要提出修正的原因以及修正的周期,提交审核通过后方可修正。包括验证、修正、确认、提交等		
4	指数发布管理	对已审核通过的指数进行发布管理,已经发布的融合指数可公示给系统所有用户,系统用户根据不同权限查阅指数内容。包括发布、变更、确认等功能		

15.4 数据库管理

数据库管理主要是能够满足部分关键功能和指标,能够演示"各领域各层级"数据的基本处理过程和可视化结果,见表15.4。

表 15.4 数据库管理功能描述

序号	功能名称	功能描述	数据实体	备注
1	标准数据库	主要包括评价标准体系、典型评价标准和模板。将"项目、人才、组织"三大类型评价标准及衍生的系列评价标准和模板全部管理起来，确保系统的各个层级和岗位"存取"，并做到实时更新。凡是刷新这些标准和模板的组织和个人，要能够显示名称	数据库管理	
2	指标数据库	主要由指标设计、指标验证、指标审核、指标发布等管理功能构成，指标体系用于支撑系统中各类目标、模型、评估、监测管理功能，是实现量化表达和评价的基础		
3	指数数据库	主要由数据整合、指数计算、指数修正、指数发布等管理功能构成，融合指数通过对已有指数的管理，为制订及绩效科技计划、推进技术市场供给侧改革、实现技术资源最优配置、提供决策支撑		
4	模型数据库	工具模型子系统主要由结构模型、计量模型、评估模型、仿真模型等管理功能构成，用于支撑系统中各类评估、分析和监测等功能，是实现标准化评价和量化绩效考核的基础。可以根据使用用途灵活配置维护所需数据库支持内容。创建和维护军民融合评估指数需要的分类目录与代码库、统计基准数据库、统计指标名录库、编制序列库等。统计数据创建和维护历史分类数据库、国家和地区统计分类数据库、实时采集数据分析数据库		
5	历史数据库	原型系统可以根据已经产生的数据结构进行估算或模拟测算，这部分数据包括：国防专利数据、军转民统计数据、民参军统计数据等。这部分数据能够从国家统计体系、行业研究体系中获取（购买或自主采集）		

第16章　技术经济价值评价应用案例及总结

16.1　技术经济价值评价应用案例

我们从2018年开始初步应用技术经济价值对技术成果和科技股权投融资项目进行评估。下面通过一个应用案例说明评价结果。

（1）技术定位

该项成果属于"新材料技术"中的"半导体新材料制备与应用"，"显示器件技术"中的"新型平板显示器件技术"和"医学检验技术"中的"采用新材料进行临床医学诊断检验"（参照《2018年国家重点支持的高新技术领域目录列表》），该项成果主要应用在"专业设备制造业"中的"光伏器件制造""显示器件制造""照明器件制造"和"非金属矿物制品业"中的"石墨及碳素制品制造"（参照《国民经济行业分类》（GB/T 4754—2017）。该项成果目前所处产业链：上游（量子点材料和阻隔膜供应商），负责量子点材料和阻隔膜的设计和生产，代表性公司是Nanosys和3M→中游（量子点膜公司），完成量子点光学膜的涂布和复合工艺，代表性公司3M和激智科技→下游（应用），负责量子点电视的设计、生产，光伏元器件生产等，居于上游量子材料开发环节。该项成果与行业同类产品或技术对标，关键技术指标达到中国领先水平，目前国内已有许多关于石墨烯量子点研制和销售信息报道，但未提及制备技术和相关指标。该项成果技术创新程度为Ⅱ级（按Ⅰ～Ⅳ级分为四类程度，Ⅰ级最低，Ⅳ级最高），技术创新类型属于集成创新。

（2）成果技术分解

通过对该项成果的研发单元（或模块）进行梳理，该成果的工作分解结构（WBS）共有两层，底层工作分解单元（WBE）共计3个，独立研发模块2个，占比均为66%，成果结构属于一般复杂程度。通过工作分解结构梳理，发现并识别该成果的关键工作分解单元（即核心技术载体）为"制备石墨烯链子点"和"提纯石墨烯量子点"。

(3) 成果技术成熟度

提取该成果的关键技术工作分解单元(WBE)"制备石墨烯链子点"和"提纯石墨烯量子点",依据国家标准 GB/T 22900—2009《科学技术研究项目评价通则》,结合专业化判定要素与专家咨询意见,该工作分解单元(WBE)技术成熟度属于第 5 级。依据技术成果中关键工作分解单元的技术成熟度级别,即为该项技术成果技术成熟度级别,判定该项成果技术成熟度属于第 5 级,具备可批量生产、大规模交付市场应用、实现产业化效益的必要条件(TIL5 级)。

(4) 成果转化风险

将成果分解与技术成熟度评价结论相结合,应用科技项目或成果质量、成本、进度(QCD)一体化数据指标与评价模型,该项成果技术转化或交易风险属于 V 级,即高风险。但基于第一代技术已经进入产业化生产,截至 2018 年年初,该公司已累计签约客户订单超过 1500 万美元。综上所述,该成果已经跨过了技术研发的最高风险区间,即已经跨过了"技术鸿沟(TIL4~7 级)",未来的主要风险在于商业化生产、经营管理与市场风险。

(5) 市场价值

依据该成果的技术定位,以及该技术的应用产业方向与市场规模预测,结合该成果总计研发总投入 900 万元,采用资产评估的收益法,得出在评估基准日时成果"石墨烯量子点制备及应用技术"所应用的产业领域为生物医药、显示、防伪、光伏、照明、油田化学品等领域,根据权威市场调研机构 IHS 宣布的《量子点显示市场分析报告》相关数据,2017 年全球量子点膜出货量 600 万平方米,市场规模达到 5 亿美元,约 34.07 亿人民币,技术成果评价时的技术经济价值为 1544 万元。

16.2　技术经济价值评价总结与展望

本次技术经济价值评价的核心模型为完全独创的,具备很强的创新性,其特点如下:

(1) 形成了技术成果的分类评价模型

本研究创新性地将技术成果分成了三类:应用基础研究、核心技术研发、成果转化与产业化，分类判断每类技术的技术经济价值。

（2）形成了基于成本法和实际投入的技术经济价值计算模型

本研究创新性地将无形资产的成本法和各阶段技术成果的实际投入结合，形成了不同阶段技术成果技术经济价值的计算模型。

（3）形成了综合的技术经济价值评价模型

从研发与全创新链的视角，研究全创新链科技成果的分类、分级和量化特征，构建多维量化指标和综合评价模型，实现对技术经济价值的客观定量评价，弥补专家凭主观经验判断的不足，为提高技术成果转移转化的效率、成功率和质量提供技术支撑。

参考文献

[1] 刘萍萍. 风险投资运作机理与投资决策研究 [D]. 天津：天津大学，2004.

[2] 朱彤，张悦盈. 美国对外贸易政策的转变与区域经济一体化新浪潮的兴起 [J]. 亚太经济，2007（2）：34-38.

[3] 赵眸光. 浪潮集团再创业融资方式选择及融资对策研究 [D]. 西安：西安理工大学，2010.

[4] 李世卿. 风险投资项目评估方法研究 [D]. 天津：天津大学，2008.

[5] Nolte W L. Did I Ever Tell You about the Whale? Or Measuring Technology Maturity [M]. Charlotte：IAP，2008.

[6] Almitra D L, Salamah U. The Use of Internet-Based Organization's Media and Social Media in Handling Crisis Communication：A Case Analysis of Samsung Galaxy Note 7 Explosion [C] //Indonesia International Graduate Conference on Communication（Indo IGCC）Proceeding，2017，1（2）：939-954.

[7] Reinhart G, Schindler S. A strategic evaluation approach for defining the maturity of manufacturing technologies [J]. World Academy of Science, Engineering and Technology，2010，4（11）：633-638.

[8] Engel D W, Dalton A C, Anderson K K, et al. Development of technology readiness level (TRL) metrics and risk measures [R]. Pacific Northwest National Lab.（PNNL），Richland，WA（United States），2012.

[9] 银路，石忠国，王敏，等. 新兴技术：概念、特点和管理新思维 [J]. 现代管理科学，2005（4）：5-7.

[10] 秦可德. 空间溢出、吸收能力与我国区域新兴产业发展 [D]. 上海：华东师范大学，2014.

[11] 孙婷婷. 基于技术路线图的战略性新兴产业技术管理研究——以光伏产业为例 [D]. 天津：天津理工大学，2014.

[12] 卢文光. 新兴技术产业化潜力评价及其成长性研究 [D]. 北京：北京工业大学，2008.

[13] 乔治·戴，保罗·休梅克. 沃顿论新兴技术管理 [M]. 石莹，等译. 北京：华夏出

版社，2002．

[14] 陈瑜，丁堃．新兴技术价值前置型治理——应对新兴技术不确定性的新路径［J］．自然辩证法通讯，2018，40（5）：107－114．

[15] 吴东，张徽燕．论新兴技术概念的商业内涵［J］．科学学与科学技术管理，2005，26（7）：64－67．

[16] 李仕明，李平，肖磊．新兴技术变革及其战略资源观［J］．管理学报，2005，2（3）：304－306，361．

[17] 王吉武．新兴技术商业化潜力评价及投资决策研究［D］．哈尔滨：哈尔滨工程大学，2008．

[18] 沈灏，魏泽龙，苏中锋．多层次视角的新兴技术创新管理研究回顾与展望［J］．科技进步与对策，2017，34（8）：154－160．

[19] 赵洪江，陈学华，苏晓波．新兴技术、新技术、高技术及高新技术概念辨析［J］．企业技术开发，2005，24（11）：40－41．

[20] 陈守龙，刘元才．学管理必读的12个人［M］．北京：企业管理出版社，2007．

[21] 白胜．克里斯坦森发展颠覆性创新理论的4个特色［J］．科技进步与对策，2018（10）：25－30．

[22] Anderson P, Tushman M L. Technological Discontinuities and Dominant Designs: A Cyclical Model of Technological Change [J]. Administrative Science Quarterly, 1990, 35 (4): 604－633.

[23] Hanges S J. The innovation matrix: Culture and structure prerequisites to innovation [J]. Journal of Product Innovation Management, 1995, 12 (4): 369.

[24] Kaplan S M. Discontinuous innovation and the growth paradox [J]. Strategy & Leadership, 1999, 27 (2): 16－21.

[25] Samad S. The Influence of Innovation and Transformational Leadership on Organizational Performance [J]. Procedia - Social and Behavioral Sciences, 2012, 57: 486－493.

[26] O'Connor G C, Song M, Montoya. Market Learning and Radical Innovation: A Cross Case Comparison of Eight Radical Innovation Projects [J]. Journal of Product Innovation Management, 2010, 15 (2): 151－166.

[27] Godoe H. Innovation regimes, R&D and radical innovations in telecommunications [J]. Research Policy, 2000, 29 (9): 1033－1046.

[28] 蔡爽．基于专利的新兴技术商业化潜力评价研究［D］．北京：北京工业大学，2009．

[29] 陆雄文．管理学大辞典［M］．上海：上海辞书出版社，2013．

[30] 袁中华．我国新兴产业发展的制度创新研究［M］．成都：西南财经大学出版社，2011．

[31] 卜文娟．经济增速"南快北慢"之问［J］．中国战略新兴产业，2019（9）：30－32．

[32] 国家统计局．战略性新兴产业分类（2018）（国家统计局令第23号）［Z］．2018．

[33] 周正平，冯德连，孔海强．皖江城市带战略性新兴产业发展的集群路径研究［J］．长春工业大学学报（社会科学版），2013（01）：17－20．

[34] 王月．战略性新兴产业军民融合式发展研究［D］．长沙：国防科学技术大学，2011．

[35] 张萍．新疆发展战略性新兴产业的思考［J］．新疆社科信息，2010（5）：1－4．

[36] 张校花．资源型城市转型过程中的财政政策研究［D］．北京：北京交通大学，2014．

[37] 黄承星．物联网共性技术商业化过程中价值主张生成研究［D］．南京：东南大学，2016．

[38] 刘诗白．高新技术经济学研究的新成果——《高新技术商品化产业化国际化研究》评介［J］．经济学家，1997，2（2）：121－122．

[39] 陈书燕．我国高新技术产业创新国际化的路径和对策研究［J］．现代商业，2017（09）：113－114．

[40] 眭振南，王贞萍．科研成果转化评估［M］．上海：上海财经大学出版社，1998．

[41] 陈通，田红波．高新技术的企业化、市场化和产业化深化——高新技术产业化路径的实证研究［J］．科技管理研究，2002，22（3）：2－4．

[42] 邓叶．企业家对高新技术企业成长的影响［J］．现代企业，2008（4）：33－34．

[43] 黄鲁成，成雨，吴菲菲，等．技术预测与技术预见及其客观分析方法［J］．创新与创业管理，2013（1）：119－132．

[44] Garde V D, Patel R R. Technological forecasting for power generation—A study using the Delphi technique［J］. Long Range Planning, 1985, 18（4）：73－79.

[45] Miles I. The development of technology foresight: A review［J］. Technological Forecasting & Social Change, 2010, 77（9）：1448－1456.

[46] 陈劲．技术管理［M］．北京：科学出版社，2008．

[47] 鲍志彦．专利地图在技术预见中的应用初探［J］．江苏科技信息，2012，000（012）：3－4．

[48] Irvine J, Martin B R. Foresight in Science: Picking the Winners［J］. F Pinter, 1984, 42（4）：845－865.

[49] Rasmussen B, Andersen P D. Report: Review of science and technology foresight studies and comparison with GTS 2015［R］. Copenhagen: Danish Agency for Science, Technology and Innovation, 2009.

[50] Mcaleer M, Chan F, Marinova D. An econometric analysis of asymmetric volatility: Theory and application to patents［J］. Journal of Econometrics, 2007, 139（2）：259－284.

[51] Chan L, Daim T. Exploring the Impact of Technology Foresight Studies on Innovation: Case

of BRIC Countries［J］. Futures, 2012（44）: 618 - 630.

［52］侯玉民. PG 市天然气需求预测［D］. 成都: 西南石油大学, 2014.

［53］刘宁宁, 毕然, 任水, 等. 融合复杂网络理论的科技监测研究［J］. 电子测量技术, 2007, 30（4）: 1 - 4.

［54］Takn Z. Forecasting the Future of Library and Information Science and its Sub - fields［J］. Scientometrics, 2021, 126（2）: 1527 - 1551.

［55］Dalkey N, Helmer O. An Experimental Application of the DELPHI Method to the Use of Experts［J］. Management Science, 1963, 9（3）: 458 - 467.

［56］Lund B D. Review of the Delphi method in library and information science research［J］. Journal of Documentation, 2020, ahead - of - print（ahead - of - print）.

［57］曲钟阳. 基于德尔菲法的技术预见［D］. 大连: 大连理工大学, 2013.

［58］Braxton E, Wohlfeld B J, Blumenthal S, et al. Postoperative Care Pathways Following Lumbar Total Disc Replacement: Results of a Modified Delphi Approach［J］. Spine, 2019, 44: S1 - S12.

［59］穆荣平, 任中保, 袁思达, 等. 中国未来20年技术预见德尔菲调查方法研究［J］. 科研管理, 2006, 27（01）: 1 - 7.

［60］王成云, 苗小川. 信息预测中的德尔菲法［J］. 图书馆学研究 1996,（02）: 18 - 19.

［61］徐建国. 基于超网络的装备技术体系结构演化与预测方法研究［D］. 长沙: 国防科学技术大学, 2016.

［62］赵盼. 基于 Internet 的技术发展趋势分析研究［D］. 北京: 北京工业大学, 2011.

［63］Derek De Solla P. Little Science, Big Science［M］. New York: Columbia University Press, 1963.

［64］Kajikawa Y, Takeda Y. Citation network analysis of organic LEDs［J］. Technological Forecasting & Social Change, 2009, 76（8）: 1115 - 1123.

［65］Abramo G, D'Angelo C A, Caprasecca A. Allocative efficiency in public research funding: Can bibliometrics help?［J］. Research Policy, 2009, 38（1）: 206 - 215.

［66］ChiHsiang Duan. Mapping the intellectual structure of modern technology management［J］. Technology Analysis & Strategic Management, 2011, 23（5）: 583 - 600.

［67］张嶷. 新兴技术竞争情报挖掘方法研究［D］. 北京: 北京理工大学, 2016.

［68］De Bellis N. Bibliometrics and citation analysis: from the science citation index to cybermetrics［M］. New York: Scarecrow Press, 2009.

［69］Meyer M, Debackere K, Glänzel W. Can applied science be 'good science'? Exploring the relationship between patent citations and citation impact in nanoscience［J］. Scientometrics, 2010, 85（2）: 527 - 539.

[70] Waltman L, Eck N J V, Noyons E C M. A unified approach to mapping and clustering of bibliometric networks [J]. Journal of Informetrics, 2010, 4 (4): 629-635.

[71] 郭卫东. 技术预见理论方法及关键技术创新模式研究 [D]. 北京: 北京邮电大学, 2007.

[72] 邱均平. 信息计量学 [M]. 武汉: 武汉大学出版社, 2007.

[73] Morman E T. Citation Indexing: Its Theory and Application in Science, Technology, and Humanities by Eugene Garfield [J]. Technology & Culture, 1980, 21 (4): 384-385.

[74] 贺颖. 基于科学计量视角的同行评议专家遴选问题研究 [D]. 天津: 天津大学, 2008.

[75] 冯志伟. 齐普夫定律的来龙去脉 [J]. 情报科学, 1983 (02): 37-42.

[76] Anil K. Jain. Data clustering: 50 years beyond K-means [J]. Pattern Recognition Letters, 2010. 31 (8): 651-666.

[77] Zhang Y, Porter A L, Hu Z, et al. "Term clumping" for technical intelligence: A case study on dye-sensitized solar cells [J]. Technological Forecasting and Social Change, 2014, 85: 26-39.

[78] Wu H C, Luk R W P, Wong K F, et al. Interpreting tf-idf term weights as making relevance decisions [J]. ACM Transactions on Information Systems (TOIS), 2008, 26 (3): 13.

[79] 王金鹏. 基于科学计量的技术预见方法优化研究 [D]. 武汉: 华中师范大学, 2011.

[80] 刘则渊. 科学知识图谱: 方法与应用 [M]. 北京: 人民出版社, 2007.

[81] 秦长江, 侯汉清. 知识图谱——信息管理与知识管理的新领域 [J]. 大学图书馆学报, 2009, 27 (01): 30-37.

[82] 陈悦, 刘则渊, 陈劲, 等. 科学知识图谱的发展历程 [J]. 科学学研究, 2008, 26 (03): 449-460.

[83] 卢文光, 黄鲁成. 新兴技术产业化潜力评价及其特征研究 [J]. 技术经济, 2011, 30 (06): 50-54.

[84] 郝烺超. 基于网络节点重要度和相似性的技术机会分析方法研究 [D]. 长沙: 国防科学技术大学, 2013.

[85] 魏晨, 马燃, 西桂权, 等. 基于全球科技创新网络中的竞争情报研究进展——竞争情报国际会议综述 [J]. 情报工程, 2019, 005 (006): 119-126.

[86] 张冬梅, 曾忠禄. 结合专利分析与技术环境监测的技术预见模型 [J]. 情报理论与实践, 2010, 33 (04): 61-63.

[87] 王伟. 文献计量法在技术预见中的应用 [D]. 大连: 大连理工大学, 2008.

[88] 栾春娟. 基于专利计量与可视化手段的技术前沿探测——以波音公司为例 [J]. 情报

理论与实践, 2009, 32 (08): 68-71.

[89] Karvonen M, Kässi T. Patent citations as a tool for analysing the early stages of convergence [J]. Technological Forecasting and Social Change, 2013, 80 (6): 1094-1107.

[90] 王明明, 张泓雨. 基于时间权重的技术回归的预测模型 [J]. 统计与决策, 2015 (15): 73-76.

[91] 旷景明, 兰小筠. 基于专利信息分析的创新技术预测方法综述 [J]. 情报杂志, 2014 (9): 33-39, 50.

[92] Chang P L, Wu C C, Leu H J. Using patent analyses to monitor the technological trends in an emerging field of technology: a case of carbon nanotube field emission display [J]. Scientometrics, 2009, 82 (1): 5-19.

[93] 娄永美. 基于专利分析的技术发展趋势研究 [D]. 北京: 北京工业大学, 2011.

[94] 张燕舞, 兰小筠. 企业战略与竞争分析方法之一——专利分析法 [J]. 情报科学, 2003, 21 (08): 808-810.

[95] 黎江. 基于专利文献的技术机会分析方法研究 [D]. 北京: 中国科学院研究生院 (文献情报中心), 2008.

[96] 侯海燕. 基于知识图谱的科学计量学进展研究 [D]. 大连: 大连理工大学, 2006.

[97] Campbell R S. Patent trends as a technological forecasting tool [J]. World Patent Information, 1983, 5 (3): 137-143.

[98] 马婷婷, 汪雪锋, 朱东华, 等. 基于专利的技术机会分析方法研究 [J]. 科学学研究, 2014, 32 (03).

[99] 钱越, 黄颖, 郭颖, 等. 基于专利文献的技术商业化潜力研究——以3D打印技术为例 [J]. 情报杂志, 2016, 35 (10): 59-64, 172.

[100] 王红. 基于共词分析法对近十年我国图情学研究热点的分析 [J]. 情报杂志, 2011, 30 (03): 59-64.

[101] 李阳. 基于专利分析的技术机会识别方法与应用研究 [D]. 北京: 北京协和医学院, 2013.

[102] 宋爽. 共现分析在文本知识挖掘中的应用研究 [J]. 中国图书馆学报, 2007, 33 (2): 59-64.

[103] 历妍. 基于专利的技术发展趋势研究 [D]. 北京: 北京工业大学, 2011.

[104] Lee C, Kim J, Noh M, et al. Patterns of technology life cycles: Stochastic analysis based on patent citations [J]. Technology Analysis & Strategic Management, 2017, 29 (1): 53-67.

[105] 袁志彬, 任中保. 德尔菲法在技术预见中的应用与思考 [J]. 科技管理研究, 2006, 26 (10): 217-219.

[106] 马楠,官建成. 利用引文分析方法识别研究前沿的进展与展望 [J]. 中国科技论坛, 2006(04):110-113.

[107] 王伟军,王金鹏. 科学知识图谱在技术预见中的应用探析 [J]. 情报科学, 2010(08):1127-1131.

[108] 唐家龙. 技术预见的实践局限性及其方法论根源 [J]. 科学技术哲学研究, 2008, 25(05):71-74.

[109] 袁志彬. 提高技术专家预见能力的基本途径 [J]. 科学学与科学技术管理, 2004, 25(04):133-136.

[110] Yi Zhang, Ying Guo, Xuefeng Wang, et al. A hybrid visualisation model for technology roadmapping-bibliometrics, qualitative methodology and empirical study [J]. Technology Analysis & Strategic Management, 2014, 25(6):707-724.

[111] 吕晨,张旭,赵蕴华,等. 新兴技术选择方法研究 [J]. 科技管理研究, 2012, 32(23):228-231.

[112] 黄夏楠. 基于能量传输函数的电力系统暂态稳定评估及控制策略研究 [D]. 北京:中国电力科学研究院, 2018.

[113] 孟宪伟. 电子政务项目风险管理软件的设计与实现 [D]. 成都:电子科技大学, 2014.

[114] 程晨. 提升安徽省旅游服务贸易国际竞争力研究 [D]. 合肥:安徽大学, 2012.

[115] 刘珊. 基于PLS的多模态湿法冶金浸出过程浸出率预测 [D]. 沈阳:东北大学, 2015.

[116] 张新云. 政府投资公路项目投资效率评价研究 [D]. 长沙:长沙理工大学, 2010.

[117] 孙星. 因子分析法在江苏城市居民生活质量评价中的应用研究 [D]. 南京:南京航空航天大学, 2009.

[118] Gartner. Hype Cycle for Emerging Technologies [R]. Stanford:Gartner, 2017.

[119] 苗咏. 深交所一体化IT运营系统方案设计与实施 [D]. 兰州:兰州大学, 2015.

[120] 孟海华. 无处不在的人工智能——Gartner公司发布2017年度新兴技术成熟度曲线 [J]. 科技中国, 2017(10):1-9.

[121] 陈骞. 人机融合:新兴技术发展的新趋势——对Gartner《2013年新兴技术成熟度曲线》报告的解读 [J]. 华东科技, 2014(5):68-70.

[122] Kim J, Hwang M, Jeong D H, et al. Technology trends analysis and forecasting application based on decision tree and statistical feature analysis [J]. Expert Systems with Applications, 2012, 39(16):12618-12625.

[123] 田倩飞. Gartner提出2017年与2018年十大物联网技术 [J]. 科研信息化技术与应用, 2016(02):95-96.

[124] 孟海华. Gartner：2018 年前沿技术预测 [J]. 科技中国，2018（3）：6-12.

[125] 田倩飞，房俊民，徐婧，等. IT 领域新兴技术的演进及其可视化分析 [J]. 情报杂志，2017（7）：46-51.

[126] Fenn J, Raskino M. Mastering the Hyper Cycle：How to Choose the Right Innovation at the Right Time [J]. Industry Week, 2008, 257（10）：p. 25.

[127] 冯婷. 金融与技术的互动融合 [J]. 竞争情报，2017，13（1）：6.

[128] Bresciani S, Eppler M J. Gartner's Magic Quadrant and Hype Cycle [R]. Institute of Marketing and Communication Management（IMCA）, Universita della Svizzera italiana, Faculty of Communication Sciences, 2008.

[129] 田倩飞，张志强. 人工智能 2.0 时代的知识分析变革研究 [J]. 图书与情报，2018，38（02）：33-42.

[130] Steinert M, Leifer L. Scrutinizing Gartner's hype cycle approach [C] // Technology Management for Global Economic Growth（PICMET）, 2010 Proceedings of PICMET '10. IEEE, 2010.

[131] 严立忠. 2018 年人工智能和机器学习三大趋势 [J]. 软件和集成电路，2018（1）：19-21.

[132] 鲍旭华，曲晓东，郑新华. 大数据驱动的安全协同生态建设 [J]. 大数据，2018，4（03）：96-103.

[133] Ahn S H. An evaluation of green manufacturing technologies based on research databases [J]. International Journal of Precision Engineering and Manufacturing – Green Technology, 2014, 1（1）：5-9.

[134] Van Lente H, Spitters C, Peine A. Comparing technological hype cycles：Towards a theory [J]. Technological Forecasting and Social Change. 2013, 80（8）：1615-1628.

[135] Hueso-González F, Rabe M, Ruggieri T A, et al. A full-scale clinical prototype for proton range verification using prompt gamma-ray spectroscopy [J]. Physics in Medicine & Biology, 2018, 63（18）：185019.

[136] Jun Seung-Pyo. An empirical study of users' hype cycle based on search traffic：the case study on hybrid cars [J]. Scientometrics, 2011, 91（1）：81-99.

[137] Ardo S, Rivas D F, Modestino M A, et al. Pathways to electrochemical solar-hydrogen technologies [J]. Energy & environmental science, 2018, 11（10）：2768-2783.

[138] Caulfield T. Spinning the Genome：Why Science Hype Matters [J]. Perspectives in biology and medicine, 2018, 61（4）：560-571.

[139] Tresse J. Technology Through the Trough：How hype and changing expectations affect the future of Bitcoin in Norway [D]. OSLO：University of OSLO, 2018.

[140] Jarvenpaa H M, Makinen S J. An empirical study of the existence of the hype cycle: A case of DVD technology [C]. Engineering Management Conference. New York: IEEE, 2008: 1 – 5.

[141] 李晓君,刘艳丽,齐文瑾,等. 基于成熟度的智能电网综合评估模型及其软件 [J]. 电力系统及其自动化学报,2017(01):7 – 12,57.

[142] 谢荷锋,李冬生. 新技术项目投资的特征与评价方法 [J]. 南华大学学报(社会科学版),2004(03):46 – 49.

[143] 王志勇,党晓玲,刘长利,等. 颠覆性技术的基本特征与国外研究的主要做法 [J]. 国防科技,2015,36(Z1):14 – 17.

[144] Christensen, Clayton M. The Innovator's Dilemma: When New Technologies Cause Great Firms to Fail [C]. University of Illinois at Urbana – Champaign's Academy for Entrepreneurial Leadership Historical Research Reference in Entrepreneurship, 1997. Available at SSRN: https://ssrn.com/abstract = 1496206.

[145] 魏俊峰. 美国国防高级研究计划局(DARPA)透视:跨越现实与未来的边界 [M]. 北京:国防工业出版社,2015.

[146] 刘安蓉,李莉,曹晓阳,等. 颠覆性技术概念的战略内涵及政策启示 [J]. 中国工程科学,2018,20(06):15 – 21.

[147] 黄生权,李玲芝. 新兴技术项目投资时机受限时的投资规模与时机研究——基于期权博弈理论 [J]. 财会通讯,2017,731(03):104 – 108.

[148] 李媛. 中国战略性新兴产业的成长机制与实证研究 [D]. 天津:南开大学,2013.

[149] 刘飞. 中国高新技术产业园区产业服务体系发展研究 [D]. 武汉:武汉大学,2012.

[150] 杨素娟. 高新技术产业投资机会评价方法研究 [D]. 合肥:合肥工业大学,2006.

[151] 牛立超. 战略性新兴产业发展与演进研究 [D]. 北京:首都经济贸易大学,2011.

[152] 杜安杰. 尚德给新兴产业创业者的启示 [J]. 装备制造与教育,2013,27(2):25 – 27.

[153] 叶青. 研发计入GDP——创新型国家的建设路径 [J]. 四川省情,2017,190(11):52 – 52.

[154] 张先恩,刘云,周程,等. 基础研究内涵及投入统计的国际比较 [J]. 中国软科学,2017(05):131 – 138.

[155] 刘影. 基于PDCA理论的重点实验室产业化导向管理模型研究 [D]. 广州:南方医科大学,2012.

[156] 于玲玲. 我国轨道交通装备制造企业国际竞争力研究 [D]. 北京:北京交通大学,2016.

[157] 全国人民代表大会常务委员会. 中华人民共和国促进科技成果转化法 [Z]. 2015.

[158] 叶海芳. 六西格玛设计在家电产品开发中的应用研究 [D]. 苏州：苏州大学, 2017.

[159] 张光灿. PDCA 模型在以产品为核心营销模式绩效控制中的应用初探 [J]. 商场现代化, 2006, (11Z)：103－104.

[160] 李卫东. S 公司新产品研发阶段质量控制研究 [D]. 苏州：苏州大学, 2014.

[161] 张鹏. 基于社群认同的网络团购研究 [D]. 长沙：中南大学, 2013.

[162] 张黎帆. 兰州电信无线市话业务发展策略研究 [D]. 西安：西安理工大学, 2003.

[163] 姚景超. 货币政策与区域经济发展协调性研究 [J]. 西部金融, 2005 (07)：30－32.

[164] 凌宇. 一汽解放商用车产品生命周期管理方案研究 [D]. 长春：吉林大学, 2014.

[165] 黛安·沃特斯, 约翰·邓恩. 审计实务手册 [M]. 北京：中国财政经济出版社, 2006.

[166] 张璐璐. 辽宁联通 3G 业务成长期的营销策略调整研究 [D]. 沈阳：辽宁大学, 2012.

[167] 黄佳美. 基于品牌延伸的产品形象识别研究 [D]. 上海：东华大学, 2009.

[168] 高利丹. 基于专利文献的技术生命周期分析模式研究 [D]. 成都：西南交通大学, 2011.

[169] 赖朝安, 徐翠璐. 一种基于专利分析的技术成熟度评估算法 [J]. 科研管理, 2017 (S1)：245－251.

[170] 刘晓娟, 王凌云. 面向社科领域的网络新闻分析与监测 [J]. 情报科学, 2011, 29 (10)：1569－1574.

[171] 靳黛露. Web 页面相似度搜索问题研究 [D]. 太原：太原理工大学, 2014.

[172] 杨震. 文献聚类分析及其在金属矿开采技术发展趋势发掘中的应用研究 [D]. 西安：西安建筑科技大学, 2009.

[173] 高永平, 钱进. 文本挖掘在科技监测中的运用 [J]. 科技进步与对策, 2008 (02)：42－45.

[174] 崔兰兰, 杨晓栋. 识别信息陷阱提升数据质量 [J]. 甘肃科技, 2018, 34 (24)：21, 29－31.

[175] 李玉卿, 吴帆, 张见, 等. AFC 动态数据仓库应用系统中的查询竞争问题研究 [J]. 铁路通信信号工程技术, 2017, 14 (05)：83－87.

[176] 张鑫. 邮政报刊发行收入分析结算系统的设计与实现 [D]. 西安：西安电子科技大学, 2009.

[177] 屈元子. 基于数据仓库的煤矿历史数据分析研究 [D]. 太原：山西大学, 2008.

[178] 张琳. 邮政客户关系管理系统的设计与实现 [D]. 西安：西安电子科技大

学,2009.

[179] 陈鸿雁. 商业智能在保险数据分析和决策支持中的应用与实现 [J]. 中国金融电脑, 2009 (11): 32-37, 57.

[180] 刘云, 王小黎, 樊威. 国际科技资源监测与服务体系构建 [J]. 科学学与科学技术管理, 2012, 33 (8): 5-11.

[181] 肖永舒. 中国标准与国际国外先进标准差异的多维度研究方法和案例分析 [J]. 科技创新与应用, 2018 (12): 141-143, 145.

[182] 何小敏. 科技标准化评价简介 [J]. 高科技与产业化, 2015 (01): 72-77.

[183] 赵慧斌, 黄敏. 技术就绪水平在电子对抗装备研发上的应用 [J]. 电子信息对抗技术, 2008 (06): 55-59.

[184] 巨建国, 汤万金. "技术增加值"评价原理与方法 [J]. 数学的实践与认识, 2009, 39 (06): 147-153.

[185] 科技部. 国家"十二五"科学和技术发展规划 [Z]. 2011.

[186] 王立学, 冷伏海, 王海霞. 技术成熟度及其识别方法研究 [M]. 北京: 国防工业出版社, 2010.

[187] 安茂春, 王志健. 国外技术成熟度评价方法及其应用 [J]. 评价与管理, 2008 (2): 1-3.

[188] 朱毅麟. 技术成熟度对航天器研制进度的影响 [J]. 航天工业管理, 2009, 18 (2): 8-13.

[189] Mankins J C. Technology readiness assessments: A retrospective [J]. Acta Astronautica, 2009, 65 (9-10): 1216-1223.

[190] 张娟. 技术成熟度评价在广东基础研究项目管理中的应用探讨 [J]. 中国科技资源导刊, 2018, 50 (03): 18-23.

[191] 李达, 王崑声, 马宽. 技术成熟度评价方法综述 [J]. 科学决策, 2012 (11): 85-94.

[192] Albert T. Measuring Technology Maturity: Operationalizing Information from Patents, Scientific Publications, and the Web [M]. Berlin: Springer, 2016.

[193] 陈华雄, 欧阳进良, 毛建军. 技术成熟度评价在国家科技计划项目管理中的应用探讨 [J]. 科技管理研究, 2012 (16): 191-195.

[194] 王亚光. 技术就绪水平及其卫生装备研发管理应用研究 [D]. 北京: 中国人民解放军军事医学科学院, 2015.

[195] 朱宏康, 贾豫冬. 美国制造创新计划研究 [J]. 中国材料进展, 2017, 36 (05): 395-400.

[196] 顾海兵, 齐心. 美国科技评估制度的研究与借鉴 [J]. 科学中国人, 2004 (06):

40-43.

[197] 林左鸣. 他山之石可以攻玉——世界军工产业转型的思考 [J]. 航空工业经济研究, 2008 (03): 21-28.

[198] 于强, 赵文蔷. 浅析《科学技术研究项目评价通则》对技术类资产价值评估的借鉴作用 [J]. 中国资产评估, 2016 (07): 46-48.

[199] 国家标准委员会. 科学技术研究项目评价通则: GB/T 22900—2009 [S]. 北京: 中国标准出版社, 2009.

[200] 杨陈. 地震预警设计中的若干系统工程问题研究 [J]. 国际地震动态, 2019 (2): 45-46.

[201] 陈信伟, 姚佐文. 安徽省R&D投入及其结构与经济增长关系的实证研究 [J]. 技术经济, 2011, 30 (02): 16-22.

[202] 王骛菁. 层次分析法在研发项目评价中的应用 [J]. 电站辅机, 2015, 36 (02): 52-56.

[203] 冯婷婷, 万海军, 汤仕平, 等. 舰船研制项目中电磁兼容设计系统的技术成熟度评估 [J]. 舰船科学技术, 2012, 34 (10): 94-97, 122.

[204] 彭文辉, 于化鹏. 标准化评价视角下院校项目全流程要素管理浅析 [J]. 新型工业化, 2018, 8 (02): 83-88.

[205] 中国技术市场协会, 中关村巨加值科技评价研究院. 技术成果交易评价: T/T MAC 002.F—2017 [S]. 北京: 中国标准出版社, 2017.

[206] 李锡都. 追根溯源: 浅论专利类无形资产减值准备的计提 [J]. 经济师, 2005 (06): 282-283.

[207] 陈静, 杜海涛. 线段图法在资产评估收益法中的应用 [J]. 现代商贸工业, 2014, 26 (09): 123.

[208] 游静, 胡蓉, 陈婉丽, 等. 大数据背景下数据资产核算及在区域医疗协同平台中的应用 [J]. 中国管理信息化, 2018, 21 (11): 43-45.

[209] 黄鸣强. 无形资产评估市场法的分析与研究 [J]. 现代经济信息, 2013 (10): 159, 165.

[210] 杨中楷. 混合动力汽车驱动系统技术轨道识别研究 [J]. 情报工程, 2016, 2 (02): 8-17.

[211] 刘瑶. 网络教育及其产业化发展道路研究 [D]. 沈阳: 东北财经大学, 2005.

[212] 李甲. 农业科技进步对君山区域农村经济发展的作用研究 [D]. 长沙: 湖南农业大学, 2013.

[213] 张晨妤. 上海生产性服务业对汽车产业获利与创新影响研究 [D]. 上海: 东华大学, 2014.

[214] 雷家骕. 技术经济学的基础理论与方法 [M]. 北京：高等教育出版社，2004.

[215] 戚涌. 科学研究绩效评价的理论与方法 [M]. 北京：科学出版社，2009.

[216] 财政部，国资委. 企业效绩评价工作指南 [M]. 北京：经济科学出版社，2015.

[217] 叶茂林. 科技评价理论与方法 [M]. 北京：社会科学文献出版社，2007.

[218] 杨玉武，刘先涛，王露璐. 技术交易中定价问题研究 [J]. 管理科学，2003，16（05）：73 - 75.

[219] 谢富纪. 技术转移与技术交易 [M]. 北京：清华大学出版社，2006.

[220] 魏玉根. 技术交易系统与我国股市有效性的实证分析 [J]. 经济科学，2000，22（02）：56 - 63.

[221] 于革非. 中国技术市场研究 [M]. 北京：中国财政经济出版社，1999.

[222] 刘小峰. 无形资产评估：理论与实务 [M]. 北京：北京大学出版社，2017.

[223] 国家标准委员会. 卓越绩效评价准则：GB/T 19580—2012 [S]. 北京：中国标准出版社，2012.

[224] 全国人民代表大会常务委员会. 中华人民共和国公司法 [Z]. 2016.

[225] 中华人民共和国财政部. 企业财务通则 [Z]. 2007.

[226] 中华人民共和国财政部. 企业会计准则 [Z]. 2007.

[227] 国务院. 国务院关于批转财政部权责发生制政府综合财务报告制度改革方案的通知（国发〔2014〕63 号）[Z]. 2014.

[228] 中关村巨加值科技评价研究院. 创新驱动发展导则：ZB /G001—TVA - 2015 [S]. 2013.

[229] 美国新千年计划——技术就绪水平 [Z]. 2003.

[230] 约翰·C 曼金斯. 美国航空航天局技术就绪水平白皮书 [R]. 1995.

[231] 巨建国. 现代国家治理体系 [M]. 北京：中共中央党校出版社，2014.

[232] 布莱恩·阿瑟. 技术的本质 [M]. 杭州：浙江人民出版社，2014.

[233] 何小敏. 技术与创新的计量与评价 [C]. 武汉：全国第九届科学计量学与科教评价研讨会，武汉大学，2016.

[234] 关士续. 马克思关于技术创新的一些论述 [J]. 自然辩证法研究，2002（1）：16 - 18.

附　录

附录1　人工智能技术检索策略

三级分类	检索式
语音	TS =（（"speech recognition" OR "voice recognition"）OR（"speech synthesis" OR "voice synthesis"）OR（"speech interaction" OR "voice interaction"）OR（"speech assessment" OR "speech evaluation"）OR（"human computer interaction" OR "human robot interaction" OR "man computer interaction"）OR "acoustic recognition" OR（"audio content recognition" OR "acoustic process * "））
人体静态特征	TS =（（"facial recognition" OR "face recognition"）OR "iris recognition" OR "fingerprint recognition" OR "vein recognition" OR "affective comput * " OR "virtual retinal display"）
人体行为特征	TS =（（"human body recognition" OR "human recognition"）OR "activity recognition" OR "gesture recognition"）
情感识别	TS =（"affective comput * " OR "emotional recognition" OR "facial expression recognition" OR "emotional intelligen * "）
内容与场景识别	TS =（"video content recognition" OR "video recognition" OR（"object recognition" OR "scene–recognition" OR "scene recognition"）OR "mobile vision"）
字符识别	TS =（"optical character recognition" OR "handwrit * recognition" OR "word recognition" OR "character recognition"）
空间识别	TS =（"simultaneous localization and map * " OR（"concurrent map * " and "localization"）OR "spatial recognition" OR（"three–dimensional scan * " OR "3d scan * "）OR（"three–dimensional reconstruction" OR "3d reconstruction"）OR "state space search"）
认知科学与虚拟现实	TS =（（"cognitive neuroscience" OR "cognitive comput * " OR "embodied cognitive science"）OR（"virtual reality" OR "virtual retinal display" OR "augmented reality" OR "machine vision" OR "simulated reality"））

续表

三级分类	检索式
机器学习	TS =（"natural language＊" OR（"semantic understand＊" OR "machine translation" OR（"text min＊" OR "document min＊"）OR "semantic reasoner" OR "semantic rule" OR（"semantic network＊" OR "semantic web"）OR "semantic analytics" OR "semantic comput＊" OR "semantic classification" OR "semantic cluster" OR "information extract＊" OR "human computer interaction" OR "web ontology language" OR "human computer interface"））
神经网络	TS =（"machine learn＊" OR "deep learn＊" OR "reinforcement learn＊" OR "statistical relational learn＊" OR "temporal difference learn＊" OR "statistic＊ learn＊" OR "learn＊ classifier system" OR "Ensemble learn＊" OR "characteristic learn＊" OR "incremental learn＊" OR "Train＊ data" OR "Model learn＊" OR "Sequencing learn＊" OR "Rank learn＊" OR "Sequential learn＊"）
控制决策	TS =（"neural network" OR "neurocybernetics"）
知识学习	TS =（"neurocybernetics" OR "biocybernetics" OR "clinical decision support system" OR "fuzzy control system" OR "fuzzy logic" OR "cybernetics" OR "decision support system" OR "medical cybernetics" OR "decision tree" OR "expert system"）
推理	TS =（"knowledge engineer＊" OR "knowledge extraction" OR "knowledge-based systems" OR "knowledge representation and reason＊" OR "knowledge discovery"）
计算与算法	TS =（"abductive reason＊" OR "analogical reason＊" OR "bayesian inference" OR "case-based reason＊" OR "commonsense reason＊" OR "constraint-based reason＊" OR "rule-based reason＊" OR "spatial reason＊" OR "qualitative reason＊" OR "knowledge representat＊ and reason＊"）
框架及平台	TS =（"evolutionary algorithm" OR "heuristic search" OR "inductive learn＊" OR "information retrieval" OR "intelligent problem solv＊" OR "cognitive comput＊" OR "computational humor" OR "computational intelligence" OR "evolution algorithm" OR "evolutionary computation" OR "gene expression programm＊" OR "human-based computation" OR "autonomic comput＊" OR "soft comput＊"）
其他	TS =（"open-source framework" OR "open source framework" OR "open platform"）
智能驾驶	TS =（"automated grad＊/tutor＊" OR "automated theorem" OR "autonomous system" OR "computer-automated design" OR "text summarizat＊" OR "automated plan＊ and schedul＊" OR（"intelligent plan＊" OR "intelligent schedul＊"）OR "futures stud＊"）

续表

三级分类	检索式
大数据采集	TS =（"intelligent driv*" OR "unmanned" OR "automatic driv*" OR "aided driv*" OR "advanced driver assistance systems" OR "laser radar" OR "ultrasonic radar" OR（"millimeter - wave radar" OR "millimeter wave radar"）OR "GPS position*" OR "high precision map" OR（"in - vehicle chip" OR "on - board chip"）OR "human - car interaction" OR "self - driv* vehicle"）
大数据预处理	TS =（（"large data" or "mass data" or "big data"）and（"acquisit*" or "collecti*" or "consist*" or "integrity" or "Multi - modal Data Fusion" or "miss* value estimation" or "effectiv*" or "authentic*"））
分布式文件系统和数据库	TS =（（"large data" or "mass data" or "big data"）and（"multi* data" or "entities association" or "entity recognition" or "entity identification" or "entity extraction" or "analytic*" or "pretreatment" or "precondition*" or "preprocess*" or "data pretreatment" or "data clean*" or "data restor*" or "data repair*" or "semantic data model" or "information integrat*" or "heterogeneous data intelligent conversion" or "fault tolerant map*" or "pattern extraction" or "schema extraction" or "pattern fetch*" or "pattern match*" or "mode match*" or "multi - granularity" or "multiple granularity" or "multipath" or "multi - path" or "multiple path" or "evolution* model" or "evolvement model" or "evolution pattern" or "traceability management" or "lineage trac*" or "reversibility judg*"））
访问接口和查询语言	TS =（（"large data" or "mass data" or "big data"）and（"distribut* file system*" or "metadata" or "meta data" or "meta - data" or "exten*" or "propagation" or "static subtree*" or "dynamic subtree*" or "subtree*" or "data migrati*" or "data transfer" or "storage hierarchy" or "data structures" or "access optimize" or "storage optimization" or "memory optimiz*" or "data compression" or "data repositories" or "transactional database*" or "key system" or "dstorage system" or "memory system" or "storage systems" or "NoSQL" or "Not Only SQL" or "Not Relational" or "Hive" or "HDFS" or "MPP"））
大数据计算模式与系统	TS =（（"large data" or "mass data" or "Big Data"）and（"acces* interfac*" or "query languag*" or "sql" or "index*" or "query" or "inquiry" or "search" or "distributed index" or "distributed query" or "distributed inquiry" or "distributed query process*" or "real - time stor*" or "real time storage" or "real - time calculation" or "real time calculation" or "real - time comput*"））

续表

三级分类	检索式
大数据分析挖掘	TS = (("big data" or "large data" or "mass data") and (calculat * or computat * or process * or "query analysis" or "inquir * system" or "query system" or "analy * system" or "batch process *" or "batch facility" or "stream * calculat *" or "stream * computat *" or "stream – oriented computat *" or "iterative computat *" or "iterat * calculat *" or "graphic calculat *" or "diagram calculat *" or "graph partition *" or "graph parallel *" or "memor * or mix *" or "hybrid *" or "Hbase" or "Hive" or "Cassandra" or "Impala" or "Shark" or "Hana" or "hadoop mapreduce" or "MapReduce" or "scribe" or "flume" or "strorm" or "S4" or "spark steam *" or "Haloop" or "iMapReduce" or "twister" or "spark" or "Pregel" or "Giraph" or "Trinity" or "PowerGraph" or "GraphX" or "Dremel" or "Hana"))
大数据可视化	TS = (("big data" or "large data" or "mass data") AND ("data analys *" or "data min *" or DM or "data analy *" or "statist * analysis" or "Machine Learn *" or "machine study" or "machine – learn *" or "semi – supervised learn *" or "integrated learn *" or "transfer learn *" or "probabilistic graphical model" or "PGM" or "bayesian network *" or "decision tree" or "support vector machine *" or "SVM" or "markov * model *" or "hidden markov model *" or "neural net *" or "KNN" or "k – Nearest Neighbor" or "time series analysis" or "sequence analysis" or "cluster *" or "rough set" or "autoregressive model" or "regressive model *" or "R language" or "real time analysis" or "realtime analysis"))
大数据隐私与安全	TS = (("big data" or "large data" or "mass data") and ("visual *" or "viewable orinterfac *" or "display" or "data stream *" or "task parallel *" or "pipeline parallel *" or "data parallel *" or "data stream *" or stream * or render * or "task parallel *" or parallel * or "pipeline parallel *" or "pipeline" or "data parallel *" or "SPMD" or "data stream" or "situ analys *" or "person – computer alternation" or "man machine interface" or "human – machine interactive" or "coordina *" or "extendibility or hiberarchy" or "uncertain * analysis" or "sensitiv * analysis" or "sensibility analysis" or "visib * analysis" or "data analy *" or percept * or cognit * or resolution or "multi – dimension data" or "hierarchical data" or "placement algorithm *" or "placement method *" or "graphic * hardware" or "navarch" or "information design"))

续表

三级分类	检索式
大数据应用	TS＝((("big data" or "large data" or "mass data") AND ("security" or "safe*" or "privacy" or "private" or "access control*" or "authority" or "privilege" or "permission" or "anonym*" or "m‐invariance" or "encrypt*" or "encipher*" or "encription" or "cryptography*" or "cipher*" or "attack*" or "access control" or "authority" or "privilege" or "permission" or "anonymous" or "anonymity" or "K‐anonymity model" or "m‐invariance" or "cryptography*" or "cipher*" or "SCM" or "distributed association rule*" or "differen* privacy" or "distorted data" or "false data" or "unreal or infidelity" or "random interferen*" or "random perturbat*" or "randomiz*" or "invertible" or "reversible" or "replacement algorithm" or "map*" or "data integr*" or "data completeness" or "position" or "real‐time interact*" or "data acquisition" or "data captur*" or "data shar*"))
云计算	TS＝(("large data" or "mass data" or "big data") and (use or apply or application or industr*) and ("sens* equipment" or "sensor‐based" or "sensor" or "comput* device" or "mobile terminal" or "unity machine" or "IT service" or "data service" or "information service" or "cloud comput*" or "internet" or "EPC System Network" or "e‐commerce" or "medical" or "telecom*" or "finance or transport*" or "media" or "market*" or "business model" or "platform" or "Hadoop" or "Spark"))
自然语言处理	TS＝("cloud comput*" OR "cloud storage" OR "cloud system" OR "cloud security" OR "cloud data" OR "cloud database" OR "cloud architecture" OR "cloud structure" OR "cloud network" OR "cloud application" OR "cloud adoption" OR "cloud environment" OR "public cloud" OR "private cloud" OR "hybrid cloud" OR "cloud platform" OR "cloud service" OR "cloud infrastructure" OR ("IaaS" OR "infrastructure as a service") OR ("PaaS" OR "platform as a service"))

附录2 3D 打印技术检索策略

三级分类	检索式
固化技术	TS = (("3d print*" or "three dimensional print*" or "three–dimensional print*" or "additive manufactur*" or "additive system*" or "material increase manufactur*" or "fast form*" or "rapid form*" or "binder jetting" or "directed energy deposition" or "material extrusion" or "material jetting" or "powder bed fusion" or "sheet lamination" or "vat photopolymerization" or "3d bioprinting" or "fused deposition modeling" or "stereo lithography apparatus" or "laser sintering" or "rapid prototyping" or "standard tessellation language" or "3d scanning" or "3d digitizing" or "laminated object manufacture") and ("Stereo lithigraphy Appara*" or "Stereo lithigraphy" or "stereo-lithography" or "Stereo Lithography" or "Digital Light Processing" or "Beam Interference Solidification" or "Ultrasonic Consolidation" or "SLA" or "SL"))
烧结技术	TS = ("Selective Laser Sintering" or "Metal powder sintering technology" or "Laser Engineered Net Shaping" or "laser cladding" or "Direct metal laser sintering" or "Beam Interference Solidification" or "Selective Laser Melting" or "Selective heat sintering" or "Selective Laser Sintering" or "Metal powder sintering technology" or "plastic powder sintering technology" or "ceramic powder sintering" or "Laser Engineered Net Shaping" or "Layer* manufactur*" or "Laser Sinter*" or "Layered Form*" or "Laser Rapid Forming" and ("3d print*" or "three dimensional print*" or "three–dimensional print*" or "additive manufactur*" or "additive system*" or "material increase manufactur*" or "fast form*" or "rapid form*" or "binder jetting" or "directed energy deposition" or "material extrusion" or "material jetting" or "powder bed fusion" or "sheet lamination" or "vat photopolymerization" or "3d bioprinting" or "fused deposition modeling" or "stereo lithography apparatus" or "laser sintering" or "rapid prototyping" or "standard tessellation language" or "3d scanning" or "3d digitizing" or "laminated object manufacture"))
喷射粘结技术	TS = (((powder and (bind* or bond)) or (powder and ("spray head*" or "sprinkler head*" or "blow head*" or nozzle)) or (shell and (cast* or found*))) and ("3d print*" or "three dimensional print*" or "three–dimensional print*" or "additive manufactur*" or "additive system*" or "material increase manufactur*" or "fast form*" or "rapid form*" or "binder jetting" or "directed energy deposition" or "material extrusion" or "material jetting" or "powder bed fusion" or "sheet lamination" or "vat photopolymerization" or "3d bioprinting" or "fused deposition modeling" or "stereo lithography apparatus" or "laser sintering" or "rapid prototyping" or "standard tessellation language" or "3d scanning" or "3d digitizing" or "laminated object manufacture"))

续表

三级分类	检索式
线材熔化粘结技术	TS=((((fusi* or liquate or melt*) and (deposit* or sludging or sedimentation or extrasion or extru* or squeeze or "mouthpiece pressing" or spray or jet or inject* or spurt or eject* or mould* or wire or rod or coil)) or ((quick or fast or rapid) and (response or recation))) and ("3d print*" or "three dimensional print*" or "three-dimensional print*" or "additive manufactur*" or "additive system*" or "material increase manufactur*" or "fast form*" or "rapid form*" or "binder jetting" or "directed energy deposition" or "material extrusion" or "material jetting" or "powder bed fusion" or "sheet lamination" or "vat photopolymerization" or "3d bioprinting" or "fused deposition modeling" or "stereo lithography apparatus" or "laser sintering" or "rapid prototyping" or "standard tessellation language" or "3d scanning" or "3d digitizing" or "laminated object manufacture"))
丝材熔化粘结技术	TS=((((fusi* or liquate or melt*) and (deposit* or sludging or sedimentation or extrasion or extru* or squeeze or "mouthpiece pressing" or spray or jet or inject* or spurt or eject* or mould* or silk or filum or fila)) or ((quick or fast or rapid) and (response or recation) and (fabrica* or manufactur*))) and ("3d print*" or "three dimensionalprint*" or "three-dimensional print*" or "additive manufactur*" or "additive system*" or "material increase manufactur*" or "fast form*" or "rapid form*" or "binder jetting" or "directed energy deposition" or "material extrusion" or "material jetting" or "powder bed fusion" or "sheet lamination" or "vat photopolymerization" or "3d bioprinting" or "fused deposition modeling" or "stereo lithography apparatus" or "laser sintering" or "rapid prototyping" or "standard tessellation language" or "3d scanning" or "3d digitizing" or "laminated object manufacture"))
粉末/粒状材料熔化粘结技术	TS=((((fusi* or liquate or melt*) and (deposit* or sludging or sedimentation or extrasion or extru* or squeeze or "mouthpiece pressing" or spray or jet or inject* or spurt or eject* or mould* or powder or granule)) or ((quick or fast or rapid) and (response or recation) and (fabrica* or manufactur*))) and ("3d print*" or "three dimensional print*" or "three-dimensional print*" or "additive manufactur*" or "additive system*" or "material increase manufactur*" or "fast form*" or "rapid form*" or "binder jetting" or "directed energy deposition" or "material extrusion" or "material jetting" or "powder bed fusion" or "sheet lamination" or "vat photopolymerization" or "3d bioprinting" or "fused deposition modeling" or "stereo lithography apparatus" or "laser sintering" or "rapid prototyping" or "standard tessellation language" or "3d scanning" or "3d digitizing" or "laminated object manufacture"))

续表

三级分类	检索式
能量沉积	TS = (("deposition" or "Laser engineer *" or "laser clad *" or "powder fed" or "DED") and ("3d print *" or "three dimensional print *" or "three-dimensional print *" or "additive manufactur *" or "additive system *" or "material increase manufactur *" or "binder jetting" or "directed energy deposition" or "material extrusion" or "material jetting" or "powder bed fusion" or "sheet lamination" or "vat photopolymerization" or "3d bioprinting" or "fused deposition modeling" or "stereo lithography apparatus" or "laser sintering" or "rapid prototyping" or "standard tessellation language" or "3d scanning" or "3d digitizing" or "laminated object manufacture"))
粉末床融合沉积	TS = (("Powder bed and inkjet head" or "powdered polymer *" or "Plaster Electron-beam melt *" or "EBM" or "Selective laser melt *" or "SLM" or "Titanium alloy" or "cobalt Chrome alloys" or "Stainless Steel" or "Selective heat sinter *" or "SHS" or "Thermoplastic powder" or "Selective laser sinter *" or "SLS" or "Thermoplastic *" or "metal powder" or "ceramic powder" or "Direct metal laser sintering" or "DMLS" or "PBF") and ("3d print *" or "three dimensional print *" or "three-dimensional print *" or "additive manufactur *" or "additive system *" or "material increase manufactur *" or "binder jetting" or "directed energy deposition" or "material extrusion" or "material jetting" or "powder bed fusion" or "sheet lamination" or "vat photopolymerization" or "3d bioprinting" or "fused deposition modeling" or "stereo lithography apparatus" or "laser sintering" or "rapid prototyping" or "standard tessellation language" or "3d scanning" or "3d digitizing" or "laminated object manufacture"))
板材层合技术	TS = (("Laminated Object Manufacturing" or "selective area laser deposition" or "Dispersed Forming" or "Accumulated Forming" or "Ultrasonic welding" or "solid freeform fabrication") and ("3d print *" or "three dimensional print *" or "three-dimensional print *" or "additive manufactur *" or "additive system *" or "material increase manufactur *" or "fast form *" or "rapid form *" or "binder jetting" or "directed energy deposition" or "material extrusion" or "material jetting" or "powder bed fusion" or "sheet lamination" or "vat photopolymerization" or "3d bioprinting" or "fused deposition modeling" or "stereo lithography apparatus" or "laser sintering" or "rapid prototyping" or "standard tessellation language" or "3d scanning" or "3d digitizing" or "laminated object manufacture"))

续表

三级分类	检索式
还原光聚合	TS = ((("Continuous Liquid Interface Product * " or "CLIP" or "Scan, Spin and Selectively" or "Photocure Technology" or "3SP" or "Solid Ground Cur * " or "SGC" or "Stereolithography * " or "SL" or "SLA" or "Two – Photon Polymerization" or "2PP" or "liquid resin" or "UV laser" or "digital light process * " or "DLP" or "UV light bulb filtered" or "SGC" or "LCD screen" or "CLIP" or "VPH") and ("3d print * " or "three dimensional print * " or "three – dimensional print * " or "additive manufactur * " or "additive system * " or "material increase manufactur * " or "binder jetting" or "directed energy deposition" or "material extrusion" or "material jetting" or "powder bed fusion" or "sheet lamination" or "vat photopolymerization" or "3d bioprinting" or "fused deposition modeling" or "stereo lithography apparatus" or "laser sintering" or "rapid prototyping" or "standard tessellation language" or "3d scanning" or "3d digitizing" or "laminated object manufacture"))
生物打印技术	TS = (("pre – bioprint * " or "bioprint * " or "bio – print * " or "post – bioprint * " or "bioreactor" or "biomimicry" or "bioorgan" or "biocell" or "bioskin" or "biobone" or "biomuscle" or "autonomous self – assembly" or "mini – tissue building block" or "bio – ink" or "biomaterial" or "inkjet" or "bio – reactor" or "bio – mimicry" or "bio – organ" or "bio – cell" or "bio – skin" or "bio – bone" or "bio – muscle") and ("3d print * " or "three dimensional print * " or "three – dimensional print * " or "additive manufactur * " or "additive system * " or "material increase manufactur * " or "fast form * " or "rapid form * " or "binder jetting" or "directed energy deposition" or "material extrusion" or "material jetting" or "powder bed fusion" or "sheet lamination" or "vat photopolymerization" or "3d bioprinting" or "fused deposition modeling" or "stereo lithography apparatus" or "laser sintering" or "rapid prototyping" or "standard tessellation language" or "3d scanning" or "3d digitizing" or "laminated object manufacture"))
食品打印技术	TS = (((("liquid" or "Liquefaction" or "Liquefaction") and ("stock" or "feedstock" or "raw materials")) or ("food" and "3D")) and ("3d print * " or "three dimensional print * " or "three – dimensional print * " or "additive manufactur * " or "additive system * " or "material increase manufactur * " or "fast form * " or "rapid form * " or "binder jetting" or "directed energy deposition" or "material extrusion" or "material jetting" or "powder bed fusion" or "sheet lamination" or "vat photopolymerization" or "3d bioprinting" or "fused deposition modeling" or "stereo lithography apparatus" or "laser sintering" or "rapid prototyping" or "standard tessellation language" or "3d scanning" or "3d digitizing" or "laminated object manufacture"))

附录3 碳纳米管和石墨烯技术检索策略

三级分类	检索式
碳纳米管表征技术	TS = (("carbon nanotube * " OR "carbon nano tube * " OR "carbon nanometer tube * " OR "carbon nano – tube * " OR "carbon – nano – tube") AND ("characteri * " OR "scanning electron microscopy" OR SEM OR "transmission electronmicroscope" OR TEM OR "atomic force microscope" OR AFM OR "X – ray diffraction" OR XRD OR "raman spectroscopy" OR "infrared spectroscopy" OR IR OR "ultraviolet and visible specrophotometry" OR UV – VIS OR TGA))
碳纳米管制备技术	TS = (("carbon nanotube * " OR "carbon nano tube * " OR "carbon nanometer tube * " OR "carbon nano – tube * " OR "carbon – nano – tube") AND ("growth" OR "cataly * ") AND ("prepar * " OR "synthesis" OR "production" OR "arc discharge" OR "laser ablation" OR "chemical vapor deposition" OR CVD))
碳纳米管纯化技术	TS = (("carbon nanotube * " OR "carbon nano tube * " OR "carbon nanometer tube * " OR "carbon nano – tube * " OR "carbon – nano – tube") AND ("purify * " OR "purified" OR "purification" OR "seperat * " OR "oxidation" OR "annealing" OR "micro filtration" OR "Size Exclusion chromatography"))
碳纳米管改性技术	TS = (("carbon nanotube * " OR "carbon nano tube * " OR "carbon nanometer tube * " OR "carbon nano – tube * " OR "carbon – nano – tube") AND ("modif * " OR "fill" OR "graft" OR ("functionaliz * " AND "modif * ") OR "click chemistry"))
碳纳米管性能与应用研究	TS = (("carbon nanotube * " OR "carbon nano tube * " OR "carbon nanometer tube * " OR "carbon nano – tube * " OR "carbon – nano – tube") AND (("property" OR "performance" OR "behavior" OR "function" OR "capability" OR "ability" OR "characteristic" OR "nature") AND ("sensor" OR "semiconductor device" OR "composite material" OR "super capacitor" OR "electrochemical electrode" OR "hydrogen storage" OR "field emission" OR "field effect transistor" OR "catalyst carrier" OR "catalyst support") OR "apply" OR "application"))
	TS = (("carbon nano * ") AND ("property" OR "performance" OR "behavior" OR "function" OR "capability" OR "ability" OR "characteristic" OR "nature" OR "sensor" OR "semiconductor device" OR "composite material" OR "super capacitor" OR "electrochemical electrode" OR "hydrogen storage" OR "field emission" OR "field effect transistor" OR "catalyst carrier" OR "catalyst support" OR "apply" OR "application"))

续表

三级分类	检索式
石墨烯表征技术	TS =（"graphene" AND（"characteri * " OR "scanning electron microscopy" OR "SEM" OR "transmission electronmicroscope" OR "TEM" OR "atomic force microscope" OR "AFM" OR "X – ray diffraction" OR "XRD" OR "raman spectroscopy" OR "infrared spectroscopy" OR "IR" OR "ultraviolet and visible specrophotometry" OR "UV – VIS" OR "TGA"））
石墨烯制备技术	TS =（"graphene" AND（"prepar * " OR "synthesis" OR "production" OR（"graphite" AND "exfoliat * "）OR（"epitaxial" AND "growth"）OR "arc discharge" OR "chemical vapor deposition" OR CVD OR（"graphite oxide" AND "high temperature reduction"）））
石墨烯纯化技术	TS =（"graphene" AND（"purification" OR "purified" OR "purify * " OR "depuration" OR "sublimated" OR "seperat * " OR "isolat * " OR "segregat * " OR "dissociat * " OR "fractionation" OR "split" OR "dispers * "））
石墨烯改性技术	TS =（"graphene" AND（"modif * " OR "fill" OR "graft" OR "functionaliz * "））
石墨烯性能与应用研究	TS =（"graphene" AND（"characteristic" OR "property" OR "nature" OR "apply" OR "application" OR "lithium battery" OR "solar cell electrode" OR "conductive film" OR "sensor" OR "semiconductor device" OR "composite material" OR "light emitting" OR "electrochemical electrode" OR "capacitor"））